# Química inorgânica
tabelando com a química

Paulo Christoff

Rua Clara Vendramin, 58 | Mossunguê
CEP 81200-170 | Curitiba-PR | Brasil
Fone: (41) 2106-4170
www.intersaberes.com
editora@intersaberes.com

**Conselho editorial**
- Dr. Ivo José Both (presidente)
- Dr. Alexandre Coutinho Pagliarini
- Dr.ª Elena Godoy
- Dr. Neri dos Santos
- Dr. Ulf Gregor Baranow

**Editora-chefe**
- Lindsay Azambuja

---

Dados Internacionais de Catalogação na Publicação (CIP)
(Câmara Brasileira do Livro, SP, Brasil)

Christoff, Paulo
    Química inorgânica: tabelando com a química/ Paulo Christoff. Curitiba: InterSaberes, 2021. (Série Panorama da Química)

    Bibliografia.
    ISBN 978-65-89818-39-7

    1. Química 2. Química orgânica I. Título. II. Série.

21-65627                        CDD-547

Índices para catálogo sistemático:

1. Química inorgânica    547

Cibele Maria Dias – Bibliotecária – CRB-8/9427

---

**Gerente editorial**
- Ariadne Nunes Wenger

**Assistente editorial**
- Daniela Viroli Pereira Pinto

**Preparação de originais**
- Palavra Arteira Edição e Revisão de Textos

**Edição de texto**
- Gustavo Piratello de Castro
- Palavra do Editor

**Capa e projeto gráfico**
- Luana Machado Amaro (*design*)
- Lazy_Bear/Shutterstock (imagem)

**Diagramação**
- Muse design

**Equipe de *design***
- Débora Gipiela
- Luana Machado Amaro

**Iconografia**
- Sandra Lopis da Silveira
- Regina Claudia Cruz Prestes

1ª edição, 2021.

Foi feito o depósito legal.

Informamos que é de inteira responsabilidade do autor a emissão de conceitos.

Nenhuma parte desta publicação poderá ser reproduzida por qualquer meio ou forma sem a prévia autorização da Editora InterSaberes.

A violação dos direitos autorais é crime estabelecido na Lei n. 9.610/1998 e punido pelo art. 184 do Código Penal.

# Sumário

Apresentação □ 5
Como aproveitar ao máximo este livro □ 7

**Capítulo 1**
Estrutura atômica □ 13
1.1 Modelos atômicos □ 15
1.2 Modelo atômico de Dalton □ 16
1.3 Modelo atômico de Thomson □ 21
1.4 Modelo atômico de Rutherford □ 30
1.5 Modelo de Bohr □ 47
1.6 Modelo atômico atual □ 56

**Capítulo 2**
Tabela periódica □ 78
2.1 A tabela periódica moderna □ 83
2.2 Propriedades periódicas □ 99

**Capítulo 3**
Ligações químicas I □ 133
3.1 Grupos de substâncias □ 134
3.2 Ligação iônica ou eletrovalente □ 136
3.3 Ligação metálica □ 154
3.4 Estruturas cristalinas □ 166

**Capítulo 4**
Ligações químicas II □ 190
4.1 Ligação covalente □ 191
4.2 Ressonância □ 212
4.3 Carga formal □ 213
4.4 Modelo da repulsão dos pares de elétrons no nível de valência □ 216

4.5 Teoria dos orbitais moleculares ◻ 258

4.6 Ordem de ligação ◻ 266

4.7 Configurações eletrônicas e propriedades moleculares ◻ 270

4.8 Moléculas heteronucleares ◻ 273

**Capítulo 5**

## Metais alcalinos e alcalinoterrosos ◻ 290

5.1 Grupo 1: metais alcalinos ◻ 292

5.2 Grupo 2: metais alcalinoterrosos ◻ 297

**Capítulo 6**

## Indústria de cloro: álcalis e amônia ◻ 312

6.1 Produção de cloro e de soda cáustica ◻ 313

6.2 Produção de amônia ◻ 323

Considerações finais ◻ 339

Referências ◻ 340

Bibliografia comentada ◻ 351

Apêndice ◻ 353

Respostas ◻ 367

Sobre o autor ◻ 399

# Apresentação

Nesta obra, apresentamos os princípios da química inorgânica, conteúdo destinado a estudantes, professores e pesquisadores interessados em ampliar os conhecimentos sobre aspectos específicos da estrutura da matéria e suas propriedades.

Com esse propósito, dividimos o livro em seis capítulos. No Capítulo 1, abordaremos a estrutura atômica com fundamentação histórica, explicando os principais conceitos experimentais de cada modelo atômico, e demonstraremos sua aplicabilidade, esclarecendo sua utilização no cotidiano, tanto na indústria quanto nos laboratórios.

No Capítulo 2, trataremos especificamente da tabela periódica. Enfocaremos fatos marcantes da descoberta dos elementos químicos e seu emprego em diferentes materiais, desde os mais simples, como o grafite, até os mais complexos, usados em indústrias de alta tecnologia, como na área da condução de eletricidade.

Dedicaremos o Capítulo 3, um dos mais importantes em nosso estudo sobre a química inorgânica, às discussões sobre as ligações químicas, explicando o comportamento da ligação iônica, a qual se dá por transferência de elétrons, e seu compartilhamento, o que chamamos de *ligação covalente*. Sobre esse assunto, examinaremos uma situação na qual, por exemplo, a molécula de oxigênio, de acordo com a teoria de ligação de valência (TLV), é classificada como *diamagnética*, porém, pela teoria do orbital molecular (TOM), é classificada como *paramagnética*. Outro ponto-chave de nossa abordagem será a aplicação da TOM na interação de moléculas, como a que ocorre entre o monóxido de carbono (CO) e a hemoglobina.

No Capítulo 4, analisaremos os elementos dos grupos 1 e 2 da tabela periódica, bem como suas características. Assim, veremos a importância dos elementos alcalinos e alcalinoterrosos em vários segmentos. Com relação à indústria, discutiremos o uso do lítio na fabricação de baterias e na indústria farmacêutica. No que diz respeito ao organismo humano, demonstraremos a importância dos elementos sódio (Na), potássio (K), bário (Ba), entre outros.

Encerraremos nosso estudo, nos Capítulos 5 e 6, apresentando alguns produtos usados em larga escala pela população, como a soda cáustica na produção de sabão e o cloro na fabricação do hipoclorito, solução tão importante para os dias atuais, pois é usado no combate ao coronavírus. Também trataremos da amônia, substância essencial na agricultura pelo fato de estar presente na composição de fertilizantes.

Esperamos que esta obra possa ajudá-lo na compreensão da química inorgânica, além de possibilitar uma ampla visão da aplicabilidade de seus conceitos, uma área da química essencial para nossa vida.

Desejamos a você uma boa leitura e bons estudos!

# Como aproveitar ao máximo este livro

Empregamos nesta obra recursos que visam enriquecer seu aprendizado, facilitar a compreensão dos conteúdos e tornar a leitura mais dinâmica. Conheça a seguir cada uma dessas ferramentas e saiba como estão distribuídas no decorrer deste livro para bem aproveitá-las.

### Introdução do capítulo
Logo na abertura do capítulo, informamos os temas de estudo e os objetivos de aprendizagem que serão nele abrangidos, fazendo considerações preliminares sobre as temáticas em foco.

**Importante!**
Algumas das informações centrais para a compreensão da obra aparecem nesta seção. Aproveite para refletir sobre os conteúdos apresentados.

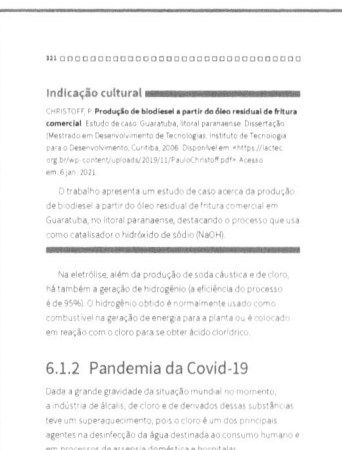

**Indicações culturais**
Para ampliar seu repertório, indicamos conteúdos de diferentes naturezas que ensejam a reflexão sobre os assuntos estudados e contribuem para seu processo de aprendizagem.

## Exercícios resolvidos
Nesta seção, você acompanhará passo a passo a resolução de alguns problemas complexos que envolvem os assuntos trabalhados no capítulo.

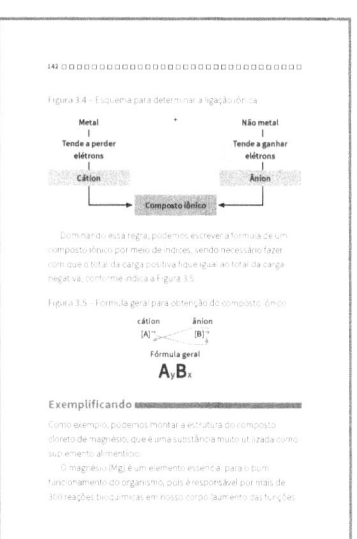

## Exemplificando
Disponibilizamos, nesta seção, exemplos para ilustrar conceitos e operações descritos ao longo do capítulo a fim de demonstrar como as noções de análise podem ser aplicadas.

## Curiosidade
Nestes boxes, apresentamos informações complementares e interessantes relacionadas aos assuntos expostos no capítulo.

## Síntese
Ao final de cada capítulo, relacionamos as principais informações nele abordadas a fim de que você avalie as conclusões a que chegou, confirmando-as ou redefinindo-as.

## Atividades de autoavaliação

Apresentamos estas questões objetivas para que você verifique o grau de assimilação dos conceitos examinados, motivando-se a progredir em seus estudos.

## Atividades de aprendizagem

Aqui apresentamos questões que aproximam conhecimentos teóricos e práticos a fim de que você analise criticamente determinado assunto.

## Bibliografia comentada

Nesta seção, comentamos algumas obras de referência para o estudo dos temas examinados ao longo do livro.

ATKINS, P.; JONES, L. **Princípios de química**: questionando a vida moderna e o meio ambiente. 3. ed. Porto Alegre: Bookman, 2006.

Trata-se de um livro que evidencia a relação entre as ideias químicas fundamentais e suas aplicações, enfatizando as técnicas e as utilizações modernas. É uma obra que permeia a interdisciplinaridade, mostrando como resolver problemas e pensar sobre a natureza e a matéria.

BROWN, T. L. et al. **Química**: a ciência central. 9. ed. São Paulo: Pearson Prentice Hall, 2005.

O livro apresenta um conteúdo essencial, com exatidão científica e abordagem clara e objetiva, em uma visão moderna e com pouca matemática envolvida. Os assuntos são discutidos de forma dinâmica, uma vez que o autor relaciona os conteúdos tratados aos objetivos dos estudantes.

KOTZ, J. C.; TREICHEL, P. M.; WEAVER, G. C. **Química geral e reações químicas**. 6. ed. São Paulo: Cengage Learning, 2009. v. 1.

Essa obra fornece uma visão ampla acerca dos princípios da química, da reatividade dos elementos químicos e seus compostos e das aplicações da química. Entre outros temas, aborda a relação entre as observações que os químicos fazem em laboratório nos níveis atômico e molecular e o contexto histórico, de forma dinâmica, mencionando importantes avanços que ocorrem a cada ano.

Capítulo 1

# Estrutura atômica

Neste capítulo, analisaremos a evolução dos modelos atômicos até o modelo atual, que se baseia em alguns aspectos propostos por Erwin Schrödinger em relação ao comportamento dos elétrons nos átomos. Também veremos as principais características dos átomos, como a composição e o comportamento das partículas, associando-as aos conceitos práticos de nosso cotidiano. Por fim, identificaremos os orbitais atômicos por meio dos três números quânticos que os descrevem.

Você já percebeu que tudo o que está ao nosso redor é formado por matéria e que a matéria é constituída de algo muito pequeno que não conseguimos visualizar a olho nu e que pode ou não corresponder aos conceitos mais conhecidos nas diversas áreas do conhecimento? É por essa razão que precisamos entender certos conceitos fundamentais da estrutura da matéria. Para isso, neste primeiro momento, vamos examinar as definições de grandes pesquisadores e cientistas que embasam o entendimento desse insólito mundo do interior da matéria.

Para podermos entender esse mundo, o que, para muitos, é difícil, devemos primeiramente observar os objetos que nos rodeiam (plantas, pedras, pessoas, computadores etc.) e nos perguntar: De que tudo isso é feito? Será que existe um princípio comum? O que é preciso para que a matéria permaneça unida? Se existe um porquê, como se faz para que haja tantos materiais diferentes? E em outras partes do Universo, será que a matéria se compõe do mesmo jeito?

Essas perguntas estão sendo feitas ao longo do tempo, pois esse assunto ainda é muito intrigante e desconhecido. O ser humano sempre buscou respostas para elas e, com a evolução da tecnologia, a cada nova descoberta, consegue enxergar um mundo cada vez menor, aquele que existe nas mais diversas divisões do átomo. É tendo em vista esse contexto que vamos abordar a evolução do entendimento da estrutura atômica.

## 1.1  Modelos atômicos

Para que possamos entender a evolução atômica, desde os filósofos gregos até a física quântica, foram criados os modelos atômicos. Mas o que é um modelo em ciência?

*Modelo* é a representação utilizada para explicar ou demonstrar um fato ou uma observação ocorrida em uma experimentação. Os cientistas criam modelos para facilitar seus estudos, descrevendo o fenômeno observado.

Ao longo dos séculos, vários cientistas – Dalton, Thomson, Rutherford, Bohr e Schrödinger – propuseram modelos atômicos, pois desde o início dos estudos nessa área não era possível observar o átomo, e sim os resultados experimentais que possibilitavam a realização das previsões. E assim os modelos foram se sobrepondo, ou seja, quando se observava alguma nova alteração, mudava-se o modelo, criando-se um novo, mais complexo e mais detalhado, conforme é exemplificado na Figura 1.1, que evidencia essa evolução.

Figura 1.1 – Evolução dos modelos atômicos

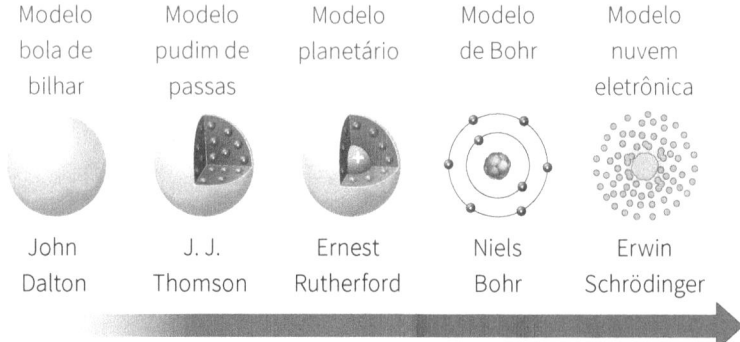

**Importante!**

Muitas são as teorias sobre a estrutura atômica da matéria – ou modelos atômicos –, desde aquela que considera o átomo uma minúscula partícula indivisível até o **modelo orbital** ou **modelo da nuvem eletrônica**, mais atual.

## 1.2 Modelo atômico de Dalton

John Dalton (1766-1844) foi uma das mentes mais conceituadas no mundo científico, tendo se destacado e como um grande cientista e pesquisador em várias áreas do conhecimento, sobretudo na química, na meteorologia e na física. Recebeu, em 1825, a medalha da Sociedade Real por causa de seu trabalho sobre a teoria atômica. Além disso, ele é conhecido pela lei de Dalton, ou lei das pressões parciais, e pelo fato de o termo *daltonismo* ter origem em seu nome – ele não conseguia distinguir algumas cores e, assim, realizou várias pesquisas sobre essa anomalia genética (Russell, 1982).

Figura 1.2 – Dalton e a bola de bilhar

Digitalmumi e LuckyBall/Shutterstock

No início do século XIX, a química era conhecida como uma ciência experimental, considerando-se que havia uma determinada quantidade de elementos que, por meio de reações químicas, poderiam formar novas substâncias. As principais questões na época eram as seguintes: Como seriam as estruturas dos elementos químicos? Como tais estruturas se comportavam nas reações químicas?

Com todas as análises, Dalton começou a elaborar um modelo que pudesse descrever as observações feitas com resultados experimentais.

Dalton teve ajuda de outros grandes cientistas e buscou suporte na teoria corpuscular de Newton, que explica o comportamento dos gases, o que o levou a formular a importantíssima **lei de Dalton**, ou **lei das pressões parciais**. Com isso, ele ajudou William Henry (1744-1836) a elaborar a lei de Henry, que relaciona a solubilidade dos gases em líquidos com as respectivas pressões parciais. Podemos observar, na Figura 1.3, que a soma das pressões de cada cilindro é igual à pressão total do sistema.

Figura 1.3 – Lei de Dalton, ou lei das pressões parciais

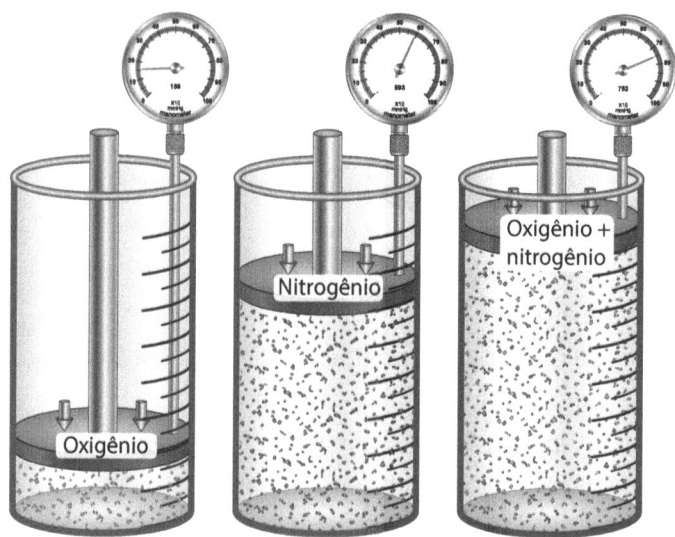

Fouad A. Saad/Shutterstock

Por volta de 1808, Dalton foi o primeiro cientista a realizar uma tentativa completa de descrever toda a matéria em termos de átomos e suas propriedades. Ele baseou sua teoria na lei da conservação das massas e na lei das proporções constantes. Esse modelo é conhecido como **teoria atômica de Dalton** e estabelece o seguinte:

- A matéria é formada por minúsculas partículas (esferas), indivisíveis e indestrutíveis, denominadas *átomos*.
- Átomos que têm a mesma massa, o mesmo tamanho e as mesmas propriedades constituem um elemento químico.
- Elementos químicos diferentes apresentam átomos com massas, tamanhos e propriedades distintos.
- Os átomos podem combinar-se entre si, formando substâncias.

Na Figura 1.4, a seguir, são mostradas as representações de cada elemento proposto por Dalton que se assemelham às bolas de bilhar. Nesse contexto, seu modelo atômico ficou conhecido como **modelo atômico da bola de bilhar**.

Figura 1.4 – Símbolos dos átomos de Dalton

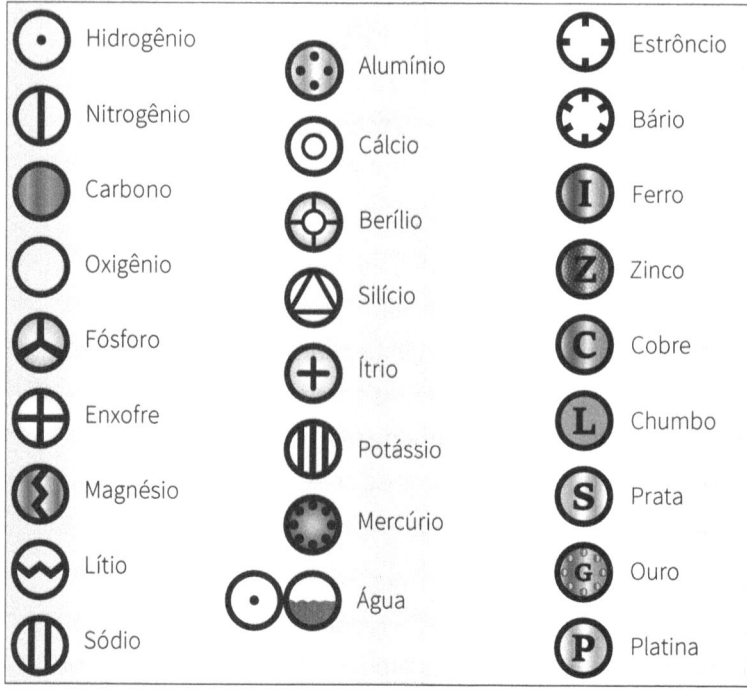

No entanto, os experimentos de Dalton tinham limitações, pois, segundo a regra da máxima simplicidade, a água deveria ter a fórmula HO e a amônia, a fórmula NH, o que sabemos hoje não ser verdadeiro. Também, em seus experimentos, Dalton não levava em conta a natureza elétrica da matéria. Dessa forma, ele iniciou um estudo da estrutura atômica.

Com Thales de Mileto (624 a.C.-556 a.C.), o homem já havia conhecido a eletricidade, por meio de um experimento simples, no qual um bastão de âmbar era atritado contra a pele de um gato e, em seguida, o bastão passava a atrair objetos leves. Entre 1554 e 1603, o cientista William Gilbert dedicou-se a estudar a fluidez das cargas elétricas (Kotz; Treichel; Weaver, 2009).

Foi somente um 1785 que o físico francês Charles Augustin de Coulomb conseguiu quantificar o fluido elétrico, criando o conceito de *carga elétrica*. Assim, esse cientista recebeu a homenagem que está escrita em todas as obras de física, a unidade internacional da carga elétrica: o **coulomb**.

Conhecendo os conceitos de eletricidade, os cientistas passaram a ter convicção de que esse fenômeno tinha de fazer parte da matéria e, com isso, Thomson começou a estudar a natureza elétrica do átomo.

## 1.3 Modelo atômico de Thomson

Com o fluido em movimento, Joseph John Thomson (1856-1940) realizou, juntamente com William Crookes (1832-1919) e Gotthilf-Eugen Goldstein (1850-1930), experimentos de raios catódicos e anódicos.

O físico e químico inglês William Crookes realizou experimentos em ampolas (tubos de vidro). Ele começou a fazer testes experimentais em que um tubo de vidro era preenchido com um gás e submetido a baixíssimas pressões de $10^{-6}$ a $10^{-8}$ atmosferas (atm) e altíssima voltagem, cerca de 10 000 volts.

Com os estudos dos fenômenos eletromagnéticos realizados por Faraday (eletrólise), os polos foram caracterizados como *cátodo* (eletrodo negativo) e *ânodo* (eletrodo positivo), conforme podemos observar na Figura 1.5.

Figura 1.5 – Ampola de vidro de Crookes

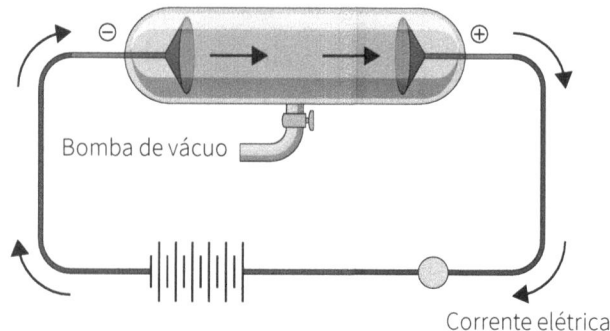

**Fonte:** Professora Daiane, 2013, p. 9.

Com essa experiência, Crookes constatou a descoberta do elétron (**raios catódicos**), partícula menor do que o átomo e dotada de carga negativa, provando que o átomo é divisível e derrubando o modelo de Dalton, no qual o átomo é a menor parte da matéria.

O mesmo princípio é evidenciado na formação da imagem no tubo de uma televisão (Figura 1.6), ou seja, a aplicação da força magnética que atua sobre uma carga elétrica em movimento. Os elétrons são atirados como um feixe em uma tela revestida de fósforo, cujos átomos brilham quando são atingidos. Os campos magnéticos fazem a varredura rapidamente do feixe de elétrons no tubo para produzir uma imagem.

Figura 1.6 – Tubo de TV e os raios catódicos

HomeArt/Shutterstock

## 1.3.1 Experimentos

Thomson, ao realizar o experimento, constatou que se tratava de uma nova descoberta, inovadora perante a sociedade científica. Entretanto, o cientista e seus colaboradores precisavam efetuar mais experimentos para comprovar a existência da carga elétrica negativa, o elétron. Para isso, propuseram alguns experimentos, descritos a seguir.

### Ampola de Crookes

Os primeiros experimentos foram realizados em um tubo de vidro denominado de *ampola de Crookes*, com a qual o cientista conseguiu determinar algumas características apresentadas pelos elétrons. A seguir, apresentamos uma breve descrição do experimento.

- **Movimento retilíneo** – O experimento consiste em inserir um anteparo (uma cruz de Malta) na ampola. Na Figura 1.7, a seguir, vemos que a cruz de Malta é colocada entre o cátodo e o ânodo; ao se ligar a bateria conectada à ampola com o gás, é observada uma sombra na extremidade oposta da emissão dos raios catódicos. Os choques dos raios catódicos com o vidro geram uma fosforescência, concluindo-se que esses raios se propagam em linha reta.

Figura 1.7 – Ampola de vidro de Crookes com a cruz de Malta

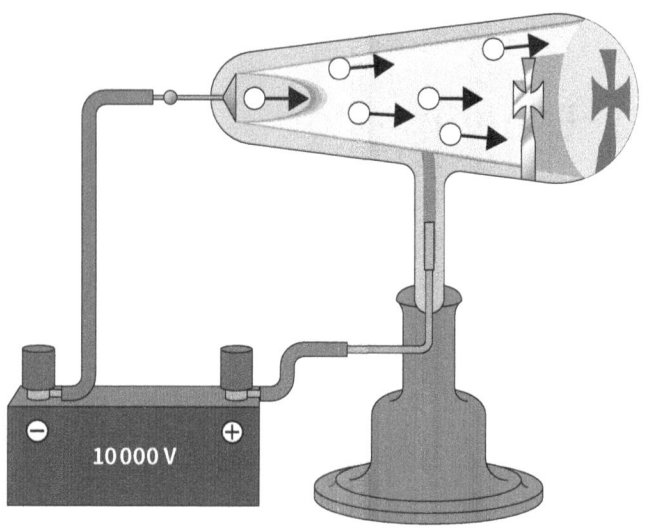

Eduardo Borges

- **Existência de massa** – No interior da ampola, conforme mostra a Figura 1.8, no lugar do anteparo, é colocada uma ventoinha; assim, quando os raios catódicos, que se movimentam em linha reta, chocam-se com a ventoinha, ela gira. Portanto, esses raios catódicos (elétrons) são dotados de massa.

Figura 1.8 – Ampola de vidro de Crookes com a ventoinha

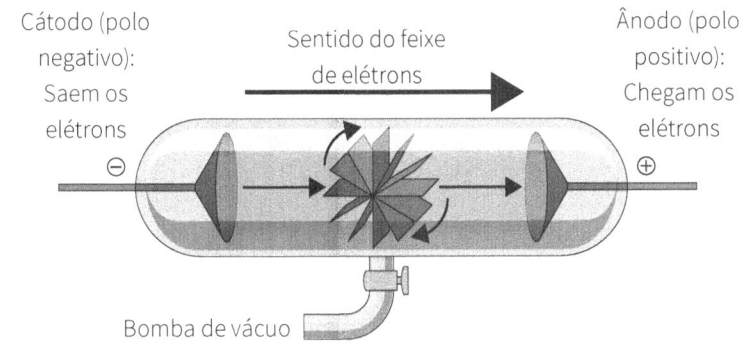

Fonte: Modelos..., 2016.

- **Carga real negativa** – Para comprovar realmente que os raios catódicos são constituídos de carga, é colocado um campo elétrico externo. A Figura 1.9 mostra que os feixes de raios catódicos, quando passam pelo campo elétrico, são atraídos pelo polo positivo do campo elétrico, o que indica, portanto, que os raios catódicos têm carga real negativa.

Figura 1.9 – Ampola de vidro de Crookes com um campo elétrico externo

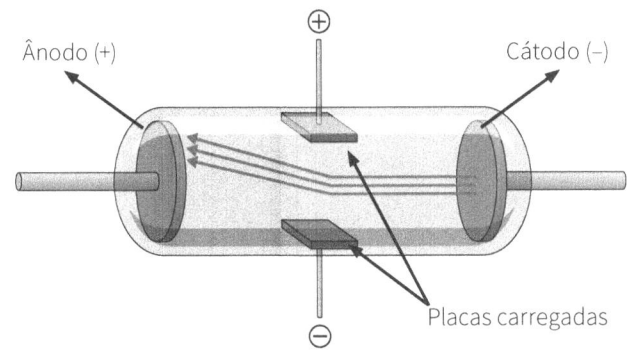

Fonte: Fernandes; Franco-Patrocínio; Freitas-Reis, 2018, p. 77.

Com esse experimento, Thomson conseguiu comprovar as principais características dos elétrons. Porém, o cientista ficou intrigado, pois sabia que, se há a presença de carga elétrica negativa, também há carga elétrica positiva.

## Ampola de Goldstein

Após a verificação dos experimentos iniciais, com o auxílio de Goldstein, foi construído um novo tubo (Figura 1.10), agora com o cátodo mais ao centro. Nesse polo, Goldstein fez pequenos furos (canais) para poder observar o que acontecia por detrás dele. Da mesma forma que havia realizado os experimentos na determinação do elétron, Thomson, ao acionar a ampola, observou pontos luminosos que se moviam em direção contrária à dos raios catódicos e passavam pelos furos no cátodo. Esses pontos luminosos, que são chamados de **raios canal**, são desviados por campos elétricos negativos, o que nos permite concluir que eles são constituídos de partículas **positivamente** carregadas.

Figura 1.10 – Ampola de vidro de Goldstein com cátodo perfurado

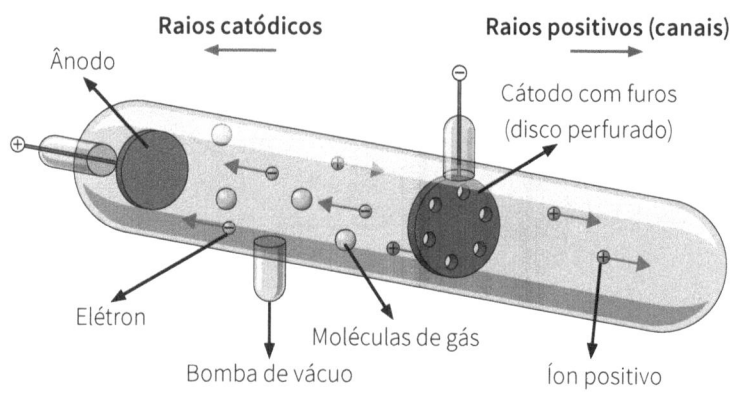

**Fonte:** Alguns..., 2019.

Com essas novas descobertas, houve a necessidade de criação de um novo modelo, denominado *pudim de passas*, no qual o átomo seria uma esfera de cargas positivas e os elétrons estariam espalhados como se fossem passas em um pudim, conforme a Figura 1.11. O número total de cargas positivas é igual ao número de cargas negativas, o que faz do átomo um sistema eletricamente neutro.

Figura 1.11 – Representação do modelo atômico de Thomson

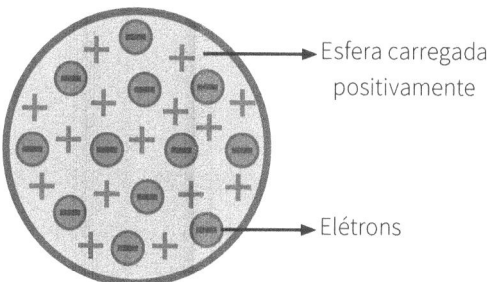

Para a determinação real das características do **elétron** (e), em 1909, Robert Andrews Millikan (1868-1953) mediu a carga dessa partícula em seu famoso experimento da gota de óleo em queda. Antecipadamente, já se sabia a relação carga/massa (e/m) e, com isso, pôde-se determinar a massa (m) do elétron, sendo que:

- nada pode apresentar carga menor do que a do elétron, chamada *carga fundamental* (e);
- em qualquer caso, a carga elétrica (Q) adquirida pelo corpo será correspondente à carga total de seus elétrons ou prótons em excesso e sempre será um múltiplo da carga elementar do elétron, ou seja, $Q = N \cdot e$, em que *N* é um número inteiro.

Pelo fato de Q ser um múltiplo inteiro de e, dizemos que a carga elétrica é *quantizada*.

Considerando-se essas relações, a Tabela 1.1 mostra os valores atuais da massa e da carga do elétron para o íon de hidrogênio.

Tabela 1.1 – Principais características de prótons e elétrons

| Partícula | Massa (kg) | Carga (C) | Massa/carga (kg/C) |
|---|---|---|---|
| Próton | $1{,}7 \cdot 10^{-27}$ | $+1{,}6 \cdot 10^{-19}$ | $1{,}1 \cdot 10^{-8}$ |
| Elétron | $9{,}1 \cdot 10^{-31}$ | $-1{,}6 \cdot 10^{-19}$ | $5{,}7 \cdot 10^{-12}$ |

**Fonte:** Elaborado com base em Russell, 1982.

## Indicação cultural

SANTOS, C. A. dos. **Experimento da gota de óleo de Millikan**. out. 2002. Disponível em: <https://www.if.ufrgs.br/historia/millikan.html>. Acesso em: 5 mar. 2021.

Sugerimos a leitura desse material, que traz uma descrição do experimento da gota de óleo de Millikan para determinação da carga do elétron.

## Radioatividade

Em 1896, o cientista francês Antoine Henri Becquerel (1852-1908) estava estudando o mineral de urânio conhecido como *blenda resinosa* e descobriu que esse material emitia espontaneamente radiação de alta energia. O conjunto dessas radiações são estudadas em **radioatividade**.

Com essas experiências com elementos radioativos, os cientistas Becquerel, Marie Curie (1867-1934) e seu marido, Pierre Curie (1859-1906), começaram a isolar os componentes radioativos desse mineral.

Em seus estudos, Ernest Rutherford (1871-1937) revelou que há três tipos de radiações importantes: (1) alfa (α), (2) beta (β) e (3) gama (γ).

As propriedades das radiações foram observadas quando foram lançadas a um campo elétrico, como mostra a Figura 1.12, a seguir.

Figura 1.12 – Comportamento das emissões alfa (α), beta (β) e gama (γ) diante de um campo elétrico

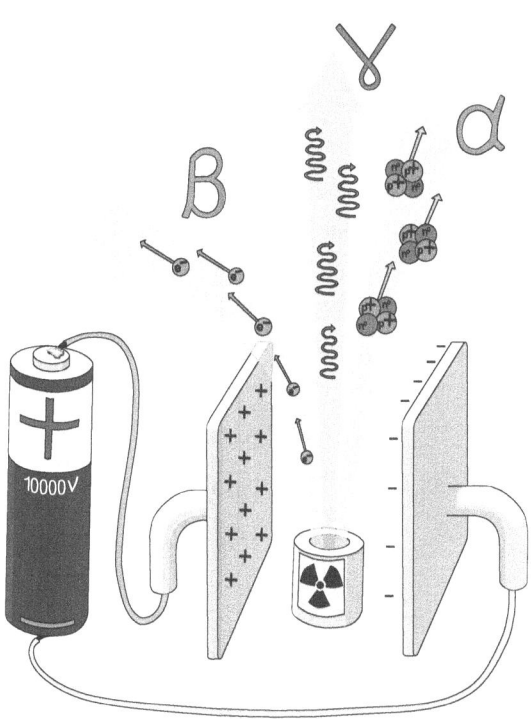

Com esse experimento, Rutherford conseguiu comprovar que os raios alfa e beta consistem em partículas em movimento, sendo as partículas beta dotadas de carga negativa em alta velocidade atiradas para fora do núcleo, portanto atraídas pelo polo positivo do campo elétrico. Já as partículas alfa são dotadas de carga positiva e, assim, são atraídas pelo polo negativo do campo elétrico. Com isso, Rutherford mostrou posteriormente que as partículas alfa combinavam-se com elétrons para formar átomos de hélio.

# 1.4 Modelo atômico de Rutherford

Em 1908, quando Rutherford lecionava na Universidade de Manchester, ele e alguns de seus brilhantes alunos, entre os quais estavam Johannes (Hans) Wilhelm Geiger (1882-1945) e Ernest Marsden (1889-1970), fizeram um dos mais intrigantes experimentos, no qual se bombardeava uma folha finíssima de ouro com radiação alfa ($_2\alpha^4$) e se media o espalhamento dessas partículas.

## 1.4.1 O experimento

O experimento consistia em colocar um elemento radioativo – o polônio – dentro de um bloco de chumbo dotado de um orifício no qual um feixe de raios $_2\alpha^4$ era projetado sobre uma finíssima lâmina de ouro envolvida por uma placa revestida de material fluorescente, o sulfeto de zinco (ZnS), que permite visualizar o local em que incidem as partículas $_2\alpha^4$, invisíveis a olho nu, conforme representado na Figura 1.13.

Figura 1.13 – Experimento de Rutherford com bombardeamento de partículas alfa em uma lâmina metálica

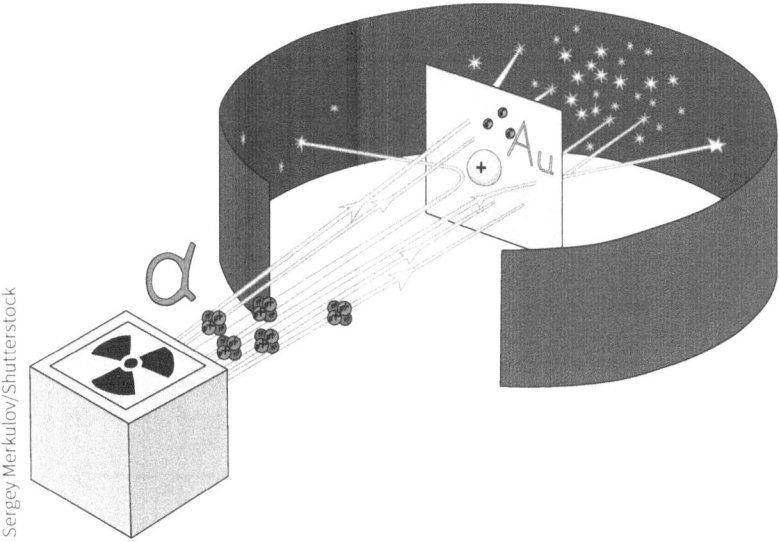

O grande espanto dos cientistas foi que a grande maioria das partículas alfa atravessava a finíssima lâmina de ouro quase sem desvio algum, como estava previsto no modelo atômico de Thomson. Porém, eles notaram algo inacreditável: uma pequena quantidade de partículas alfa era ricocheteada pelos átomos da folha de ouro, como ilustra a Figura 1.14.

Figura 1.14 – Representação da passagem de partículas alfa através da matéria

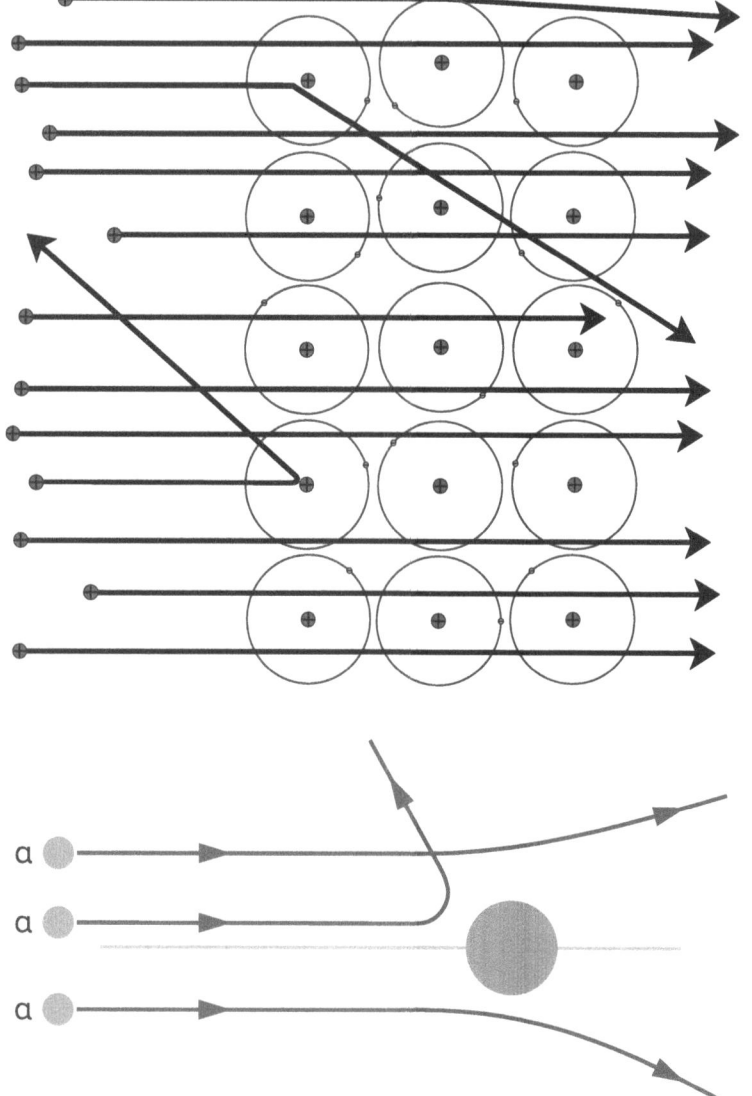

Sergey Merkulov e Dn Br/Shutterstock

Com as devidas observações, Rutherford destacou que:

- A grande maioria das partículas alfa atravessou a lâmina sem sofrer alteração em sua trajetória; logo, concluiu-se que a matéria (lâmina de ouro) seria formada por grandes espaços vazios (eletrosfera), nos quais estariam localizados os elétrons.
- Somente algumas partículas não atravessaram a lâmina e foram ricocheteadas; assim, concluiu-se que a matéria (lâmina de ouro) seria formada por um pequeno ponto de grande densidade capaz de receber o impacto das partículas alfa e fazê-las ricochetear e voltar.
- Tendo em vista que algumas partículas foram desviadas de sua trajetória, o pequeno ponto, chamado de *núcleo*, deveria ser positivo, pois provocou repulsão nas partículas que também eram de carga positiva.
- Comparando-se o número de partículas alfa que passaram com o número de partículas alfa que ricochetearam, seria possível, por meio dos cálculos de espalhamento baseados em interações coulombianas, estimar o raio do núcleo atômico – Rutherford calculou que o raio do átomo deveria ser de 10 000 a 100 000 vezes maior do que o raio do núcleo.

Dessa forma, as observações levaram Rutherford à formulação de um novo modelo atômico no qual as cargas positivas do átomo se concentravam em uma pequena região (núcleo), que continha praticamente toda a massa do átomo, e os elétrons, descrevendo órbitas circulares, ficavam girando na região periférica (eletrosfera), a uma considerável distância do núcleo.

Resumidamente, o átomo seria semelhante ao sistema solar: o núcleo representaria o Sol, e os elétrons, os planetas, como mostra a Figura 1.15, a seguir. Por esse motivo, o modelo atômico de Rutherford ficou conhecido como *modelo planetário*.

Figura 1.15 – Representação do modelo atômico planetário de Rutherford

Ezume Images/Shutterstock

Entretanto, nesse modelo há uma falha, conhecida como *falha no modelo de Rutherford* (Figura 1.16) a seguir, que foi evidenciada pela teoria do eletromagnetismo, segundo a qual toda partícula com carga elétrica submetida a uma aceleração origina a emissão de uma onda eletromagnética.

Figura 1.16 – Falha do modelo atômico de Rutherford

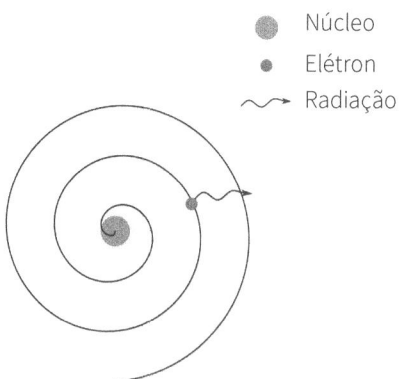

Como o elétron é uma partícula em movimento ao redor do núcleo, aquele tenderia a emitir energia na forma de onda eletromagnética e ser atraído por este último, fato que não ocorre na prática.

## 1.4.2 Partículas subatômicas

Agora que vimos algumas características fundamentais do átomo, poderemos ir mais a fundo, investigando as respostas às seguintes questões: Do que é constituído o núcleo do átomo? Quantos elétrons podemos encontrar na eletrosfera? Rutherford e outros cientistas buscaram desvendar essas dúvidas.

## Descoberta do nêutron

A existência do nêutron foi comprovada em 1932 pelo físico inglês James Chadwick (1891-1974). Na ocasião, já havia sido comprovado que a matéria tem carga positiva (formada pelos prótons) e que essa carga se encontra em um pequeno ponto, chamado de *núcleo*, porém não havia sido comprovada a existência de toda a massa do átomo. Por isso, Chadwick fez incidir um feixe de partículas alfa que se colidiu com uma amostra de berílio, como ilustra a Figura 1.17 (a). Com essa colisão, o físico concluiu que houve a emissão de determinada radiação invisível, que passou sem se desviar pelo campo elétrico; essa radiação invisível foi chamada de *nêutron*. Com esse importante trabalho, em 1935, Chadwick foi premiado com o Prêmio Nobel de Física (Russell, 1982).

Figura 1.17 – Representação experimental da descoberta do nêutron

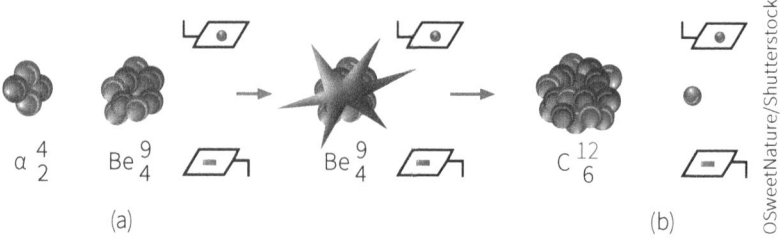

**Fonte:** Cúneo, 2021.

Nessa figura, podemos observar que o nêutron eliminado atravessa um campo elétrico (b) sem sofrer desvio, o que nos leva a concluir que o nêutron é uma partícula que **não apresenta carga elétrica**, mas tem massa praticamente igual à do próton.

Com esse experimento, podemos agora caracterizar as três partículas atômicas fundamentais segundo a Tabela 1.2, a seguir.

Tabela 1.2 – Características essenciais das três partículas atômicas

| Partícula | Massa (g) | Carga | |
|---|---|---|---|
| | | Coulomb | Unidade de carga |
| Elétron | $9,11 \cdot 10^{-28}$ | $-1,6 \cdot 10^{-19}$ | $-1$ |
| Próton | $1,672 \cdot 10^{-24}$ | $+1,6 \cdot 10^{-19}$ | $+1$ |
| Nêutron | $1,674 \cdot 10^{-24}$ | 0 | 0 |

**Fonte:** Elaborado com base em Brown et al., 2005.

Rutherford, com base nas informações propiciadas com as descobertas do próton, do nêutron e do elétron, possibilitou o entendimento e a classificação das substâncias a partir de dois números:

1. número atômico (Z); e
2. número de massa (A).

O **número atômico** (**Z**) é o número de prótons (P) de um átomo (identidade):

$Z = P$

Como os átomos são sistemas eletricamente neutros, ou seja, o número de prótons é igual ao número de elétrons, temos as seguintes definições:

- Cálcio (Ca): Z = 20, em que o número de prótons é igual a 20 e número de elétrons também é igual a 20.
- Ferro (Fe): Z = 26, em que o número de prótons é igual a 26 e o número de elétrons também é igual a 26.

O **número de massa** (**A**) é o número de prótons (P) – equivalente ao número atômico (Z) – mais o número de nêutrons (N) de um átomo, pois a massa do elétron é desprezível:

A = Z + N

Com base no entendimento das três partículas atômicas, podemos representar um átomo conforme a Figura 1.18.

Figura 1.18 – Representação das características de um elemento químico

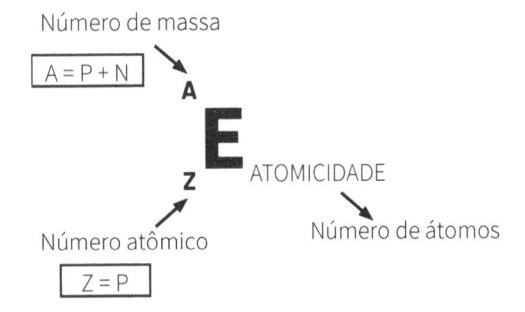

Número de massa
$A = P + N$

$^{A}_{Z}E$ ATOMICIDADE

Número atômico
$Z = P$

Número de átomos

Assim, para o elemento sódio (Na), temos:

$^{23}_{11}Na$ ou $_{11}Na^{23}$

Isso significa que o átomo de sódio tem número atômico (Z) 11 e número de massa (A) 23.

Com a identificação do número atômico e do número de massa, podemos determinar o número de nêutrons com o auxílio das fórmulas mostradas na Figura 1.19.

Figura 1.19 – Fórmulas representando o número de massa

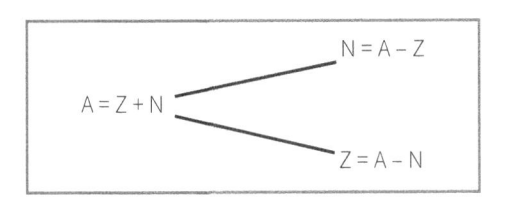

$$A = Z + N \begin{cases} N = A - Z \\ Z = A - N \end{cases}$$

Quando se trata de um átomo que perde ou recebe elétrons, ele recebe o nome de **íon**, o qual podemos representar da seguinte maneira:

$$^{A}_{Z}X^{q}$$

Em que:

- A = número de massa;
- Z = número atômico (número de prótons);
- q = carga dos íons (positiva = perde elétrons; negativa = recebe elétrons).

Vejamos alguns exemplos:

- Íon sódio: $^{23}_{11}Na^{+}$ → número de prótons = 11; número de nêutrons = 12; número de elétrons = 10.
- Íon bromo: $^{80}_{35}Br^{-}$ → número de prótons = 35; número de nêutrons = 45; número de elétrons = 36.

## Isótopos

Um mesmo elemento pode apresentar diferentes números de nêutrons, mas sempre com o mesmo número de prótons, isto é, o mesmo número atômico. Com números de nêutrons diferentes, obrigatoriamente os átomos da mesma substância terão diferentes números de massa. O símbolo do $_6C^{12}$, ou simplesmente $C^{12}$, representa o átomo de carbono (6) com seis prótons e seis nêutrons, porém, na natureza, podemos encontrar outros isótopos desse elemento, como mostra a Tabela 1.3.

Tabela 1.3 – Quantidade das partículas elementares dos isótopos do carbono

| Símbolo | Número de prótons | Número de elétrons | Número de nêutrons |
|---|---|---|---|
| $^{11}C$ | 6 | 6 | 5 |
| $^{12}C$ | 6 | 6 | 6 |
| $^{13}C$ | 6 | 6 | 7 |
| $^{14}C$ | 6 | 6 | 8 |

## Espectrometria de massa

Agora veremos como encontrar os pesos atômicos dos elementos por meio do cálculo de médias ponderadas usando as abundâncias relativas. Mas de onde vêm essas abundâncias relativas? Por exemplo, como sabemos que 75,76% de todo o cloro da Terra é $Cl^{35}$?

A resposta é que essas abundâncias relativas podem ser determinadas experimentalmente usando-se uma técnica chamada *espectrometria de massa*.

Figura 1.20 – Espectro de massa

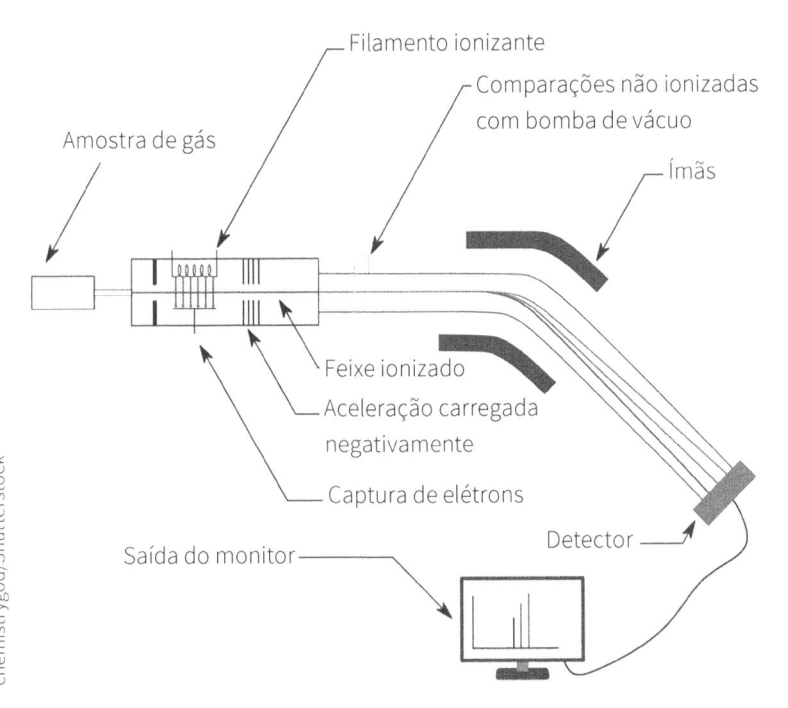

- Filamento ionizante
- Comparações não ionizadas com bomba de vácuo
- Amostra de gás
- Ímãs
- Feixe ionizado
- Aceleração carregada negativamente
- Captura de elétrons
- Saída do monitor
- Detector

chemistrygod/Shutterstock

Esse equipamento permite determinar a massa de um átomo ou de uma molécula. Em um espectrômetro de massa, a amostra injetada é imediatamente vaporizada e bombardeada por elétrons de alta energia que são capazes de promover a retirada de elétrons da amostra, produzindo, então, espécies de carga positiva, ou **cátions**. Os cátions produzidos são acelerados entre placas elétricas e posteriormente desviados por um campo magnético. Dependendo da magnitude da velocidade e da carga dessa espécie, eles sofrerão diferentes desvios e, assim, serão detectados pelo sistema.

O tamanho do desvio dos íons é inversamente proporcional à relação entre massa e carga:

$$\frac{m}{z}$$

Em que:
- m = massa do íon;
- z = carga do íon.

No caso do cloro (Cl), o detector registrará os valores da razão $\frac{m}{z}$ para cada íon, realizando a leitura e emitindo um espectro, tal como o mostrado no Gráfico 1.1.

Gráfico 1.1 – Resultado obtido do espectro de massa

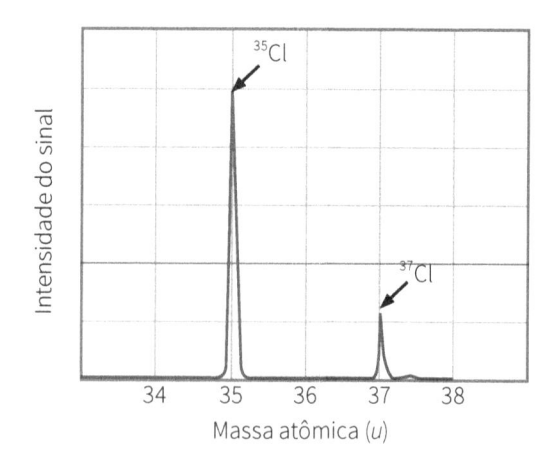

**Fonte:** Brown et al., 2005, p. 40.

A altura do pico no espectro de massa é proporcional à abundância relativa. Nesse espectro, podemos verificar que o cloro-35 ($Cl^{35}$) apresenta uma abundância de aproximadamente 75,8%, e o cloro-37 ($Cl^{37}$), uma abundância de aproximadamente 24,2%.

Assim, podemos determinar a intensidade das linhas da seguinte maneira: o átomo de bromo (Br) se apresenta na natureza na forma de dois isótopos – $_{35}Br^{79}$ e $_{35}Br^{81}$ –, com uma abundância de 50% para ambos. Já o cloro tem 75% de $_{17}Cl^{35}$ e 25% de $_{17}Cl^{37}$.

Os possíveis íons positivos formados e suas massas molares e respectivas combinações são:

$^{79}Br^{35}Cl^+ = 114 \rightarrow 75\%$ de Cl

$^{79}Br^{37}Cl^+ = 116 \rightarrow 25\%$ de Cl

$^{81}Br^{35}Cl^+ = 116 \rightarrow 75\%$ de Cl

$^{81}Br^{37}Cl^+ = 118 \rightarrow 25\%$ de Cl

Como a porcentagem do bromo é a mesma, para determinar as intensidades, dividimos a medida do cloro por 25:

$^{79}Br^{35}Cl^+ = 114 \rightarrow 75\%$ de Cl $\div 25 = 3$

$^{79}Br^{37}Cl^+ = 116 \rightarrow 25\%$ de Cl $\div 25 = 1$

$^{81}Br^{35}Cl^+ = 116 \rightarrow 75\%$ de Cl $\div 25 = 3$

$^{81}Br^{37}Cl^+ = 118 \rightarrow 25\%$ de Cl $\div 25 = 1$

Somamos as intensidades dos compostos com a mesma massa molecular, obtendo o Gráfico 1.2.

Gráfico 1.2 – Intensidades detectadas pelo espectro de massa

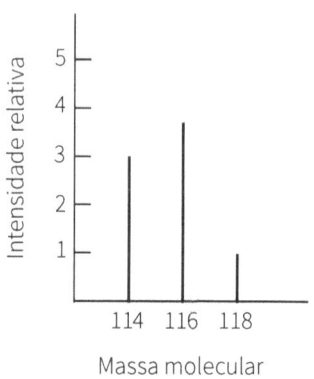

## Exercício resolvido

1. Uma amostra de cobre (Cu) é injetada em um espectrômetro de massa. Depois que a amostra é vaporizada e ionizada, os íons $^{63}Cu^{2+}$ e $^{65}Cu^{2+}$ são detectados. Qual íon sofrerá maior desvio no espectrômetro?

Resolução:

O íon $^{63}Cu^{2+}$ tem massa menor (m) com a mesma carga (z), comparado com o $^{65}Cu^{2+}$. Isso significa que o $^{63}Cu^{2+}$ tem razão menor entre massa e carga $\left(\dfrac{m}{z}\right)$. Como a quantidade de desvio é inversamente proporcional à razão entre massa e carga, o íon com $\dfrac{m}{z}$ menor sofre desvio maior. Portanto, o $^{63}Cu^{2+}$ sofrerá maior desvio pelo campo magnético do espectrômetro.

## Massa atômica média

Primeiramente, não podemos confundir o número de massa com **massa atômica** (**u**). O número de massa é calculado pela soma do número de prótons e de nêutrons do átomo. Já a massa atômica é uma média ponderada, levando-se em conta todos os isótopos existentes na natureza.

Como vimos anteriormente, a maioria dos elementos é encontrada na natureza como mistura isotópica. Para calcularmos a massa atômica, precisamos conhecer as abundâncias de cada isótopo do elemento em estudo. No caso do cloro, vimos que sua abundância é de 75,8% de $Cl^{35}$ (massa isotópica relativa de 34,97 u) e 24,2% de $Cl^{37}$ (massa isotópica relativa de 36,97 u), sendo possível calcular a média ponderada da seguinte maneira:

$(0,758) \cdot (34,97\ u) + (0,242) \cdot (36,97\ u) = 35,453\ u$

Assim, na tabela periódica, encontramos o átomo de cloro tal como consta na Tabela 1.4.

Tabela 1.4 – Representação do átomo de cloro

| $_{17}Cl^{35,453}$ cloro | Símbolo | Cl |
|---|---|---|
| | Número atômico | 17 |
| | Massa atômica | 35,453 u |
| | Configuração eletrônica | [Ne] $3s^2\ 3p^5$ |

## Exercício resolvido

1. O elemento bromo (Br) apresenta dois isótopos, o $Br^{79}$ e o $Br^{81}$, e tem uma massa atômica de 79,9 u. Nesse caso, qual é a abundância relativa de cada um dos isótopos?

Resolução:

Cálculo da massa atômica (MA) – média ponderada:

$$MA = \frac{m1 \cdot \% + m2 \cdot \%}{100\%}$$

- Porcentagem (%) de abundância de $Br^{79}$ = x;
- Porcentagem (%) de abundância de $Br^{81}$ = 100 – x;

Substituindo na equação, temos:

$$79,9 = \frac{79 \cdot x + 81 \cdot (100 - x)}{100\%}$$

Resolvendo a equação, temos:

7 990 = 79 · x + 8 100 – 81 · x

2 · x = 110

x = 55

Portanto, o isótopo $Br^{79}$ tem abundância de 55% e o isótopo $Br^{81}$, de 45%.

## 1.5 Modelo de Bohr

Como vimos anteriormente, houve uma falha no modelo atômico de Rutherford, a instabilidade. De acordo com a eletrodinâmica clássica de Maxwell, o elétron em órbita do átomo irradia e perde energia e é atraído pelo núcleo. Com isso, em 1913, Niels Bohr (1885-1962) publicou o histórico artigo *"On the Constitution of Atoms and Molecules"* ("Sobre a constituição de átomos e moléculas"), descrevendo seu revolucionário modelo atômico (Brady; Humiston, 1986).

Bohr baseou-se no modelo planetário de Rutherford, aprofundou seus estudos sobre a eletrosfera desse modelo, usou o espectro de emissão do hidrogênio e relacionou a energia dos elétrons com a teoria quântica de Planck.

Figura 1.21 – O *quantum* de Planck

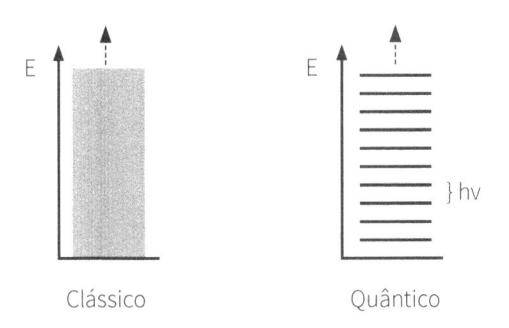

Clássico    Quântico

Segundo Max Karl Ernst Ludwig Planck (1858-1947), em sua proposta de quantização de energia, toda radiação eletromagnética é emitida (ou absorvida) de forma descontínua, em "pacotes" discretos de energia. Cada "pacote" é chamado de *quantum*, ou seja, a radiação emitida é transmitida por valores fixos de energia (Russell, 1982).

A energia é calculada pela seguinte expressão:

$$E = \frac{h \cdot c}{\lambda}$$

Em que:
- $E$ = energia do fóton;
- $h$ = constante de Planck ($h = 6{,}63 \cdot 10^{-34}$ J.s);
- $c$ = velocidade da luz no vácuo ($3{,}0 \cdot 10^{8}$ m/s);
- $\lambda$ = comprimento de onda do fóton.

Como *h* e *c* são ambos constantes, a energia do fóton (ΔE) varia diretamente em relação ao comprimento de onda λ; por isso temos: $\lambda = \frac{c}{v}$, em que v é a frequência.

Dessa forma, a equação da energia pode ser simplificada para

$$E = h \cdot v$$

Essa equação é conhecida como **relação de Planck-Einstein**.

## 1.5.1 Espectro eletromagnético

O conjunto de todas as ondas eletromagnéticas, com todas as possíveis frequências, é chamado de *espectro eletromagnético*. O esquema da Figura 1.22 detalha o espectro eletromagnético e suas faixas.

Figura 1.22 – Espectro eletromagnético

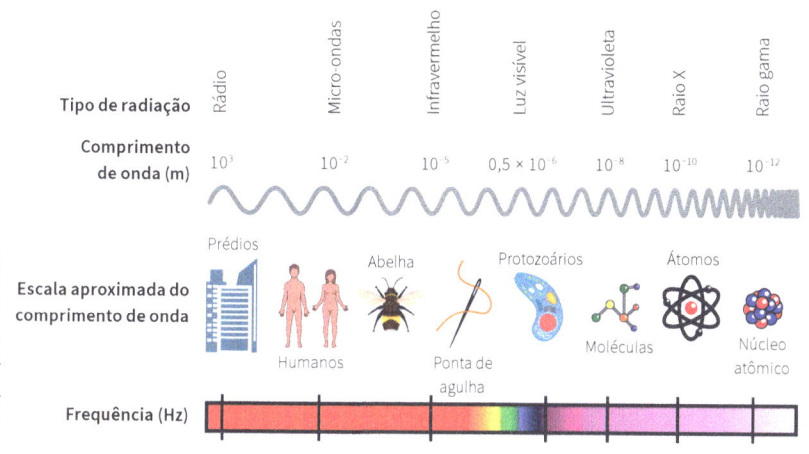

| Tipo de radiação | Rádio | Micro-ondas | Infravermelho | Luz visível | Ultravioleta | Raio X | Raio gama |
|---|---|---|---|---|---|---|---|
| Comprimento de onda (m) | $10^3$ | $10^{-2}$ | $10^{-5}$ | $0,5 \times 10^{-6}$ | $10^{-8}$ | $10^{-10}$ | $10^{-12}$ |
| Escala aproximada do comprimento de onda | Prédios | Humanos | Abelha | Ponta de agulha | Protozoários / Moléculas | Átomos | Núcleo atômico |
| Frequência (Hz) | | | | | | | |

Para comprovar seu modelo, Bohr realizou seu experimento usando uma lâmpada com gás hidrogênio e observou apenas algumas linhas, que correspondiam apenas a alguns comprimentos de ondas de luz visível. Esse é o denominado *espectro atômico*.

Quando um gás atômico (ou um vapor a baixa pressão) é excitado pela passagem da corrente elétrica, a radiação emitida apresenta um espectro que contém apenas alguns comprimentos de onda discretos. A Figura 1.23, a seguir, demonstra as linhas de absorção e de emissão para o átomo de hidrogênio.

Figura 1.23 – Espectro de absorção do átomo de hidrogênio

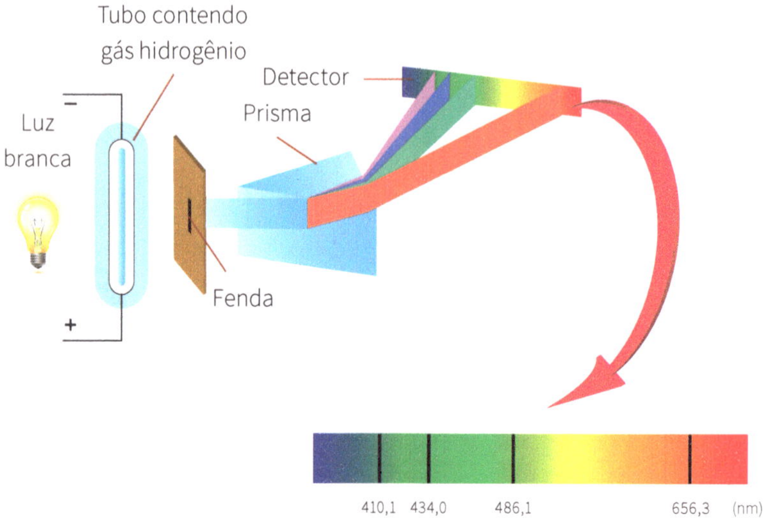

410,1   434,0   486,1   656,3   (nm)

Emir Kaan/Shutterstock

Cada elemento químico exibe um único espectro de linhas (um tipo de código de barras) quando uma amostra sua, no estado de vapor, é excitada, ou seja, quando há um salto de elétrons. Nesse caso, a espectroscopia é usada na identificação de elementos químicos em uma amostra, como podemos observar na Figura 1.24, a seguir.

Figura 1.24 – Representação dos espectros de alguns elementos químicos

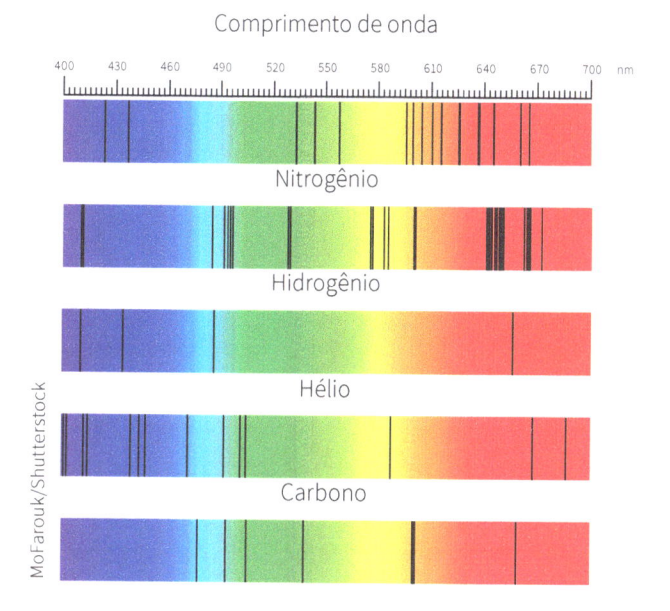

Nesse contexto, Bohr apresentou um modelo para o átomo de hidrogênio que combinava as ideias de Planck, Einstein e Rutherford e estava baseado no seguinte postulado: cada órbita apresenta uma energia fixa e determinada (constante), logo, cada órbita é um nível de energia bem definido, como mostra a Figura 1.25, a seguir.

Figura 1.25 – Divisão dos níveis de energia

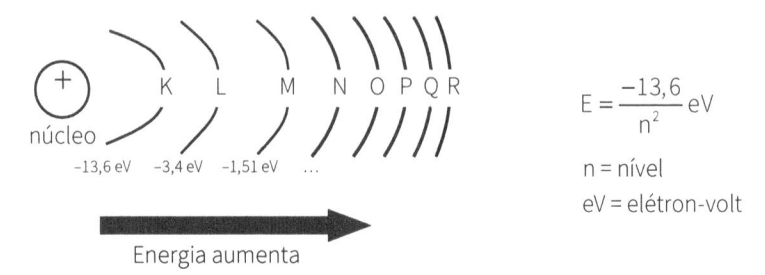

núcleo, K, L, M, N, O, P, Q, R
−13,6 eV   −3,4 eV   −1,51 eV   ...

Energia aumenta

$$E = \frac{-13{,}6}{n^2} \text{ eV}$$

n = nível
eV = elétron-volt

A equação representada anteriormente é deduzida por várias fórmulas oriundas da física quântica, em que são usadas relações matemáticas, como a lei de Coulomb, a energia cinética e o potencial do elétron orbitado ao redor do núcleo, levando-se em consideração também o raio do primeiro nível de energia do átomo de hidrogênio.

Com essas características, podemos calcular a energia total, que será dada pela soma da energia potencial e da energia cinética.

Assim, determina-se a energia para qualquer nível permitido usando a seguinte equação:

$$E = -\frac{13{,}6}{n^2} \text{ eV}$$

Quando um elétron está em uma órbita determinada, não ganha nem perde energia; nesse caso, ele está em **estado estacionário de energia**. Já quando o átomo recebe energia de uma fonte externa, realiza um salto quântico ou uma excitação eletrônica – ao se fornecer energia ao átomo, o elétron a absorve e salta para uma camada mais afastada do núcleo, de energia superior. O elétron, ao retornar a sua camada de origem, libera energia na forma de fóton, onda eletromagnética ou luz visível, como mostra a Figura 1.26.

Figura 1.26 – Representação da excitação eletrônica, da absorção e da emissão de energia

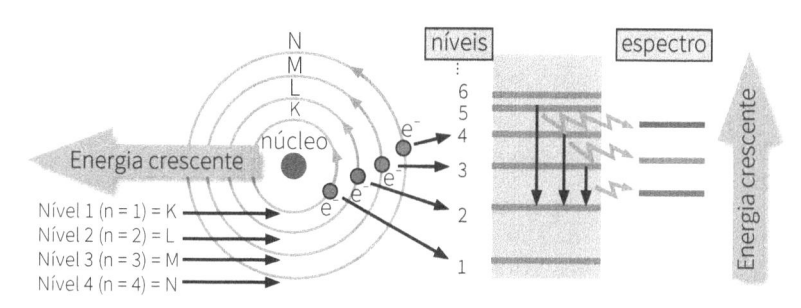

**Fonte:** Nahra, 2018.

Como mencionamos anteriormente, o espectro eletromagnético é a distribuição das ondas eletromagnéticas (quantidades de energia) visíveis e não visíveis. Para cada salto realizado pelo elétron, podemos calcular a energia da transição e posteriormente classificá-las de acordo com a frequência e o comprimento de onda característicos de cada radiação. Para essas energias, cada emissão pode receber uma classificação:

- **Ondas de rádio** – Usadas na transmissão de dados e na localização por meio de radares.
- **Micro-ondas** – Utilizadas para aquecimento de alimentos em fornos de micro-ondas e em radares e transmissões televisivas, entre outras atividades.

- **Infravermelho** – Usado em controles remotos de diversos aparelhos eletrônicos, na observação de satélites e nas indústrias automotiva e têxtil.
- **Ultravioleta** – Radiação emitida pelo Sol e muito associada ao bronzeamento, porém está vinculada ao alto nível de desenvolvimento de câncer.
- **Raios X** – Ondas eletromagnéticas com alto poder de penetração usadas para o diagnóstico feito por imagens.
- **Raios gama** – Ondas eletromagnéticas de altíssima frequência produzidas por transições nucleares. Apresentam alto poder de penetração e por isso são utilizados em radioterapias.

Agora podemos calcular qualquer salto quântico e determinar qual será o comprimento de onda, além de caracterizar o quanto de energia é necessário para conseguirmos determinar o tipo do comprimento de onda ou sua frequência.

## Exercício resolvido

1. Quando um elétron do átomo de hidrogênio salta da camada três (M) para a camada dois (L), qual é comprimento de onda obtido?

Resolução:

Energia das camadas:

$$E_M = -\frac{13,6}{3^2} = -1,51 \text{ eV}$$

$$E_L = -\frac{13,6}{2^2} = -3,4 \text{ eV}$$

O salto da camada M para a camada L corresponde a uma energia aproximada de:

$E_M - E_L = -0{,}378 - (-1{,}51)$ eV $= 1{,}89$ eV

Transformando o elétron-volt em energia, temos:

1 eV $\longrightarrow 1{,}6 \cdot 10^{-19}$ J

1,89 eV $\longrightarrow$ E

$E = 3{,}024 \cdot 10^{-19}$ J

Cálculo do comprimento de onda:

$$3{,}024 \cdot 10^{-19} = \frac{6{,}63 \cdot 10^{-34} \cdot 3 \cdot 10^{8}}{\lambda}$$

$\lambda = 6{,}58 \cdot 10^{-7}$ metros (m) ou $658 \cdot 10^{-9}$ m ou 658 nanômetros (nm)

Observando o espectro, vemos que o valor de 658 nm está dentro da faixa do comprimento de onda da luz visível (de 400 nm a 700 nm). Nesse caso, de acordo com o espectro eletromagnético, o valor de 658 nm está associado à coloração vermelha.

Dessa mesma maneira, podemos determinar as outras linhas de emissão (colorações) para os demais saltos realizados pelo elétron do átomo de hidrogênio.

Supondo agora que o elétron do átomo de hidrogênio salte do nível quatro para o nível dois e realizando todos os cálculos mostrados anteriormente, teremos um comprimento de onda de aproximadamente 486 nm, o que corresponde à coloração azul-claro, quase chegando à coloração verde.

Portanto, a teoria atômica sempre andou lado a lado com os experimentos de espectroscopia. Nesse caso, o espectro é a impressão digital do átomo, pois as linhas espectrais estão diretamente ligadas às energias permitidas aos elétrons, que, por sua vez, como já vimos, apresentam um conjunto único para cada elemento.

Todas essas definições, deduções matemáticas e experimentações foram demonstradas para o átomo de hidrogênio, ou seja, para átomos que apresentam apenas um elétron. Essa seria a primeira limitação do modelo atômico de Bohr, que não é capaz de explicar a estrutura fina das linhas espectrais.

**Indicação cultural**

OLIVEIRA FILHO, K. de S.; SARAIVA, M. de F. O. **Espectroscopia**. 11 mar. 2020. Disponível em: <http://astro.if.ufrgs.br/rad/espec/espec.htm>. Acesso em: 8 mar. 2021.

Esse *site* apresenta uma demonstração mais aprofundada sobre os espectros e outras equações para determinar as emissões dos fótons quando um material é colocado em uma fonte de energia externa.

# 1.6 Modelo atômico atual

O modelo atômico atual é resultado do aprimoramento de modelos elaborados ao longo dos séculos XIX e XX. O átomo continua tendo em sua composição o núcleo, em torno do qual se movimentam os elétrons, porém com alguns detalhes mais específicos.

Arnold Sommerfeld (1868-1951), em 1916, calculou energias diferentes para elétrons de um mesmo nível de energia, determinando que este é formado por subníveis. Essas subcamadas deveriam ser órbitas elípticas, sendo seu número de unidades igual a n–1, em que $n$ é o número do nível energético do elétron (camada). Os subníveis de energia foram designados pelas letras $s$, $p$, $d$ e $f$, iniciais de quatro adjetivos do inglês: *sharp*, *principal*, *diffuse* e *fundamental*, utilizados em espectroscopia. Além disso, os subníveis de energia foram associados a órbitas elípticas com diferentes excentricidades para o elétron, sendo que essa órbita pode, em um caso particular, ser esférica (Brown et al., 2005).

Podemos ressaltar o movimento dos elétrons que não podem ser completamente descritos, uma vez que as trajetórias dessas partículas são indeterminadas. Contudo, é possível calcular a probabilidade de encontrar os elétrons em determinados pontos em torno do núcleo atômico. Nesse caso, é importante mencionar o mundo quântico, no qual o átomo é atualmente entendido como um **sistema quântico**: os elétrons do átomo apresentam valores discretos de energia.

Para os conceitos quânticos, destacamos a resolução da equação de Schrödinger, pela qual, em um átomo, o elétron tem como resultado os possíveis valores de energia e as funções de onda que representam os correspondentes estados eletrônicos. Costuma-se caracterizar abreviadamente um estado eletrônico pelo conjunto de números quânticos constitutivos de sua expressão matemática.

O modelo atômico atual teve a contribuição de Schrödinger e de outros cientistas, que propuseram alguns princípios, entre os quais destacamos aqui (veremos os demais mais adiante):

- **Princípio da dualidade** – Em 1924, **Louis de Broglie** (1892-1987) definiu que o elétron em movimento está associado a uma onda característica (partícula-onda).
- **Princípio da incerteza** – Em 1926, **Werner Heisenberg** (1901-1976) determinou que é impossível calcular a posição e a velocidade de um elétron em um mesmo instante.
- **Princípio do orbital** – Em 1926, **Erwin Schrödinger** (1887-1961) estabeleceu que existe uma região do espaço na qual haveria maior probabilidade de encontrar o elétron, denominada *orbital*.

Os orbitais constituem os subníveis de energia e, como já vimos, são representados pelas mesmas letras (*s*, *p*, *d* e *f*), cada uma delas apresentando uma orientação espacial, conforme podemos observar na Figura 1.27.

Figura 1.27 – Tipos de orbitais

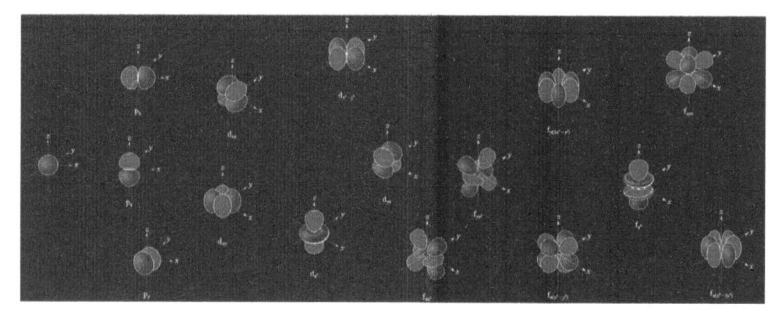

O subnível s é formado por um **orbital s de forma esférica** e apresenta vários tamanhos, com o aumento do nível de energia, como ilustra a Figura 1.28.

Figura 1.28 – Tipos de orbitais s

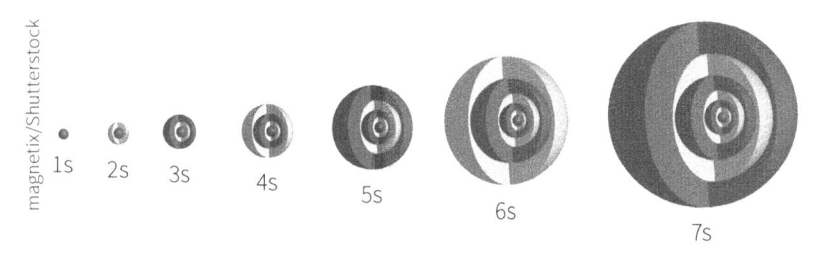

Já o subnível p é formado por três **orbitais p** ($p_x$, $p_y$ e $p_z$), representados na Figura 1.29. Cada orbital p tem a forma de **haltere** ou **duplo ovoide**. A mistura dessas três formas de orbitais p origina o subnível p, como mostra a Figura 1.30.

Figura 1.29 – Tipos de orbitais p

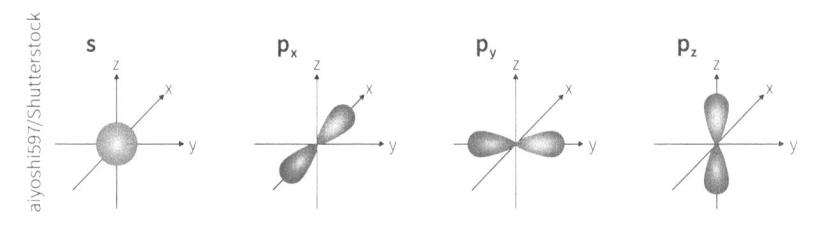

Figura 1.30 – Orbitais p formando o subnível p

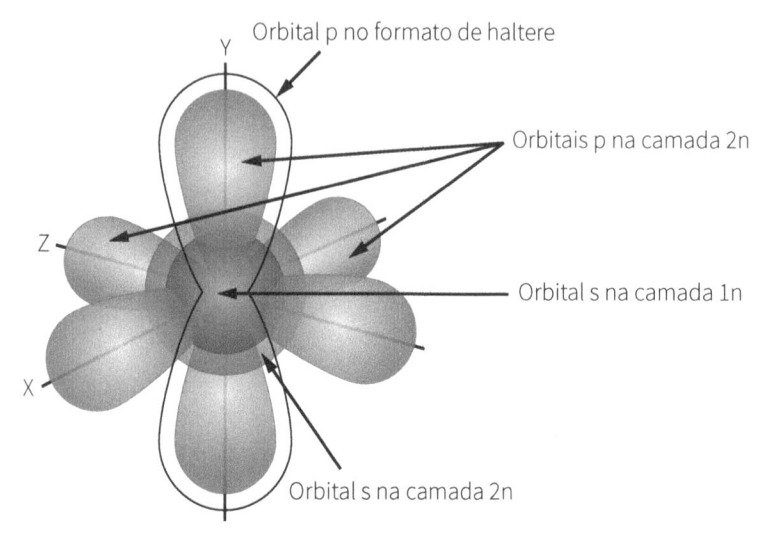

Orbital p no formato de haltere
Orbitais p na camada 2n
Orbital s na camada 1n
Orbital s na camada 2n

aiyoshi597/Shutterstock

Os elétrons em um nível (n) se agrupam em subníveis de energia (l), como representado na tabela a seguir.

Tabela 1.5 – Quantidades de orbitais para cada nível de energia

| Valores de $n$ | Valores de $l$ | Designação |
|---|---|---|
| 1 | 0 | s |
| 2 | 0 | s |
|   | 1 | p |
| 3 | 0 | s |
|   | 1 | p |
|   | 2 | d |
| 4 | 0 | s |
|   | 1 | p |
|   | 2 | d |
|   | 3 | f |

## 1.6.1 Representação do orbital

Nesta obra, representaremos cada orbital da seguinte maneira:

□ ou ○ ou ——

Dessa forma, podemos relacionar as probabilidades espaciais de cada orbital conforme indicado na Figura 1.31.

Figura 1.31 – Quantidade de orbitais correspondente a cada subnível

$l = 0 \rightarrow (2 \cdot 0 + 1) = 1$ – corresponde ao subnível s

$l = 1 \rightarrow (2 \cdot 1 + 1) = 3$ – corresponde ao subnível p

$l = 2 \rightarrow (2 \cdot 2 + 1) = 5$ – corresponde ao subnível d

$l = 3 \rightarrow (2 \cdot 3 + 1) = 7$ – corresponde ao subnível f

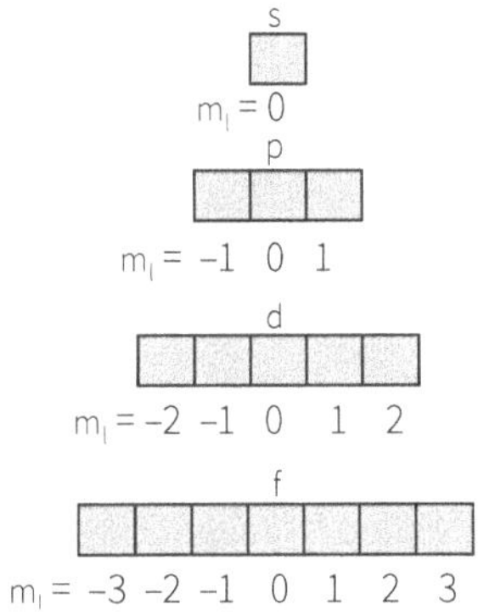

s
$m_l = 0$

p
$m_l = -1 \ 0 \ 1$

d
$m_l = -2 \ -1 \ 0 \ 1 \ 2$

f
$m_l = -3 \ -2 \ -1 \ 0 \ 1 \ 2 \ 3$

Conhecendo o valor de *l* para cada orbital, podemos calcular matematicamente a quantidade de elétrons existentes nessas regiões (subníveis de energia), utilizando a seguinte equação:

$X = 2(2l + 1)$

Em que:

- x = número máximo de elétrons que interessa;
- l = valor correspondente ao subnível.

Utilizando a equação, montamos a tabela a seguir.

Tabela 1.6 – Subníveis de energia

| l | 0 | 1 | 2 | 3 | 4 |
|---|---|---|---|---|---|
| Número máximo de elétrons | 2 | 6 | 10 | 14 | 18 |
| Subnível | $s^2$ | $p^6$ | $d^{10}$ | $f^{14}$ | $g^{18}$ |

Agora, é necessário reorganizar todas essas informações relacionadas a nível, subnível, orbital e elétrons de acordo com a energia. O cientista que elaborou uma das ferramentas mais usadas no estudo da distribuição dos elétrons no átomo foi Linus Pauling (1901-1994), que colocou os elétrons em ordem crescente de energia, originando o **diagrama de energia de Pauling**, como mostrado na Figura 1.32.

Sabendo o número de camadas e a quantidade de elétrons práticos (os elétrons distribuídos para os átomos oficialmente registrados na tabela periódica) existentes em cada nível, Pauling organizou os elétrons tal como consta na Tabela 1.7.

Tabela 1.7 – Distribuição eletrônica de Linus Pauling

| Nível | | N. de elétrons | Subníveis |
|---|---|---|---|
| K | 1 | 2 | $1s^2$ |
| L | 2 | 8 | $2s^2$  $2p^6$ |
| M | 3 | 18 | $3s^2$  $3p^6$  $3d^{10}$ |
| N | 4 | 32 | $4s^2$  $4p^6$  $4d^{10}$  $4f^{14}$ |
| O | 5 | 32 | $5s^2$  $5p^6$  $5d^{10}$  $5f^{14}$ |

*(continua)*

*(Tabela 1.7 – conclusão)*

| Nível | N. de elétrons | | Subníveis |
|---|---|---|---|
| P | 6 | 18 | $6s^2$ $6p^6$ $6d^{10}$ |
| Q | 7 | 8 | $7s^2$ $7p^6$ |
| R | 8 | 2 | $8s^2$ |

Figura 1.32 – Representação do diagrama de Linus Pauling

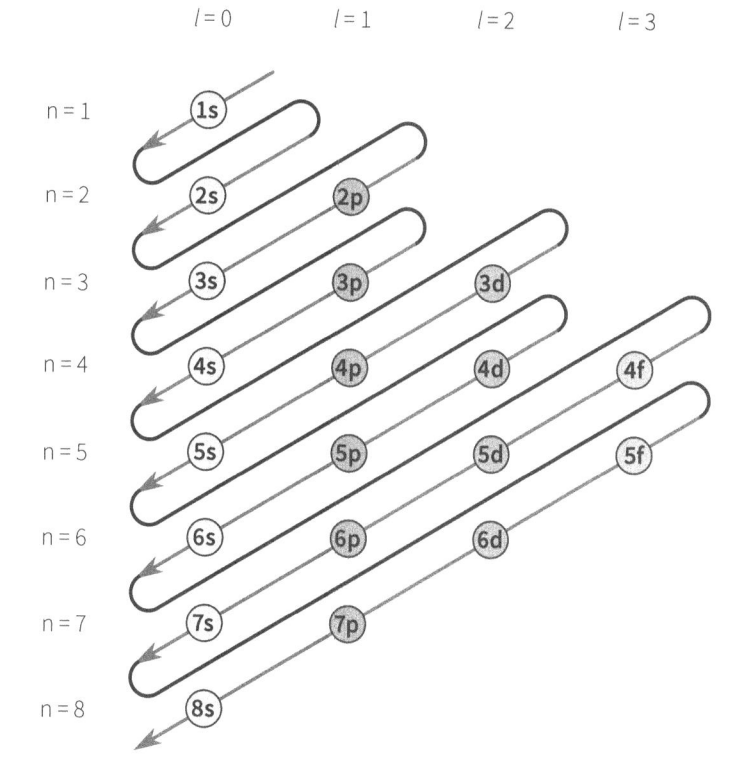

Considerando a ordem crescente de energia (zigue-zague) na diagonal (seguindo as setas), obtemos a seguinte ordem:

1s 2s 2p 3s 3p 4s 3d 4p 5s 4d 5p 6s 4f 5d 6p 7s 5f 6d 7p 8s

Energia dos subníveis aumenta ⟶

Cada subnível de energia pode ser representado como consta na Figura 1.33, em que observamos três características: o nível, o subnível e a quantidade de elétrons.

Figura 1.33 – Representação de um subnível de energia

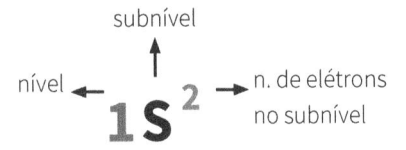

nível ← $1s^2$ → n. de elétrons no subnível
subnível ↑

## Exercício resolvido

1. Como se escreve a configuração eletrônica do átomo de ferro (Z = 26) no estado fundamental?

Resolução:

Seguindo a ordem crescente de energia, temos:

$1s^2\ 2s^2\ 2p^6\ 3s^2\ 3p^6\ 4s^2\ 3d^6$

Com o auxílio da distribuição eletrônica do ferro realizada no exercício, podemos selecionar duas especificações importantes na análise da distribuição eletrônica:

1. A **camada de valência** (**CV**) é a **última camada** eletrônica do átomo e o maior nível encontrado na distribuição eletrônica.
2. O **subnível de maior energia** ou **subnível mais energético** é o **último subnível (n + l)** do átomo, na ordem crescente de energia determinada por Pauling.

No caso da distribuição eletrônica do ferro – **1s² 2s² 2p⁶ 3s² 3p⁶ 4s² 3d⁶** –, o $3d^6$ é o subnível de maior energia, e o $4s^2$ é a CV.

## 1.6.2 Configuração eletrônica de íons

Outra particularidade da distribuição eletrônica e que é amplamente usada na ligação química é a formação de íons, ou seja, o cátion (íon positivo) e o ânion (íon negativo).

A distribuição eletrônica nos íons é idêntica à dos átomos no estado fundamental, porém os elétrons a serem retirados ou acrescentados no átomo são da **CV**, e não do subnível mais energético.

Nesse caso, devemos primeiramente realizar a distribuição eletrônica para o átomo neutro para então retirarmos ou acrescentarmos os elétrons na CV.

Veja o exemplo para o átomo de ferro (Fe):

$_{26}Fe \rightarrow 1s^2\ 2s^2\ 2p^6\ 3s^2\ 3p^6\ 4s^2\ 3d^6$ (distribuição normal)

Retirando dois elétrons, temos:

$_{26}Fe^{2+} \rightarrow 1s^2\ 2s^2\ 2p^6\ 3s^2\ 3p^6\ 3d^6$

Note que foram retirados os elétrons do nível $4s^2$, que é a CV do átomo de ferro.

Quando desejamos retirar mais um elétron do íon $Fe^{2+}$, devemos retirá-los do nível $3d^6$, ficando a distribuição do seguinte modo:

$_{26}Fe^{3+} \rightarrow 1s^2\ 2s^2\ 2p^6\ 3s^2\ 3p^6\ 3d^5$

Outra observação a ser feita em relação a essa distribuição eletrônica é que todos os subníveis de energia são totalmente preenchidos ou o são pela metade, o que confere a ela maior estabilidade. Vejamos o seguinte exemplo para o átomo de cloro (Cl):

$_{17}Cl \rightarrow 1s^2\ 2s^2\ 2p^6\ 3s^2\ 3p^5$ (distribuição normal)

Acrescentando um elétron, obtemos:

$_{17}Cl^{1-} \rightarrow 1s^2\ 2s^2\ 2p^6\ 3s^2\ 3p^6$

A seguir, elencamos mais princípios que foram propostos por cientistas para o modelo atômico atual:

- **Princípio da máxima multiplicidade** – Em 1925, **Hermann Hund** (1896-1997) escreveu que, durante a caracterização dos elétrons de um átomo, o preenchimento de um mesmo subnível deve ser feito de modo que se obtenha o maior número possível de elétrons isolados, ou seja, desemparelhados.

Primeiramente, para que se cumpra esse princípio, adicionamos um elétron em cada orbital, deixando-o semipreenchido (desemparelhado) para que possa receber um segundo elétron.

Nesta obra, usaremos como notação do elétron desemparelhado (ou não emparelhado, ou semipreenchido) o seguinte símbolo:

| ↑ |

Para os elétrons emparelhados, utilizaremos a seguinte notação:

| ↑↓ |

☐ **Princípio da exclusão** – Em 1925, **Wolfang Pauli** (1900-1958) observou que, em um átomo, dois elétrons não podem apresentar o mesmo conjunto de números quânticos.

Assim, para o preenchimento dos orbitais de um mesmo subnível, os elétrons devem ser colocados iniciando-se sempre da esquerda para a direita, como podemos visualizar na Figura 1.34.

Figura 1.34 – Preenchimento dos orbitais conforme o princípio de Hund e o princípio de exclusão de Pauli

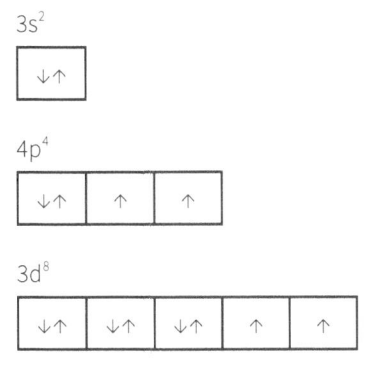

$3s^2$
| ↓↑ |

$4p^4$
| ↓↑ | ↑ | ↑ |

$3d^8$
| ↓↑ | ↓↑ | ↓↑ | ↑ | ↑ |

### 1.6.3 O *spin* do elétron

O *spin* é uma propriedade quântica fundamental das partículas elementares (prótons, nêutrons e elétrons). Para o elétron, o *spin* é experimentalmente entendido como se fosse um minúsculo ímã, apresentando uma orientação que pode ser para cima ou para baixo. Para facilitar o entendimento do *spin*, esses sentidos foram convencionados com o uso de uma seta para cima e uma seta para baixo, respectivamente. É por isso que em cada orbital podemos colocar dois elétrons de sentidos opostos.

A importância do *spin* será estudada posteriormente, quando abordarmos os materiais paramagnéticos e diamagnéticos.

# Síntese

Como vimos neste capítulo, ao longo do tempo houve uma preocupação em relação ao estudo da estrutura do átomo para se tentar compreender o comportamento de tudo o que nos cerca. Nesse sentido, há a necessidade do entendimento desde o princípio, ou seja, da filosofia até a mecânica quântica.

Cada modelo atômico tem sua particularidade e, desde o primeiro a ser criado, os cientistas contribuíram, cada qual a seu modo e com suas limitações, para a evolução dos estudos sobre o átomo.

Hoje ainda podemos nos perguntar: Conhecemos tudo o que nos cerca? A resposta é simples: não, pois há muitas coisas a serem descobertas e estudadas de forma mais detalhada. Quanto mais pesquisarmos, mais descobertas poderão ser feitas.

Com base no estudo dos modelos atômicos, podemos caracterizar algumas propriedades do átomo, como a questão da ligação química, que será vista posteriormente, em que cada elemento está inserido nas mais diversas composições, seja no sal de cozinha, seja no DNA (ácido desoxirribonucleico), seja nas proteínas ou em outros compostos e produtos de fundamental importância na vida de todos.

Também vimos uma pequena fração da relevância dos estudos das cores que os elementos emitem e que são aplicados nos mais diversos setores da indústria.

# Atividades de autoavaliação

1. (Fuvest – 2017) Na estratosfera, há um ciclo constante de criação e destruição do ozônio. A equação que representa a destruição do ozônio pela ação da luz ultravioleta solar (UV) é

   $O_3 \xrightarrow{UV} O_2 + O$

   O gráfico representa a energia potencial de ligação entre um dos átomos de oxigênio que constitui a molécula de $O_3$ e os outros dois, como função da distância de separação r.

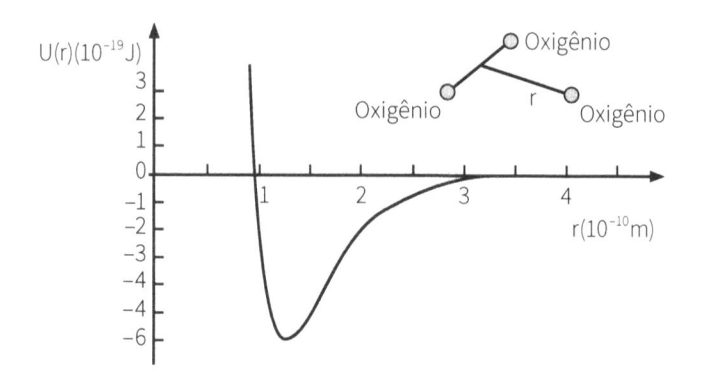

A frequência dos fótons da luz ultravioleta que corresponde à energia de quebra de uma ligação da molécula de ozônio para formar uma molécula de $O_2$ e um átomo de oxigênio é, aproximadamente,

a) $1 \cdot 10^{15}$ hZ
b) $2 \cdot 10^{15}$ hZ
c) $3 \cdot 10^{15}$ hZ
d) $4 \cdot 10^{15}$ hZ
e) $5 \cdot 10^{15}$ hZ

Note e adote:

$E = hf$

$E$ é a energia do fóton.

$f$ é a frequência da luz.

Constante de Planck, $h = 6 \cdot 10^{-34}$ J · s

2. (Uece – 2018) O subnível **d** de um átomo, em seu estado fundamental, tem 4 elétrons desemparelhados. O número de elétrons que existem no nível a que pertence esse subnível é
   a) 13 ou 14.
   b) 12 ou 15.
   c) 12 ou 14.
   d) 13 ou 15.

3. (Enem – 2019) Um teste de laboratório permite identificar alguns cátions metálicos ao introduzir uma pequena quantidade do material de interesse em uma chama de bico de Bunsen [equipamento muito comum em laboratórios] para, em seguida, observar a cor da luz emitida.

   A cor observada é proveniente da emissão de radiação eletromagnética ao ocorrer a
   a) mudança da fase sólida para a fase líquida do elemento metálico.
   b) combustão dos cátions metálicos provocada pelas moléculas de oxigênio da atmosfera.
   c) diminuição da energia cinética dos elétrons em uma mesma órbita na eletrosfera atômica.
   d) transição eletrônica de um nível mais externo para outro mais interno na eletrosfera atômica.
   e) promoção dos elétrons que se encontram no estado fundamental de energia para níveis mais energéticos.

4. (Uece – 2017) Na distribuição eletrônica do $_{38}Sr^{88}$, o 17° par eletrônico possui os seguintes valores dos números quânticos (principal, secundário, magnético e spin):
   a) 4, 2, 0, –1/2 e + 1/2.
   b) 4, 1, +1, –1/2 e + 1/2.
   c) 4, 1, 0, –1/2 e + 1/2.
   d) 4, 2, –1, –1/2 e + 1/2.

5. (PUC-SP – 2016/1)
   Dado: espectro eletromagnético

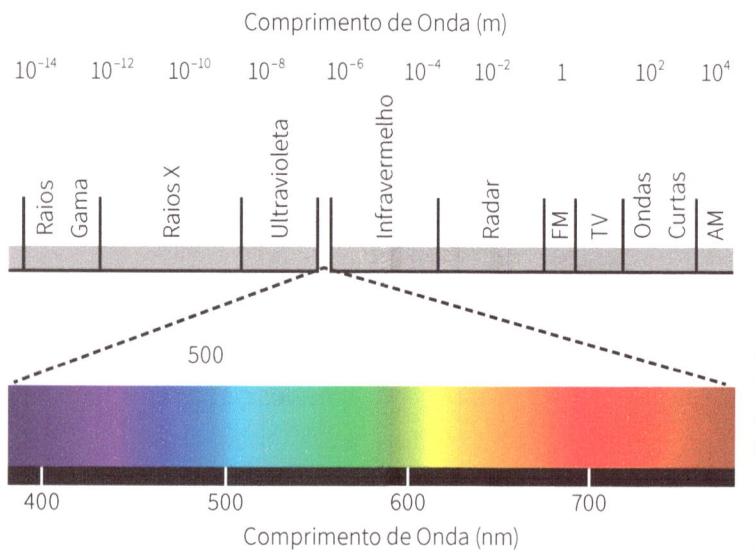

   O espectro de emissão do hidrogênio apresenta uma série de linhas na região do ultravioleta, do visível e no infravermelho próximo, como ilustra a figura a seguir.

| Infravermelho | Visível | Ultravioleta |

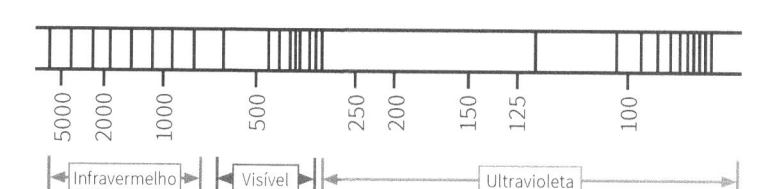

5000 2000 1000 500 250 200 150 125 100

Niels Bohr, físico dinamarquês, sugeriu que o espectro de emissão do hidrogênio está relacionado às transições do elétron em determinadas camadas. Bohr calculou a energia das camadas da eletrosfera do átomo de hidrogênio, representadas no diagrama de energia a seguir. Além disso, associou as transições eletrônicas entre a camada dois e as camadas de maior energia às quatro linhas observadas na região do visível do espectro do hidrogênio.

**Hidrogênio (Z = 1)**

$n = \infty$
$n = 7$
−0,54eV   $n = 6$
          $n = 5$
−0,85eV
          $n = 4$
−1,51eV
          $n = 3$

−3,4eV
          $n = 2$


−13,6eV
          $n = 1$

Um aluno encontrou um resumo sobre o modelo atômico elaborado por Bohr e o espectro de emissão atômico do hidrogênio contendo algumas afirmações.

I. A emissão de um fóton de luz decorre da transição de um elétron de uma camada de maior energia para uma camada de menor energia.

II. As transições das camadas 2, 3, 4, 5 e 6 para a camada 1 correspondem às transições de maior energia e se encontram na região do infravermelho do espectro.

III. Se a transição 3 → 2 corresponde a uma emissão de cor vermelha, a transição 4 → 2 está associada a uma emissão violeta e a 5 → 2 está associada a uma emissão verde.

Pode-se afirmar que está(ão) correta(s):

a) I, somente.
b) I e II, somente.
c) I e III, somente.
d) II e III, somente.

# Atividades de aprendizagem

## Questões para reflexão

1. Quando andamos de carro à noite, percebemos o brilho das placas de trânsito quando há a incidência da luz proveniente dos faróis, fato que está associado à luminescência. Esse efeito é de fundamental importância para nos alertar dos perigos nas estradas. Do ponto de vista químico, podemos

relacionar a luminescência a qual fenômeno: fosforescência, quimioluminescência, fluorescência ou incandescência? Justifique sua resposta.

2. Baseando-se no modelo atômico de Bohr, descreva o funcionamento de uma lâmpada fluorescente, sabendo que no interior do tubo existem átomos de argônio e de mercúrio e pó de fósforo.

3. Os átomos de determinado metal conseguem absorver radiação com frequência mínima de $1{,}10 \cdot 10^{15}\,\text{s}^{-1}$ antes que ele emita um elétron de sua superfície via efeito fotoelétrico. Com essas informações, calcule qual é a energia mínima para retirar 1 mol de elétrons de uma placa de metal e qual é o comprimento de onda associado à radiação. Em que região do espectro eletromagnético essa radiação é encontrada?

4. Em muitas cidades, as prefeituras usam, na iluminação pública, lâmpadas de vapor de sódio, nas quais a luz amarela característica tem comprimento de onda de 589 nm. Para esse valor, calcule a energia emitida por um átomo de sódio excitado quando ele gera um fóton. Calcule também a energia emitida por 0,5 g de átomos de sódio emitindo luz nesse comprimento de onda.

5. Assinale a alternativa que apresenta a transição eletrônica de um átomo de hidrogênio que poderia emitir fótons de maior energia. Justifique sua resposta.
   a) n = 3 para n = 2.
   b) n = 2 para n = 1.
   c) n = 3 para n = 1.
   d) n = 1 para n = 3.

6. Descreva como o modelo atômico proposto por Bohr explica o espectro do átomo de hidrogênio.

7. Podemos prever a energia de ionização de um mol de átomos de hidrogênio usando a análise das energias quantizadas dos níveis de energia. Para o estado fundamental do átomo de hidrogênio (n = 1), a energia de ionização é de 1 312 kJ · mol$^{-1}$. Com base nesse dado, o valor da energia de ionização de um mol de átomos que estão no primeiro estado excitado (n = 2) deve ser maior ou menor do que 1 312 kJ · mol$^{-1}$? Justifique sua resposta.

8. Podemos determinar o elétron do átomo de hidrogênio com dois números quânticos. Nesse sentido, o que significa, para o átomo de hidrogênio, quando os números quânticos são n = 3 e l = 1?

9. De acordo com o modelo atômico atual, a disposição dos elétrons em torno do núcleo do átomo ocorre em diferentes estados energéticos, os quais são caracterizados pelos números quânticos principal, secundário, magnético e *spin*. Com relação aos números quânticos, responda:
   a) Quando n = 4, quais são os possíveis valores de *l*?
   b) Para um orbital 4f, quais são os possíveis valores de *n*, *l* e $m_l$?
   c) Quando mencionamos um orbital p, devemos relacioná-lo de três maneiras distintas, $p_x$, $p_y$ e $p_z$. Faça um esboço das formas desses três orbitais.

10. Escreva as configurações eletrônicas no estado fundamental e indique os elétrons da CV das seguintes espécies: $_3$Li, $_{12}$Mg$^{2+}$, $_{24}$Cr$^{+2}$, $_{16}$S e $_{18}$Ar.

11. Na química dos complexos, observamos que os íons $_{30}$Zn$^{2+}$ e $_{47}$Ag$^+$ formam complexos estáveis com a amônia, apesar de o zinco (Zn) e a prata (Ag) estarem em grupos diferentes na tabela periódica. Qual é a explicação para isso?

12. Na comparação da distribuição eletrônica, podemos prever a quantidade de energia necessária para remover um elétron da camada de valência (energia de ionização). Para os átomos $_7$N e $_8$O, em termos da distribuição eletrônica, em qual deles será mais difícil remover o elétron?

## Atividade aplicada: prática

1. Pesquise materiais simples usados em seu dia a dia, levando em consideração a luz emitida por eles quando são submetidos a uma fonte de energia externa. Compare suas observações com os tipos de energia que foram apresentados neste capítulo.

Capítulo 2

# Tabela periódica

A tabela periódica é considerada a maior ferramenta da química desenvolvida nos últimos anos, pois é fundamental para o entendimento de várias propriedades da matéria. A organização da tabela ocorreu há muito tempo, quando Johann W. Döbereiner (1780-1849) observou os valores de massas atômicas e organizou os elementos em grupos de três com propriedades semelhantes, conhecidos como *tríades* (Brown et al., 2005), como mostra a Figura 2.1.

Figura 2.1 – Conjunto de elementos das tríades

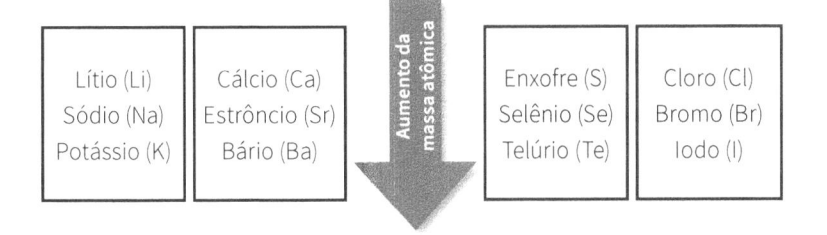

| Lítio (Li) | Cálcio (Ca) | Aumento da massa atômica | Enxofre (S) | Cloro (Cl) |
| Sódio (Na) | Estrôncio (Sr) | | Selênio (Se) | Bromo (Br) |
| Potássio (K) | Bário (Ba) | | Telúrio (Te) | Iodo (I) |

Em 1862, Alexandre-Emile B. de Chancourtois (1820-1886) organizou 16 elementos químicos por ordem crescente de massa atômica, o que ficou conhecido como *parafuso telúrico*, ilustrado na Figura 2.2 (Brown et al., 2005).

Figura 2.2 – Parafuso telúrico

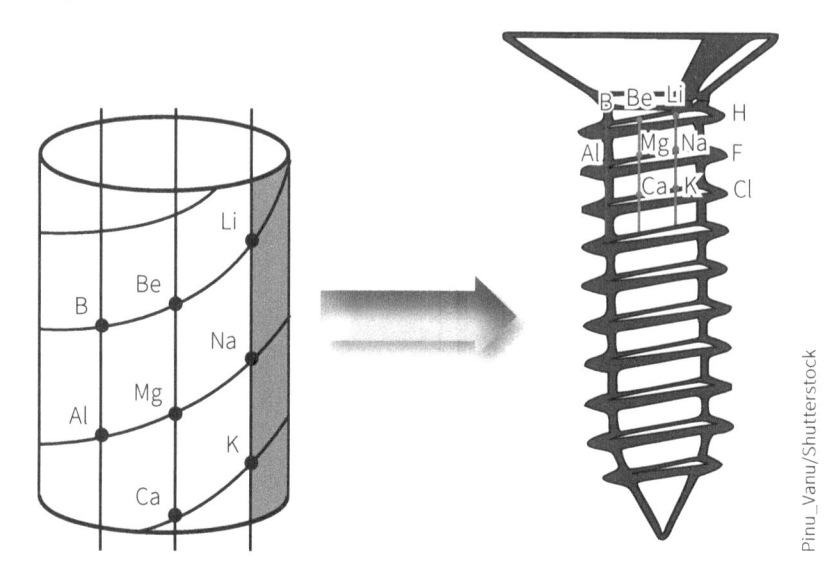

Fonte: Tabela Periódica Completa, 2021.

John Newlands (1837-1898) desenvolveu a **lei das oitavas** para os elementos químicos: organizou-os por ordem crescente de massa atômica, considerando que a cada oito elementos as propriedades se repetem, ou seja, há uma relação periódica, conforme podemos observar na Figura 2.3.

Figura 2.3 – Elementos distribuídos nas oitavas

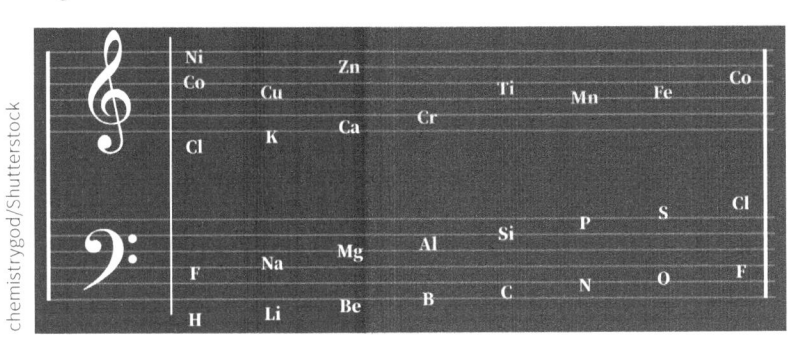

Passou-se de classificação para lei, de lei para sistema, de sistema para tabela. Em 1869, Dmitri Ivanovich Mendeleiev (1834-1907) sentiu a necessidade de organizar os dados da química inorgânica e começou a colecionar todas as informações sobre os 63 elementos conhecidos na época. Os dados eram anotados em cartões e, conforme se observava alguma semelhança entre os elementos, mudava-se a posição dos cartões, colocando-os em ordem crescente de massa atômica, em linha, e em ordem de propriedades semelhantes, em coluna, como mostra a Figura 2.4, a seguir. Desse modo, o químico reparou que existia uma rede de relações verticais, horizontais e diagonais entre os elementos (Brown et al., 2005).

Figura 2.4 – Os cartões de Mendeleiev

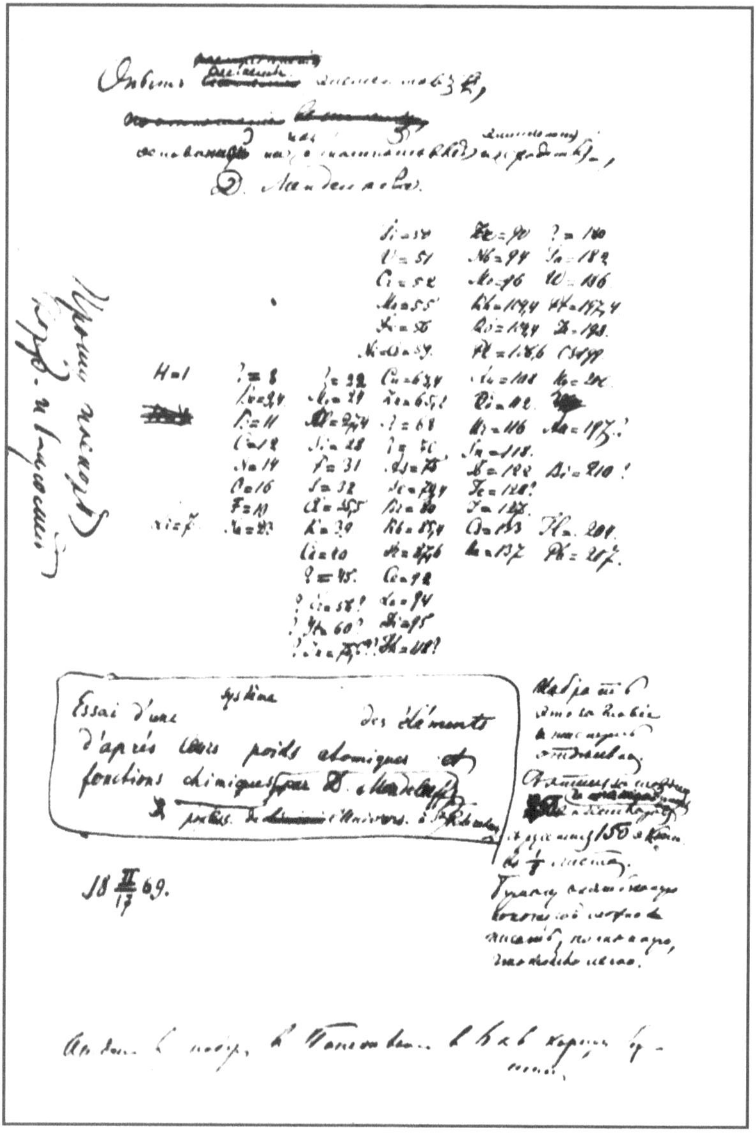


The History Collection/Alamy/Fotoarena

Nas linhas, Mendeleiev deixou buracos vazios, pois não tinha ideia de qual elemento poderia ser inserido em determinada posição, mas manteve a lógica do sistema, segundo a qual a posição de um elemento lhe permitia identificar quais eram suas propriedades físico-químicas.

Mendeleiev postulou que os espaços em branco caberiam a elementos a serem descobertos, mas que poderiam ser previstas as propriedades, pelo fato de elas serem periódicas, ou seja, obedecerem a uma sequência lógica.

Em 1913, o físico britânico Henry Gwyn Jeffreys Moseley (1887-1915) realizou estudos importantes e estabeleceu o conceito de número atômico. Moseley foi responsável pela comprovação da existência da relação que há entre o número de prótons e a identidade particular de um átomo, pois os átomos de um mesmo elemento químico sempre apresentam o mesmo número de cargas positivas (prótons) em seu núcleo (Russell, 1982).

## 2.1 A tabela periódica moderna

Segundo Moseley, na tabela periódica atual, os elementos químicos são divididos em **18 grupos** ou **famílias**, que são as linhas verticais, e **7 períodos** ou **séries**, que são as linhas horizontais, conforme vemos na Figura 2.5, a seguir.

Figura 2.5 – Distribuição atual da tabela periódica

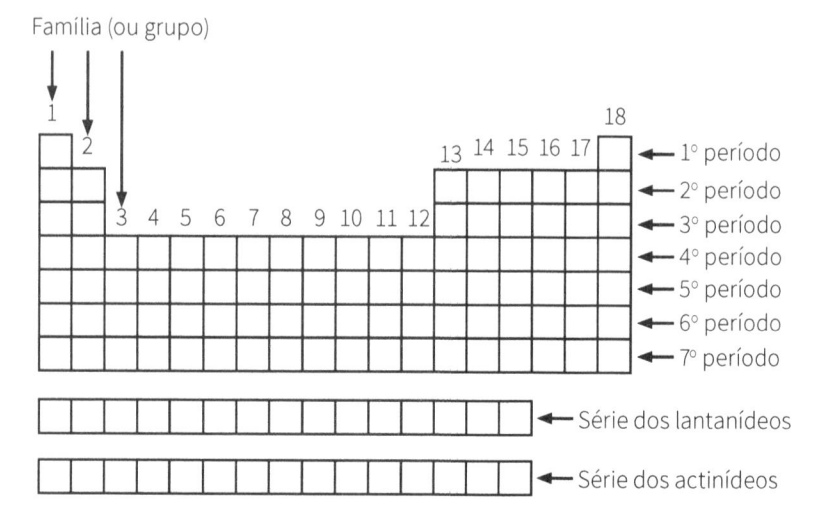

Na Figura 2.6, podemos observar a versão oficial da International Union of Pure and Applied Chemistry (IUPAC).

Observando as propriedades de cada elemento químico, o cientista norte-americano Keith Enevoldsen criou uma tabela interativa, disponível *on-line*, que possibilita a observação de como cada elemento é usado em nosso dia a dia (Figura 2.7).

Figura 2.6 – Tabela periódica oficial

**Fonte:** Tabela Periódica, 2019.

Figura 2.7 – Tabela periódica com as principais aplicações de cada elemento químico

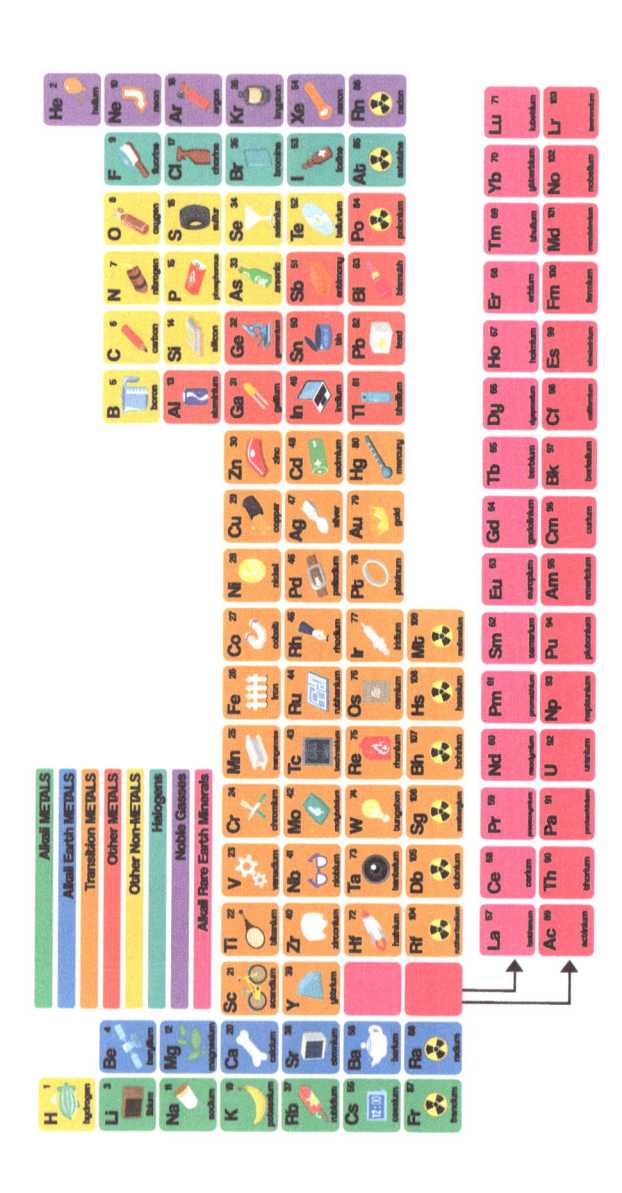

## 2.1.1 Famílias ou grupos

Anteriormente, o padrão era identificar os elementos por famílias, A e B, e ainda por grupos, com algarismos romanos, de I a VIII. Por exemplo, o vanádio ($_{23}$V) pertencia ao grupo V, subgrupo B, ou simplesmente VB, enquanto o carbono ($_6$C) pertencia ao grupo IV, subgrupo A, ou simplesmente IVA.

Posteriormente, a numeração de grupos ou famílias da tabela periódica foi alterada pela IUPAC e, agora, é feita em algarismos arábicos de 1 a 18, começando da esquerda para a direita; o grupo 1 é o dos metais alcalinos, e o grupo 18, o dos gases nobres.

As famílias ou grupos são caracterizadas pelo subnível mais energético, ou seja, o último subnível de energia, conforme o diagrama de Linus Pauling.

## 2.1.2 Período

Os períodos são as sete linhas da tabela periódica. Cada nível eletrônico corresponde a um período; com isso, ele será relacionado à maior camada presente na distribuição eletrônica.

Podemos dividir a tabela periódica em dois grandes grupos para facilitar nosso estudo: (1) elementos representativos e (2) elementos de transição.

## 2.1.3 Elementos representativos

Os elementos representativos são aqueles que apresentam o subnível mais energético em s ou p. O número da família é determinado pelos elétrons da camada de valência, ou seja, as famílias 1 e 2 terminam em s, e as famílias de 13 a 18 terminam em p. Podemos representar esses elementos de acordo com o Quadro 2.1.

Quadro 2.1 – Notação da camada de valência dos elementos representativos

| 1 | 2 | 13 | 14 | 15 | 16 | 17 | 18 |
|---|---|---|---|---|---|---|---|
| $ns^1$ | $ns^2$ | $ns^2 np^1$ | $ns^2 np^2$ | $ns^2 np^3$ | $ns^2 np^4$ | $ns^2 np^5$ | $ns^2 np^6$ |

No caso de algumas famílias, foram atribuídos nomes específicos, pois determinados elementos que as constituem apresentam grande relevância, seja por existirem em abundância na natureza, seja por serem essenciais para os seres vivos, seja por serem de fundamental importância para a indústria. O Quadro 2.2 indica quais são essas famílias e seus nomes específicos.

Quadro 2.2 – Nomes específicos dos grupos representativos

| Camada de valência | Família | Nome |
|---|---|---|
| $ns^1$ | 1 | Metais alcalinos – **exceção: hidrogênio** (**H**) |
| $ns^2$ | 2 | Metais alcalinoterrosos – **exceção: hélio** (**He**) |
| $ns^2 np^1$ | 13 | Grupo do boro |

*(continua)*

(Quadro 2.2 - conclusão)

| Camada de valência | Família | Nome |
|---|---|---|
| $ns^2 np^2$ | 14 | Grupo do carbono |
| $ns^2 np^3$ | 15 | Grupo do nitrogênio |
| $ns^2 np^4$ | 16 | Calcogênios |
| $ns^2 np^5$ | 17 | Halogênios |
| $ns^2 np^6$ | 18 | Gases nobres |

O **grupo 1** é o dos metais denominados **alcalinos**. A expressão *álcali*, de origem árabe, significa "cinza de plantas", substância da qual são extraídos dois principais elementos, o sódio e o potássio. Uma das aplicações no passado da "cinza de plantas" era a produção de sabão, misturando-se óleo usado com essas cinzas. Hoje, na fabricação do sabão, é utilizado óleo com soda cáustica.

A principal característica dos metais alcalinos é o fato de serem sólidos, porém macios, pois em algumas experiências em laboratório eles podem ser cortados com uma faca. Também são altamente reativos, como é o caso do sódio, que explode violentamente ao ser colocado em contato com a água, produzindo uma solução básica, como mostra a equação geral a seguir:

$$M_{(s)} + H_2O_{(l)} \rightarrow MOH_{(aq)} + 1/2\ H_{2(g)}$$

Os elementos do **grupo 2** são denominados **metais alcalinoterrosos**, sendo que o termo *terroso* significa "existir na terra". O cálcio, o estrôncio e o bário são encontrados na forma de óxidos (MO) e apresentam comportamento básico, ou seja, alcalino. A equação a seguir mostra esse comportamento, ou seja, um óxido de metal (MO), ao reagir com a água, forma uma solução alcalina (básica).

$$MO_{(s)} + H_2O_{(l)} \rightarrow M(OH)_{2(aq)}$$

Os elementos alcalinoterrosos são metais bastante reativos e facilmente se combinam com outros elementos, sendo, portanto, impossível encontrá-los livres na natureza. Entre eles, os mais importantes são o magnésio e o cálcio, que são muito abundantes.

O cálcio (Ca) está presente em diversos minerais, como a gipsita (sulfato de cálcio di-hidratado), usada como gesso. Na forma de carbonato de cálcio, é encontrado no mármore e no calcário, assim como em conchas de organismos marinhos, além de ser um dos principais elementos da estrutura óssea do corpo humano.

O magnésio (Mg) pode ser encontrado, principalmente, na água do mar e na forma de mineral dolomita. Esse elemento participa de muitas reações bioquímicas, por exemplo, na síntese de proteínas, no controle de glicose no sangue e na regulação da pressão arterial, além de participar da produção de energia e do desenvolvimento estrutural dos ossos.

O berílio (Be) apresenta uma grande resistência, por isso é empregado em ligas metálicas – especialmente as de cobre (Cu) –, que são utilizadas em instrumentos como giroscópios, molas de relógios e reatores nucleares.

O bário (Ba) apresenta algumas aplicações importantes no dia a dia, como no diagnóstico por raios X do sistema digestivo. Já o rádio (Ra), geralmente na forma de cloreto de rádio, é usado em medicina para produzir o gás radônio, utilizado em tratamentos de câncer.

O **grupo 13** é aquele que apresenta o alumínio (Al) como o elemento mais importante, pois ele é bastante utilizado em estruturas e em objetos em vários setores da sociedade, como na construção civil, no bloco do motor do carro e na carroceria de automóveis, na fuselagem de aviões, nas latas de alumínio, no papel-alumínio, entre outras aplicações. É um metal leve e de baixa oxidação, sendo obtido pela eletrólise da bauxita ($Al_2O_3$).

Na agricultura, o íon alumínio é muito comum no solo; esse íon entra nas células da raiz da planta, inibindo seu metabolismo. Portanto, é necessária a adição de calcário em pó para aumentar o pH do solo e imobilizar o alumínio como um composto insolúvel, o hidróxido de alumínio.

Por sua vez, o boro (B) é um elemento micronutriente essencial em plantas, pois desempenha um papel importante na síntese de uma das bases para a formação de ácido ribonucleico (RNA) e nas atividades celulares, tais como a síntese de hidratos de carbono.

No **grupo 14**, destaca-se o carbono (C), pois esse elemento forma mais de um milhão de compostos e tem seu próprio ramo da química, a chamada *química orgânica*. É um elemento com grandes atribuições, sendo encontrado em vários segmentos do corpo humano, como nos aminoácidos que dão origem às proteínas e nos lipídios (gorduras), entre muitas outras reações bioquímicas. Também é encontrado misturado com o ferro, formando uma liga denominada *aço*, muito usada na construção civil.

O silício (Si) apresenta uma importância significativa, pois é um elemento que se encontra na forma de silicatos, sendo a sílica ($SiO_2$, óxido de silício) um dos principais compostos desse elemento.

O germânio (Ge) é abundante, porém sempre está combinado com outro elemento, o que torna seu isolamento muito difícil. Ele é um semicondutor e um excelente conversor de energia térmica em energia elétrica.

O estanho (Sn) é um elemento maleável, pouco dúctil e de baixo ponto de fusão e não se oxida facilmente, sendo resistente à corrosão. Esse metal também é empregado na composição de ligas metálicas de importante aplicação, sendo as mais comuns o bronze (estanho-cobre) e a solda (estanho-chumbo). O chumbo (Pb) é um dos metais mais conhecidos desde a Antiguidade, pois foi um dos primeiros utilizados pelo homem, sendo extraído principalmente da galena (PbS). Apresenta boa maleabilidade, baixo ponto de fusão, resistência à corrosão, alta densidade, opacidade aos raios X e gama e estabilidade química no ambiente.

O **grupo 15** conta com elementos de grande importância, principalmente o nitrogênio e o fósforo. O nitrogênio (N), na forma de gás nitrogênio ($N_2$), é o gás mais abundante da atmosfera, com cerca de 78% de sua composição. Mesmo com essa grande disponibilidade, poucas espécies são capazes de utilizá-lo dessa forma, como alguns tipos de bactérias e cianobactérias. A maioria dos organismos vivos é incapaz de fixar e incorporar à matéria viva o nitrogênio atmosférico. Os seres vivos absorvem o nitrogênio pela alimentação, com o consumo de proteínas.

Já as plantas o utilizam na forma de íons nitrato ($NO_3^-$) ou de íons amônio ($NH_4^+$).

O fósforo (P) é um elemento que faz parte do material hereditário e das moléculas energéticas de adenosina trifosfato (ATP). Esse elemento, absorvido pelos seres vivos, é encontrado principalmente na forma de fosfato ($PO_4^{-3}$), o qual é obtido a partir da degradação das rochas (minerais).

O antimônio (Sb) é um elemento usado na produção de medicamentos contra a leishmaniose, na fabricação de baterias e na elaboração de esmaltes, entre outras aplicações. Já o bismuto (Bi) é utilizado na produção de alguns medicamentos de ação gastrointestinal e na geração de metanol, corantes, fusíveis etc.

O **grupo 16**, por sua vez, apresenta dois elementos de fundamental importância tanto para os seres vivos quanto para a indústria. O oxigênio na forma de gás ($O_2$) tem grande participação em processos vitais em nosso planeta, como a respiração da maioria dos seres vivos. Ele é necessário como comburente na queima de combustíveis para a geração de energia. A reposição do gás oxigênio na atmosfera ocorre por meio da fotossíntese, processo no qual as plantas liberam essa substância, possibilitando a renovação contínua desse gás no ambiente.

O enxofre (S) é muito conhecido por estar presente em substâncias como os ácidos sulfúrico, sulfuroso e sulfídrico. Este último é um ácido altamente corrosivo e uma das substâncias mais usadas no mundo, pois tem várias atribuições, sendo empregado em baterias de automóveis e na indústria. Muitas vezes, ele é escolhido quando uma reação orgânica precisa de catalisadores ácidos. Um dos grandes problemas ambientais é que, na composição dos combustíveis fósseis, há determinada porcentagem de enxofre e, durante a combustão, são liberados os óxidos de enxofre ($SO_x$), os quais, em contato com a água, intensificam a chuva ácida.

O polônio (Po) apresenta uma interessante participação na história da química, pois é um elemento radioativo, descoberto pelo famoso casal de químicos Marie e Pierre Curie. Suas propriedades radioativas foram um dos principais motivos que levaram à morte de Marie. O polônio apresenta uma alta toxidade e é utilizado em baterias nucleares e como fonte de nêutrons e de partículas alfa (Araújo, 2013).

O **grupo 17** é o dos halogênios, expressão derivada do grego que significa "formadores de sais". Esses sais são denominados *sais de haleto* e, como exemplos, podemos citar o cloreto de sódio (NaCl) e o fluoreto de sódio ($NaF_2$).

O cloro (Cl) merece destaque pois seus compostos são usados tanto em estações de tratamento de água (ETAs) quanto em piscinas, com a finalidade de desinfetar e manter a água limpa, ou seja, livre de micro-organismos patógenos.

O flúor (F) tem um papel relevante no combate à incidência de cáries nos dentes. O cloro e o flúor estão associados aos clorofluorcarbonetos (CFCs), substâncias que quebram a molécula de ozônio ($O_3$), ocasionando o buraco na camada desse gás, que nos protege dos raios ultravioleta.

O bromo (Br) é empregado na fabricação de uma ampla variedade de compostos usados na indústria e na agricultura. Por seu turno, o iodo (I) é indispensável para o funcionamento do organismo. Presente na composição do sal de cozinha, esse elemento ajuda a evitar o bócio, uma doença que ataca a glândula tireoide. Tanto o iodo como o cloro têm ação antimicrobiana e antibacteriana.

O **grupo 18** representa a família dos gases chamados de *nobres* ou *raros*, cuja principal característica química é a grande estabilidade.

O hélio (He), nome que vem do grego e significa "Sol", é produzido como resultado das reações de fusão nuclear entres os átomos de hidrogênio ocorridas no Sol. É um gás muito leve, geralmente associado ao enchimento de balões, mas ele pode ser misturado com o oxigênio para o tratamento da asma.

O neônio (Ne) é usado na forma líquida para a refrigeração, porém sua principal utilização é em letreiros luminosos. Nesse sentido, a luz é observada quando uma descarga elétrica incide nesse gás em um tubo sob baixa pressão.

O argônio (Ar) é empregado em vários produtos, como lâmpadas especiais, válvulas de rádio, contadores Geiger (que servem para medir certas radiações ionizantes, como partículas alfa e beta ou radiação gama e raios X) e letreiros luminosos.

O criptônio (Kr) é aplicado em lâmpadas incandescentes e fluorescentes usadas principalmente em aeroportos. Na medicina, o *laser* de criptônio é usado em cirurgias de retina.

O xenônio (Xe) é empregado em lâmpadas especiais de faróis de veículos, como anestésico geral e em lâmpadas ultravioleta (utilizadas em bronzeamento artificial).

A utilização do radônio (Rn) ocorre principalmente no tratamento de alguns tipos de cânceres (braquiterapia) e como componente de cápsulas para a aplicação em pacientes com tumores.

## 2.1.4 Elementos de transição

Para caracterizar os elementos de transição, é preciso observar as distribuições eletrônicas que apresentam o elétron mais energético em subnível d ou f, o penúltimo e o antepenúltimo nível, respectivamente. Os elementos de transição são divididos em metais de transição simples ou externa (terminado em subnível d) e metais de transição interna (terminado em subnível f).

### Elementos de transição simples ou externa

Os elementos de transição simples ou externa são todos aqueles que apresentam elétrons de diferenciação em **subnível d** na penúltima camada eletrônica. O Quadro 2.3 mostra o subnível d, relacionando-o à respectiva família.

Quadro 2.3 – Notação da camada de valência dos elementos de transição externa

| Distribuição eletrônica | $d^1$ | $d^2$ | $d^3$ | $d^4$ | $d^5$ | $d^6$ | $d^7$ | $d^8$ | $d^9$ | $d^{10}$ |
|---|---|---|---|---|---|---|---|---|---|---|
| Família | 3 (3B) | 4 (4B) | 5 (5B) | 6 (6B) | 7 (7B) | 8 (8B) | 9 (8B) | 10 (8B) | 11 (1B) | 12 (2B) |

Os elementos do **grupo 12** têm algumas características bem peculiares, pois apresentam um suave diamagnético, os mais baixos pontos de fusão entre todos os metais de transição. O zinco (Zn) é um metal branco-azulado e brilhante; já o cádmio (Cd) é macio, maleável, dúctil e também tem cor branco-azulada. O mercúrio (Hg) tem uma particularidade maior ainda, pois é um metal líquido em temperatura ambiente, pesado e branco-prateado.

Os metais do grupo 12 apresentam uma importância na formação das ligas metálicas. O zinco em composição com o cobre dá origem ao latão. Já algumas ligas, como a de zinco e zircônio (Zr) – formada de $ZrZn_2$ –, ambos metais que não são ferromagnéticos, apresentam um determinado ferromagnetismo em uma temperatura abaixo de 35 K (graus Kelvin).

O cádmio é o 64º elemento mais abundante na crosta da Terra e apresenta muitas aplicações no dia a dia, como no recobrimento metálico na proteção do ferro. É adicionado em ligas para aumentar a resistência à fadiga e utilizado como componente em baterias do tipo níquel-cádmio e em barras de controle em usinas nucleares, como semicondutor, entre outras funções.

O mercúrio é outro metal líquido que tem grande inserção na vida moderna, como eletrodo em processos de produção de hidróxido de sódio e de cloro, na fabricação de termômetros, barômetros e equipamentos laboratoriais. Contudo, em 2017, a Agência Nacional de Vigilância Sanitária (Anvisa) aprovou um parecer que proíbe a venda de termômetros que contenham mercúrio (Brasil, 2017).

O mercúrio deixou de ser usado na composição de pilhas e baterias em razão de sua toxicidade. Também na odontologia, a amálgama usada para preenchimento de cavidades dentárias está sendo substituída por uma resina polimérica.

## Elementos de transição interna

Os elementos de transição interna são aqueles que apresentam como subnível de maior energia o **subnível f** na antepenúltima camada. São os lantanídeos e os actinídeos, que pertencem ao sexto e ao sétimo períodos, respectivamente.

Os **lantanídeos** estão localizados no 6º período e apresentam o último elétron distribuído no subnível 4f. Esse grupo também é conhecido como *grupo das terras raras*.

Figura 2.8 – Subnível dos lantanídeos (exemplo)

Cério ($_{58}$Ce): $1s^2\ 2s^2\ 2p^6\ 3s^2\ 3p^6\ 4s^2\ 3d^{10}\ 4p^6\ 5s^2\ 4d^{10}\ 5p^6\ 6s^2\ 4f^2$ ⇨ subnível mais energético (antepenúltima camada)

⇩ última camada (camada de valência)

Os **actinídeos** estão localizados no 7º período e apresentam o último elétron distribuído no subnível 5f.

Figura 2.9 – Subnível dos actinídeos (exemplo)

subnível mais energético (antepenúltima camada)

Urânio ($_{92}$U) $1s^2\ 2s^2\ 2p^6\ 3s^2\ 3p^6\ 4s^2\ 3d^{10}\ 4p^6\ 5s^2\ 4d^{10}\ 5p^6\ 6s^2\ 4f^{14}\ 5d^{10}\ 6p^6\ 7s^2\ 5f^4$ ⇧

⇩ última camada (camada de valência)

Todos os elementos da tabela periódica podem ser classificados, a 25 °C e a 1 atm (atmosfera), da seguinte forma:

- **Gasosos** – flúor, cloro, oxigênio, nitrogênio, hidrogênio e gases nobres.
- **Líquidos** – bromo e mercúrio.
- **Sólidos** – demais elementos.

**Indicação cultural**

BBC. Por que 2019 é o ano da tabela periódica. **G1**, 28 jan. 2019. Disponível em: <https://g1.globo.com/ciencia-e-saude/noticia/2019/01/28/por-que-2019-e-o-ano-da-tabela-periodica.ghtml>. Acesso em: 9 mar. 2021.

O *link* indicado traz uma matéria que aborda uma iniciativa da Organização das Nações Unidas (ONU) para aumentar a consciência global e a educação em ciências básicas.

## 2.2 Propriedades periódicas

As propriedades periódicas são aquelas que, à medida que o número atômico dos elementos aumenta, assumem valores crescentes ou decrescentes em cada período, ou seja, repetem-se periodicamente.

Entre as principais propriedades periódicas, podemos citar o raio atômico, a energia de ionização, a afinidade eletrônica, a eletronegatividade e a eletropositividade.

Para entendermos melhor essas propriedades, precisamos aplicar os conceitos de carga nuclear efetiva, que está associada diretamente à atração elétron-núcleo dos elementos a serem analisados.

## 2.2.1 Carga nuclear efetiva

A carga nuclear efetiva (**$Z_{ef}$** ou **$Z^*$**) percebida pelos elétrons exteriores é determinada principalmente pela diferença entre as cargas do núcleo e a carga total dos elétrons interiores. É preciso levar em conta que muitas das propriedades de um átomo são determinadas pela carga nuclear efetiva.

A carga nuclear total (positiva) será blindada (neutralizada) pelas cargas negativas dos elétrons mais internos. O resultado é que os elétrons interiores blindam, parcialmente, os elétrons exteriores do núcleo; assim, os exteriores "sentem" só uma fração da carga nuclear total.

Para calcularmos o valor da carga nuclear efetiva, usamos a seguinte equação de Slater:

$Z_{ef} = Z - S$

Em que:

- $Z_{ef}$ = carga nuclear efetiva;
- $Z$ = carga nuclear (corresponde ao número de prótons no núcleo);
- $S$ = número médio de elétrons protetores ou constante de blindagem.

Para determinar o valor de $Z_{ef}$, os elétrons são divididos em grupos (a cada um corresponde uma constante de blindagem diferente): (1s); (2s, 2p); (3s, 3p); (3d); (4s, 4p); (4d); (4f); (5s, 5p) etc.

Para qualquer elétron de um grupo, a constante de blindagem S é a soma das seguintes parcelas de valores em porcentagem, a qual pode variar de 0 (zero) a 100 (cem) porcento (%), que equivale a 1,00:

- Zero para qualquer grupo exterior ao elétron considerado.
- 0,35 (35%) para cada um dos outros elétrons do mesmo grupo do elétron considerado, exceto no grupo 1s, no qual se usa e o valor de 0,30 (30%).
- Se o elétron considerado pertencer a um grupo (ns, np), cada elétron do nível (n −1) contribui com 0,85 (85%) e cada elétron dos níveis mais internos contribui com 1,00 (100%).
- Se o elétron considerado pertencer a um grupo (nd) ou (nf), cada elétron no mesmo grupo contribui com 0,35 (35%) e cada elétron dos grupos mais internos contribui com 1,00 (100%).

Para o cálculo do valor de S em relação a determinado elétron, devem ser aplicadas as regras de Slater.

---

H (Z = 1) $1s^1$ → Zef (1s) = 1 − 0 = 1

Be (Z = 4) $1s^2\ 2s^2$

Número de elétrons em cada grupo:  1s   (2s)
                                                      2   2

O grupo **2s²** apresenta um elétron vizinho; portanto, ele contribuirá com 0,35 (35%) na blindagem. Já os elétrons do grupo **1s**, que é anterior ao **2s**, participarão com 0,85 (85%) no efeito de blindagem.

---

$Z^* = 4 - (1 \cdot 0{,}85) + (2 \cdot 0{,}85) = 1{,}95$

F (Z = 9) $1s^2\ 2s^2\ 2p^5$

Número de elétrons em cada grupo: 1s    (2s 2p)
                                  2       7

---

Nesse caso, vamos calcular o efeito de blindagem para **um** elétron do grupo **2s 2p**, que apresenta elétrons vizinhos; portanto, os outros 6 elétrons contribuirão com 0,35 (35%) na blindagem. Já os elétrons de **1s**, que é do grupo anterior a **2s 2p**, participarão com 0,85 (85%) no efeito de blindagem.

---

Zef = 9 − (6 · 0,35) + ( 2 · 0,85 ) = 5,20

Ni (Z = 28) $1s^2\ 2s^2\ 2p^6\ 3s^2\ 3p^6\ 4s^2\ 3d^8$

Número de elétrons em cada grupo:
   1s    (2s 2p)    (3s 3p)    (3d)    4s
   2       8           8         8

Nesse caso, vamos calcular o efeito de blindagem para **um** elétron do grupo **4s**, que apresenta um elétron vizinho; portanto, um elétron contribuirá com 0,35 (35%) na blindagem. Os 16 elétrons do grupo anterior (**3s 3p 3d**) participarão com 0,85 (85%) no efeito de blindagem, e os 10 elétrons das camadas mais anteriores (**1s** e **2s 2p**) contribuirão com 1,00 (100%) de blindagem.

$Z_{ef}$ = 28 – (1 · 0,35) + (16 · 0,85) + (10 · 1,00)] = 4,05

Podemos agora analisar os períodos e os grupos na determinação da carga nuclear efetiva. Nos períodos, a carga nuclear efetiva é calculada diretamente pela equação de Slater.

Assim, vamos analisar o $Z^*$ entre o $_4$B e o $_9$F, que estão no segundo período da tabela periódica. Podemos calcular efetivamente o que foi mencionado nos exemplos anteriores:

$_5$B: $1s^2\ 2s^2\ 2p^1$ → $Z^*$ = 5 – (2 · 0,35) + (2 · 0,85) = 2,60

$_9$F: $1s^2\ 2s^2\ 2p^5$ → $Z^*$ = 7 – (6 · 0,35) + (2 · 0,85) = 3,90

No caso dos períodos, podemos simplesmente observar a distribuição eletrônica. Vejamos o caso a seguir:

$_3$Li: $1s^2\ 2s^1$

$_4$B2: $1s^2\ 2s^2$

$_5$B: $1s^2\ 2s^2\ 2p^1$

$_6$C: $1s^2\ 2s^2\ 2p^2$

$_7$N: $1s^2\ 2s^2\ 2p^3$

$_8$O: $1s^2\ 2s^2\ 2p^4$

$_9$F: $1s^2\ 2s^2\ 2p^5$

$_{10}$Ne: $1s^2\ 2s^2\ 2p^6$

Note que os elétrons de blindagem (**1s²**) nesse período são os mesmos para todos os elementos, portanto podemos pensar que a blindagem é praticamente a mesma, mas o número de prótons aumenta do lítio (Li) para o neônio (Ne). Nesse caso, podemos relacionar tal como indicado a seguir.

Figura 2.10 – Carga nuclear efetiva do segundo período

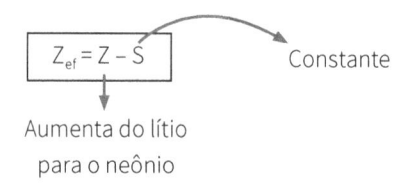

$$Z_{ef} = Z - S$$

Constante

Aumenta do lítio para o neônio

O resultado dessa simples análise do período (o mesmo número de camadas) é que, com o aumento do número atômico, a carga nuclear efetiva (Z*) aumenta.

Agora vamos considerar elementos que estejam no mesmo grupo da tabela periódica. Tomaremos como exemplo os elementos do grupo 1 (metais alcalinos):

$_3$Li → $1s^2\ 2s^1$

$_{11}$Na → $1s^2\ 2s^2\ 2p^6\ 3s^1$

$_{19}$K → $1s^2\ 2s^2\ 2p^6\ 3s^2\ 3p^6\ 4s^1$

$_{37}$Rb → $1s^2\ 2s^2\ 2p^6\ 3s^2\ 3p^6\ 4s^2\ 3d^{10}\ 4p^6\ 5s^1$

Observe que, nas distribuições eletrônicas do lítio (Li) para o rubídio (Rb), a blindagem (S) e a carga nuclear (Z) aumentam.

Para determinarmos a carga nuclear efetiva, devemos aplicar as regras de Slater. Para isso, vamos comparar os átomos de $_{19}$K e de $_{34}$Rb:

$_{19}$K → $1s^2\ 2s^2\ 2p^6\ 3s^2\ 3p^6\ 4s^1$

Primeiramente, devemos agrupar esses elétrons para determinar a blindagem do elétron da $4s^1$ (elétron da camada de valência) da seguinte forma:

$1s^2\ 2s^2\ 2p^6\ 3s^2\ 3p^6\ 4s^1$

Número de elétrons em cada grupo:

   1s    (2s 2p)    (3s 3p)
    2       8        8

O grupo **3s 3p** é anterior ao grupo **4s**, portanto esses elétrons participarão com 0,85 (85%) no efeito de blindagem.

Já os grupos **1s** e **2s 2p**, como se encontram nos níveis mais internos, contribuirão com 1,00 (100%), ficando assim:

$Z^\star = 19 - (8 \cdot 0{,}85) + (10 \cdot 1{,}00) = 2{,}2$

O valor 2,2 é a carga real que está atraindo o elétron do orbital **4s¹**, ou seja, dos 19 prótons do núcleo de potássio (K), apenas em torno de 2 prótons conseguem atrair o elétron do **4s¹**.

Para o rubídio (Rb), temos:

$_{37}$Rb → $1s^2\ 2s^2\ 2p^6\ 3s^2\ 3p^6\ 4s^2\ 3d^{10}\ 4p^6\ 5s^1$

Separando em grupos, obtemos o seguinte número de elétrons em cada grupo:

| 1s | (2s 2p) | (3s 3p) | (3d) | (4s 4p) |
|----|---------|---------|------|---------|
| 2  | 8       | 8       | 10   | 8       |

O grupo **4s 4p** é o grupo anterior ao **5s**, portanto esses elétrons participarão com 0,85 (85%) no efeito de blindagem.

Já os grupos **1s**, **2s 2p** e **3s 3p 3d**, como se encontram nos níveis mais internos, contribuirão com 1,00 (100%), ficando assim:

$Z^* = 37 - (8 \cdot 0,85) + (28 \cdot 1,00) = 2,2$

Dos 37 prótons do núcleo do átomo de rubídio, apenas em torno de 2 prótons exercem atração pelo elétron da camada de valência, o **5s¹**.

Podemos comparar a carga nuclear efetiva de um cátion, por exemplo, o $Rb^+$, da mesma forma:

$_{37}Rb^+ \rightarrow 1s^2\, 2s^2\, 2p^6\, 3s^2\, 3p^6\, 4s^2\, 3d^{10}\, 4p^6$

Separando em grupos, obtemos:
Número de elétrons em cada grupo:

| 1s | (2s 2p) | (3s 3p) | (3d) | (4s 4p) |
|----|---------|---------|------|---------|
| 2  | 8       | 8       | 10   | 8       |

Nesse caso, calculamos o efeito de blindagem para um elétron do grupo **4s 4p**, que apresenta sete elétrons vizinhos; portanto, os 7 elétrons contribuirão com 0,35 (35%) cada na blindagem. Os 18 elétrons do grupo anterior (**3s 3p 3d**) participarão com

0,85 (85%) cada no efeito de blindagem, e os 10 elétrons das camadas mais anteriores (**1s** e **2s 2p**) contribuirão com 1,00 (100%) de blindagem.

$Z_{ef} = 28 - (7 \cdot 0{,}35) + (18 \cdot 0{,}85) + (10 \cdot 1{,}00)] = 9{,}25$

Perceba que a carga nuclear efetiva do íon $Rb^+$ é muito maior do que a do átomo neutro do rubídio (Rb). Isso faz com que, no caso de um cátion, os elétrons mais externos sejam mais fortemente atraídos, o que vai resultar no fato de que o raio do cátion é sempre menor do que o do átomo neutro.

Com esses exemplos de carga nuclear efetiva, levando-se em consideração os elementos do mesmo período e, depois, do mesmo grupo, já é possível ter uma noção do que vai acontecer nas propriedades periódicas, pois a relação da atração elétron-núcleo terá influência direta no raio atômico, na energia de ionização e em outras propriedades, como veremos a seguir.

## Indicação cultural

DUARTE, H. A. Carga nuclear efetiva e sua consequência para a compreensão da estrutura eletrônica dos átomos. **Química Nova na Escola**, São Paulo, n. 17, p. 22-26, maio 2003. Disponível em: <http://qnesc.sbq.org.br/online/qnesc17/a06.pdf>. Acesso em: 9 mar. 2021.

O artigo demonstra os conceitos de fator de blindagem e de carga nuclear efetiva, que são geralmente utilizados para explicar a estrutura eletrônica dos átomos e as propriedades periódicas em cursos introdutórios de química nas universidades.

## 2.2.2 Raio atômico

O raio atômico é uma das propriedades mais importantes de um átomo ou de um íon. Como vimos anteriormente, a distribuição dos elétrons ao redor do núcleo é fundamental na determinação do raio.

O raio atômico é calculado com base em uma molécula diatômica de um mesmo elemento, correspondendo à metade da distância entre os núcleos de dois átomos, pois, como o átomo não é uma esfera, o cálculo do raio quando ele é isolado é demasiadamente impreciso. Uma das maneiras mais simples para definir o tamanho atômico é usar a distância entre os átomos em estudo, como ilustra a Figura 2.11.

Figura 2.11 – Determinação do raio atômico

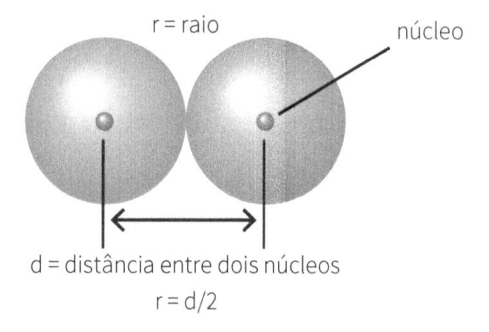

©SweetNature/Shutterstock

O raio atômico tem fundamental importância na caracterização das outras propriedades periódicas. Trata-se, basicamente, da distância do centro do núcleo atômico até a camada com elétrons mais distante.

Da mesma forma que realizamos a análise dos períodos e dos grupos ao tratarmos da carga nuclear efetiva, vamos fazer essa análise em relação ao raio atômico.

Como vimos no caso da carga nuclear efetiva, em um período, como o número de camadas é o mesmo, o efeito de blindagem também será o mesmo, porém a diferença estará no número atômico. Nos períodos, quanto maior for o número de prótons, maior será a atração do elétron-núcleo (Z*), ocorrendo uma contração das camadas em direção ao núcleo, diminuindo, assim, o tamanho do átomo. Então, em um mesmo período, quanto maior for o número atômico, menor será o tamanho do átomo.

Já nos grupos, o efeito de blindagem é diferente, assim como o número de prótons; porém, como vimos, quando comparamos o potássio e o rubídio, ambos têm a mesma carga nuclear efetiva. Entretanto, para o rubídio, apenas cerca de 2 prótons dos 37 exercem atração pelo elétron mais externo, ou seja, uma pequena atração. Já para o potássio, cerca de 2 prótons dos 19 exercem atração com o elétron mais externo. Essa pequena atração dos prótons do rubídio com o elétron mais externo faz com que seu raio atômico seja maior do que o raio atômico do potássio.

Dessa forma, o raio atômico aumenta da direita para esquerda nos períodos e de cima para baixo nos grupos, como podemos observar na Figura 2.12, a seguir.

Figura 2.12 – Variação do raio atômico na tabela periódica

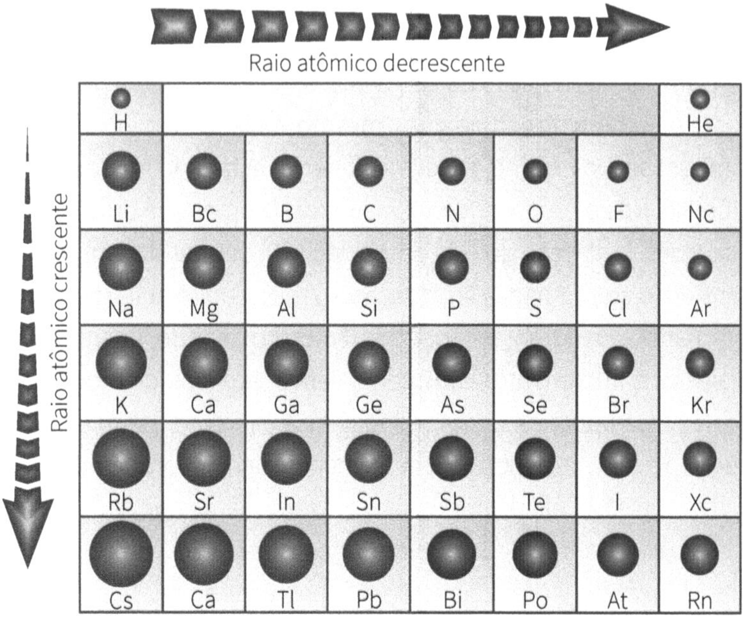

Raio atômico decrescente

Raio atômico crescente

| H | | | | | | | | He |
|---|---|---|---|---|---|---|---|---|
| Li | Bc | B | C | N | O | F | | Nc |
| Na | Mg | Al | Si | P | S | Cl | | Ar |
| K | Ca | Ga | Ge | As | Se | Br | | Kr |
| Rb | Sr | In | Sn | Sb | Te | I | | Xc |
| Cs | Ca | Tl | Pb | Bi | Po | At | | Rn |

Fouad A. Saad/Shutterstock

Vimos também que a retirada de um elétron aumentará muito a carga nuclear efetiva. Isso faz com que a blindagem se torne menor e o resultado disso é uma maior atração elétron-núcleo e, consequentemente, uma diminuição do raio do íon.

No caso da adição de um elétron na formação de um ânion, ocorre o contrário, pois a blindagem aumentará e, sendo o número de prótons o mesmo, a carga nuclear diminuirá em relação ao átomo neutro, fazendo com que haja uma menor atração elétron-núcleo, o que resulta em um raio iônico maior, como mostra a Figura 2.13, a seguir.

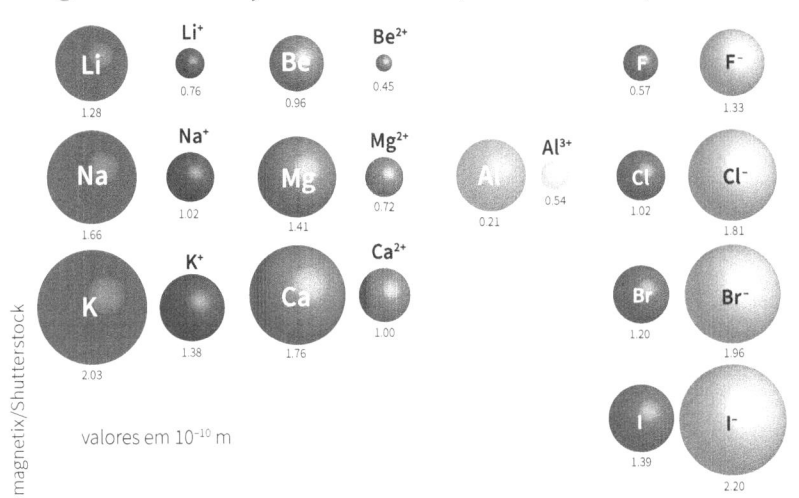

Figura 2.13 – Variação do raio iônico (cátions e ânions)

| Li 1.28 | Li⁺ 0.76 | Be 0.96 | Be²⁺ 0.45 | | | F 0.57 | F⁻ 1.33 |

| Na 1.66 | Na⁺ 1.02 | Mg 1.41 | Mg²⁺ 0.72 | Al 0.21 | Al³⁺ 0.54 | Cl 1.02 | Cl⁻ 1.81 |

| K 2.03 | K⁺ 1.38 | Ca 1.76 | Ca²⁺ 1.00 | | | Br 1.20 | Br⁻ 1.96 |

| | | | | | | I 1.39 | I⁻ 2.20 |

valores em $10^{-10}$ m

magnetix/Shutterstock

## 2.2.3 Energia de ionização ou potencial de ionização

A energia de ionização está relacionada com a facilidade com que os elétrons podem ser removidos de um átomo. Assim, podemos defini-la como a energia mínima necessária absorvida pelo átomo no estado gasoso na remoção de um elétron mais externo, ou seja, da camada de valência. A unidade principal usada é quilojoule por mol (kJ/mol).

Novamente podemos relacionar a carga nuclear efetiva com a energia de ionização. No período, comparando o boro com o flúor, por exemplo, este apresenta maior $Z^*$ e maior atração elétron-núcleo; portanto, será mais difícil remover seu elétron da camada de valência. O flúor terá, pois, a maior energia de ionização. Desse modo, nos períodos, a energia de ionização aumenta da esquerda para a direita.

No grupo 1, o potássio apresenta maior atração elétron-núcleo do que o rubídio, configurando-se, assim, uma maior dificuldade de remoção de seu elétron da camada de valência; logo, o potássio terá maior energia de ionização do que o rubídio.

Assim, nos grupos, a energia de ionização aumenta de baixo para cima. A Figura 2.14, a seguir, mostra essa variação.

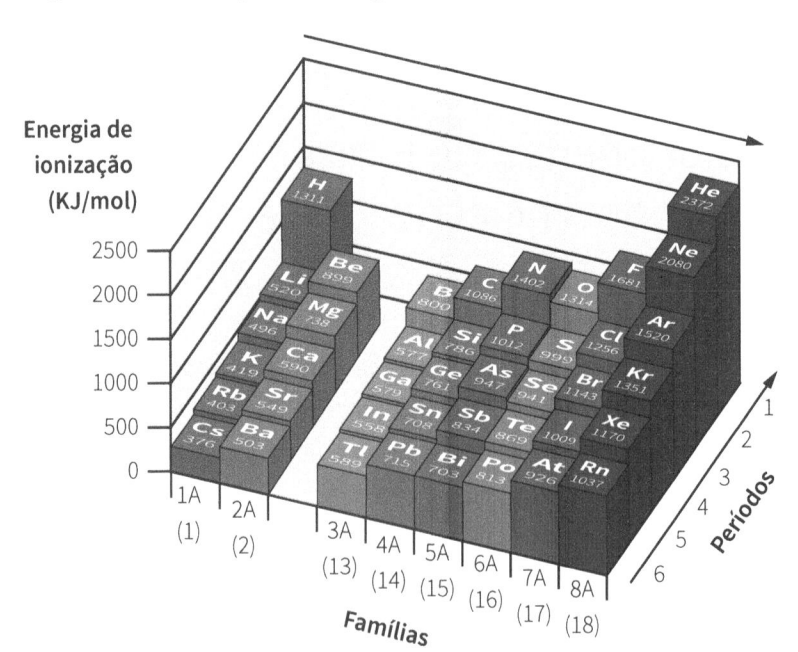

Figura 2.14 – Variação da energia de ionização

**Fonte:** Fogaça, 2021b.

Note que há algumas divergências em relação à energia de ionização. Por exemplo, observe que o nitrogênio apresenta uma maior energia de ionização quando comparado ao oxigênio. Em distribuição eletrônica, vimos que o átomo de nitrogênio apresenta seus orbitais parcialmente ou totalmente preenchidos, o que lhe confere uma maior estabilidade e, portanto, uma maior dificuldade em retirar elétrons em comparação ao oxigênio. No Gráfico 2.1, podemos perceber a ocorrência dessa relação também com outros elementos.

Gráfico 2.1 – Variação da energia de ionização nos períodos

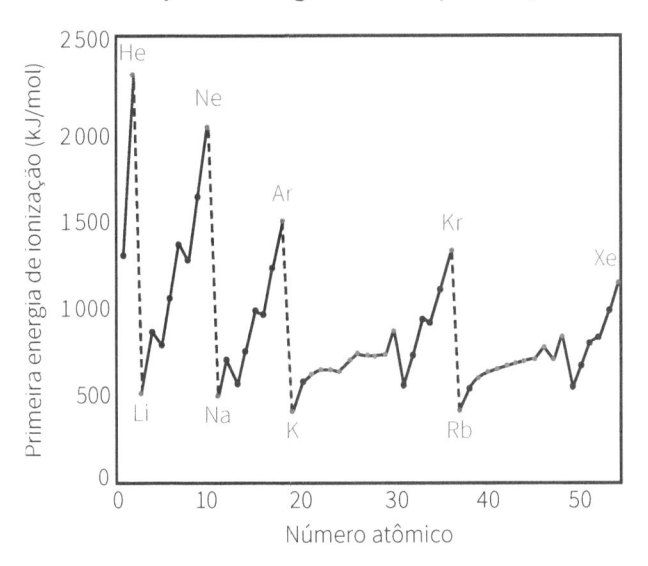

**Fonte:** Departamento de Química UFMG, 2021, p. 8.

Existem situações em que há a necessidade da remoção de mais elétrons da camada de valência. A remoção de apenas um elétron de um átomo neutro é chamada de *primeira energia de ionização* (1ª EI). A retirada do segundo elétron do mesmo átomo é chamada de *segunda energia de ionização* (2ª EI), e assim por diante.

À medida que são retirados elétrons de um átomo, o efeito da blindagem diminui e, como o número de prótons permanece o mesmo, a carga nuclear efetiva aumenta mais ainda, o que ocasiona uma maior atração elétron-núcleo e uma maior energia para serem removidos os próximos elétrons da camada de valência, como podemos observar no exemplo a seguir, que mostra como isso ocorre no caso do metal (M) de número atômico 13. Para esclarecermos melhor o comportamento na formação dos íons a seguir, vamos realizar a distribuição eletrônica para o $_{13}M$.

$_{13}M \rightarrow 1s^2\ 2s^2\ 2p^6\ 3s^2\ 3p^1$

$M + 577{,}4\ kJ/mol \rightarrow M^{1+} + e^-$ $\qquad M^{1+} \rightarrow 1s^2\ 2s^2\ 2p^6\ 3s^2$

$M^{1+} + 1\ 816{,}6\ kJ/mol \rightarrow M^{2+} + e^-$ $\qquad M^{2+} \rightarrow 1s^2\ 2s^2\ 2p^6\ 3s^1$

$M^{2+} + 2\ 744{,}6\ kJ/mol \rightarrow M^{3+} + e^-$ $\qquad M^{3+} \rightarrow 1s^2\ 2s^2\ 2p^6$

$M^{3+} + 11\ 575{,}0\ kJ/mol \rightarrow M^{4+} + e^-$

A análise da energia de ionização do elemento M indica que ele será estável quando perder três elétrons de sua camada de valência. Podemos perceber que a retirada sucessiva de elétrons contribui para o aumento da carga nuclear efetiva, pois a atração elétron-núcleo aumenta, sendo necessário o fornecimento de mais energia para a remoção do próximo elétron. Agora note que, ao se retirar o terceiro elétron, o metal fica em sua camada de valência com 8 elétrons (estável) e a retirada de mais um desses elétrons da camada de valência requer muito mais energia (11 575,0 kJ/mol$^{-1}$), o que não é normalmente possível. Por esse motivo, o metal M é encontrado na natureza com a carga +3.

Desse modo, podemos entender as cargas de outros elementos da tabela periódica, como mostrado a seguir.

Tabela 2.1 – Energia de ionização até a estabilidade do íon

| Elementos | $EI_1$ (kJ/mol) | $EI_2$ (kJ/mol) | $EI_3$ (kJ/mol) | $EI_4$ (kJ/mol) | $EI_5$ (kJ/mol) | $EI_6$ (kJ/mol) | $EI_7$ (kJ/mol) |
|---|---|---|---|---|---|---|---|
| Na | 496 | 4 460 | | | | | |
| Mg | 738 | 1 450 | 7 730 | | | | |
| Al | 578 | 1 820 | 2 750 | 11 600 | | | |
| Si | 786 | 1 580 | 3 230 | 4 360 | 16 100 | | |
| P | 1 012 | 1 900 | 2 910 | 4 960 | 6 270 | 22 200 | |
| S | 1 000 | 2 250 | 3 360 | 4 560 | 7 010 | 8 500 | 27 100 |
| Cl | 1 251 | 2 300 | 3 820 | 5 160 | 6 540 | 9 460 | 11 000 |
| Ar | 1 521 | 2 670 | 3 930 | 5 770 | 7 240 | 8 780 | 12 000 |

Como é possível observar, quando um átomo adquire estabilidade, a energia para retirar o próximo elétron é muito elevada.

## 2.2.4 Afinidade eletrônica ou eletroafinidade

A afinidade eletrônica também é conhecida como *eletroafinidade*, pois muitos átomos podem ganhar elétrons para formar íons carregados negativamente (ânions). Portanto, a afinidade eletrônica envolve uma variação de energia quando um elétron é adicionado a um átomo gasoso.

A afinidade eletrônica pode ser exotérmica, como exemplificado a seguir:

$F_{(g)} + e^- \rightarrow F^-_{(g)}$ $\Delta H < 0$

Quanto menor for o raio do átomo, maior será a atração elétron-núcleo e mais fácil será para o átomo receber elétrons. Portanto, a afinidade eletrônica tende a aumentar contrariamente ao raio, como mostra a Figura 2.15.

Figura 2.15 – Representação dos elementos com maior afinidade eletrônica

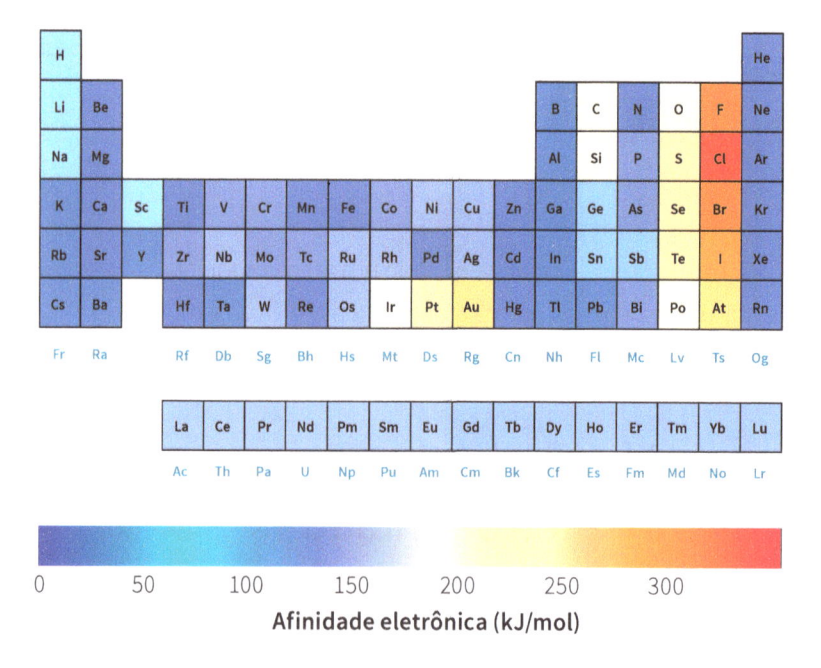

Afinidade eletrônica (kJ/mol)

Fonte: Electron..., 2021, tradução nossa.

Como podemos observar na figura, os não metais apresentam as maiores afinidades eletrônicas, pois são os elementos que precisam de elétrons para adquirir estabilidade.

## 2.2.5 Eletronegatividade

A eletronegatividade é definida com a capacidade que um átomo tem de atrair elétrons de outro átomo para si quando os dois formam uma ligação química.

Assim, um átomo isolado que tem grande potencial de ionização e grande afinidade eletrônica também apresentará, quando for ligado a outro átomo, grande atração de elétrons, ou seja, terá uma alta eletronegatividade, conforme a escala de eletronegatividade sugerida por Linus Pauling (Figura 2.16).

Figura 2.16 – Escala de eletronegatividade de Pauling

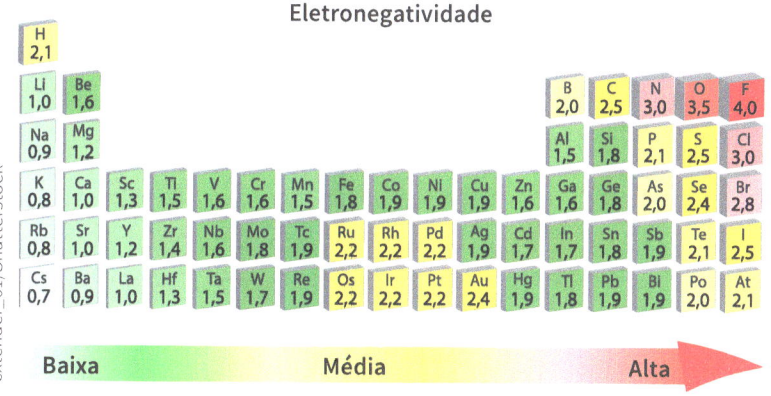

**Eletronegatividade**

| | | | | | | | | | | | | | | | | | |
|---|---|---|---|---|---|---|---|---|---|---|---|---|---|---|---|---|---|
| H 2,1 | | | | | | | | | | | | | | | | | |
| Li 1,0 | Be 1,6 | | | | | | | | | | | B 2,0 | C 2,5 | N 3,0 | O 3,5 | F 4,0 | |
| Na 0,9 | Mg 1,2 | | | | | | | | | | | Al 1,5 | Si 1,8 | P 2,1 | S 2,5 | Cl 3,0 | |
| K 0,8 | Ca 1,0 | Sc 1,3 | Ti 1,5 | V 1,6 | Cr 1,6 | Mn 1,5 | Fe 1,8 | Co 1,9 | Ni 1,9 | Cu 1,9 | Zn 1,6 | Ga 1,6 | Ge 1,8 | As 2,0 | Se 2,4 | Br 2,8 | |
| Rb 0,8 | Sr 1,0 | Y 1,2 | Zr 1,4 | Nb 1,6 | Mo 1,8 | Tc 1,9 | Ru 2,2 | Rh 2,2 | Pd 2,2 | Ag 1,9 | Cd 1,7 | In 1,7 | Sn 1,8 | Sb 1,9 | Te 2,1 | I 2,5 | |
| Cs 0,7 | Ba 0,9 | La 1,0 | Hf 1,3 | Ta 1,5 | W 1,7 | Re 1,9 | Os 2,2 | Ir 2,2 | Pt 2,2 | Au 2,4 | Hg 1,9 | Tl 1,8 | Pb 1,9 | Bi 1,9 | Po 2,0 | At 2,1 | |

Baixa — Média — Alta

A Figura 2.17, a seguir, mostra que átomos com um raio menor atraem mais os elétrons por apresentarem uma maior carga nuclear efetiva do que aqueles que apresentam um raio maior, ou seja, à medida que o raio do átomo aumenta, a força de atração diminui.

Figura 2.17 – Interferência da atração elétron-núcleo

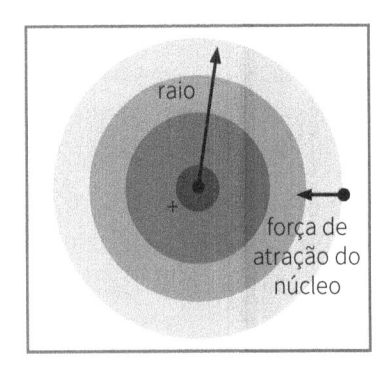

**Fonte:** Pedrosa, [S.d.], p. 5.

De modo geral, podemos montar uma sequência de escala da eletronegatividade, como mostrado a seguir.

Figura 2.18 – Sequência da eletronegatividade

F > O > N > Cl > Br > I > S > C > P > H

**Fonte:** Pedrosa, [S.d.], p. 5.

Uma das aplicações da eletronegatividade é a determinação da polaridade de alguns compostos. Por exemplo, na molécula de ácido clorídrico (HCl), os elétrons estarão mais concentrados quando próximos ao cloro por ser este mais eletronegativo do que o hidrogênio. Nesse caso, teremos a formação de um polo negativo ao cloro (Cl) e, do lado contrário, próximo ao hidrogênio, teremos a formação de um polo positivo ao hidrogênio (H), como mostra a Figura 2.19.

Figura 2.19 – Interpretação da atração (eletronegatividade) do cloro em relação ao hidrogênio

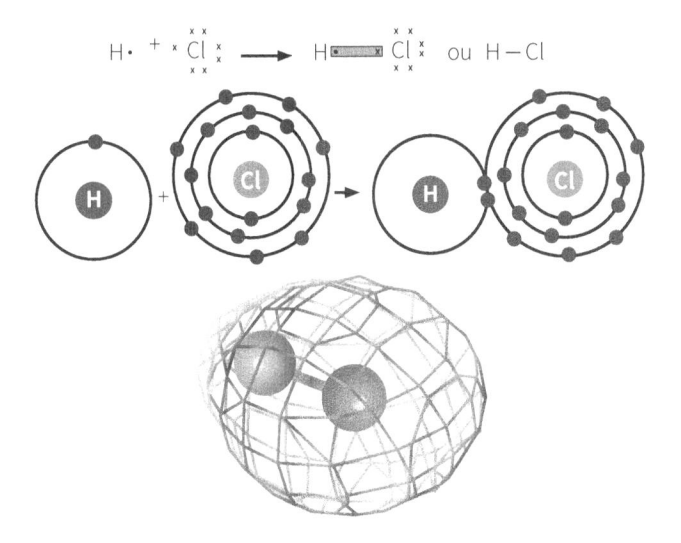

**Fonte:** Fogaça, 2021c.

Com os valores de eletronegatividade indicados na escala de eletronegatividade de Pauling (Figura 2.16), podemos expressar que a eletronegatividade aumenta de baixo para cima nas famílias (grupos) e da esquerda para a direita nos períodos.

Linus Pauling, considerando os valores de eletronegatividade, conseguiu caracterizar essa propriedade como sendo o poder de um átomo, em uma molécula, de atrair elétrons. Esse contexto é muito usado na determinação do tipo de ligação química entre dois átomos.

Em uma ligação química, a diferença de eletronegatividade ($\Delta\chi$) entre os átomos ligantes leva à formação de uma polarização da ligação, ou seja, o átomo mais eletronegativo atrai o par compartilhado, adquirindo uma carga elétrica parcial negativa ($\delta^-$), e o átomo menos eletronegativo adquire carga elétrica parcial positiva ($\delta^+$), como podemos observar na Figura 2.20.

Figura 2.20 – Diferença de eletronegatividade de Pauling para algumas moléculas

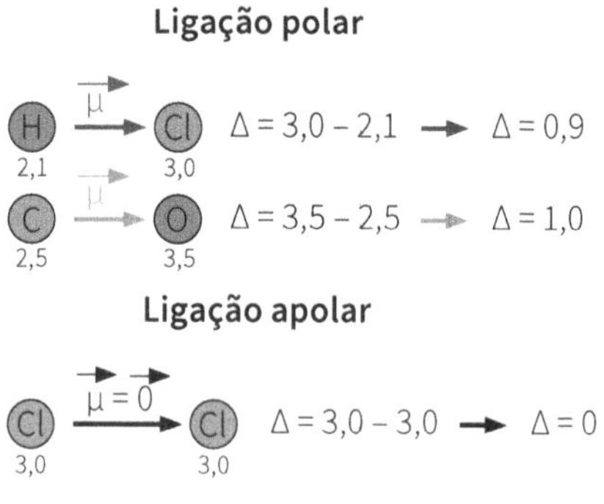

**Ligação polar**

H (2,1) $\xrightarrow{\mu}$ Cl (3,0)   $\Delta = 3{,}0 - 2{,}1 \rightarrow \Delta = 0{,}9$

C (2,5) $\xrightarrow{\mu}$ O (3,5)   $\Delta = 3{,}5 - 2{,}5 \rightarrow \Delta = 1{,}0$

**Ligação apolar**

Cl (3,0) $\xrightarrow{\mu = 0}$ Cl (3,0)   $\Delta = 3{,}0 - 3{,}0 \rightarrow \Delta = 0$

**Fonte:** Polaridade..., 2021.

Usando os valores de eletronegatividade de Pauling da figura anterior, notamos que na molécula Cl – Cl não há diferença de eletronegatividade; portanto, em ligações constituídas dos mesmos átomos, não há polarização da ligação.

Nas demais moléculas, podemos perceber que há uma diferença de eletronegatividade entre os átomos participantes; logo, há polarização da ligação.

Pauling considerou que uma ligação é predominantemente iônica se Δχ for maior do que (>) 1,7. Se os valores forem menores do que (<) 1,7, a ligação será covalente polar; se o valor for igual (=) a zero, a ligação será covalente apolar.

De uma maneira mais confiável, é possível afirmar que uma ligação é predominantemente iônica apenas se Δχ ≥ 2,0 e predominantemente covalente apenas se Δχ ≤1,0. No caso do intervalo 2,0 < Δχ > 1,0, devemos nos basear em outros critérios, como em outras escalas de eletronegatividade ou no tipo de átomo que participa da ligação. Se houver um metal presente, a ligação será iônica. Se houver outros não metais, a ligação será covalente polar.

Podemos observar na Figura 2.21, a seguir, a variação gradativa dos tipos de ligações de acordo com a densidade eletrônica e os valores de Δχ correspondentes.

Figura 2.21 – Variações gradativas indicando a polarização da ligação química

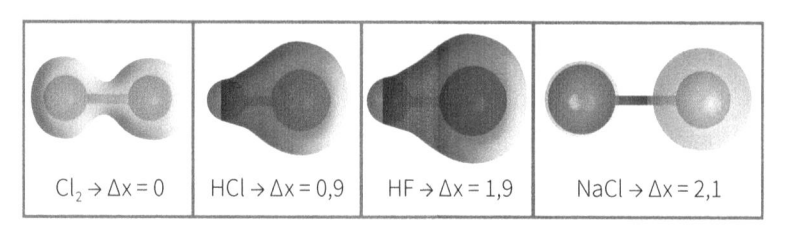

| $Cl_2 \to \Delta x = 0$ | $HCl \to \Delta x = 0,9$ | $HF \to \Delta x = 1,9$ | $NaCl \to \Delta x = 2,1$ |

**Fonte:** Moreira, 2016, p. 43.

Nesse contexto, aumentando o valor de $\Delta x$, teremos um maior caráter iônico, ou seja, no composto cloreto de sódio (NaCl) haverá uma transferência total de elétrons do átomo de sódio para o átomo de cloro – uma ligação iônica. Já do $Cl_2$ para o HF, haverá um compartilhamento do par eletrônico, o que caracteriza um caráter covalente.

## 2.2.6 Eletropositividade ou caráter metálico

A eletropositividade ou caráter metálico consiste na tendência do átomo de perder elétrons. Quanto maior for seu valor, maior será o caráter metálico.

Trata-se de uma propriedade intimamente relacionada à carga nuclear efetiva, pois, quanto menor for a atração elétron-núcleo do átomo, maior será seu raio e, consequentemente, mais fácil será a retirada do elétron. Isso aumenta a eletropositividade atômica.

Na tabela periódica, a eletropositividade varia nas famílias, aumentando de cima para baixo, e nos períodos, aumentando da direita para a esquerda.

A Figura 2.22 mostra a variação da eletropositividade ou caráter metálico.

Figura 2.22 – Variação da eletropositividade (caráter metálico) na tabela periódica

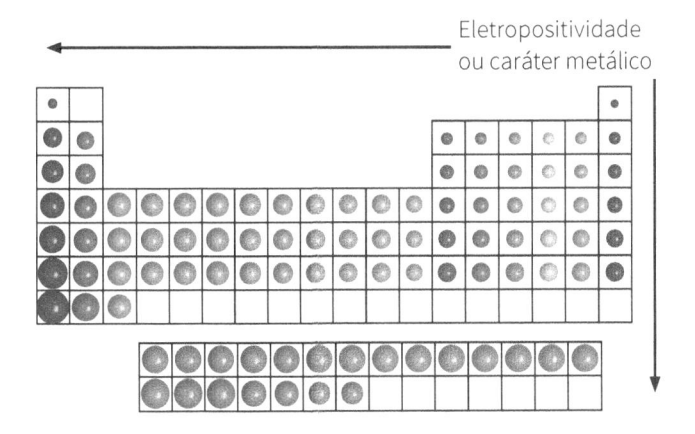

**Fonte:** Propriedades..., 2021.

Um fator importante é que podemos relacionar a quantidade de elétrons perdidos por um átomo (eletropositivo) e a quantidade de elétrons recebidos por outro (eletronegativo) com o número de oxidação do elemento, que é, respectivamente, positivo e negativo. Dessa forma, o número de oxidação está associado à reatividade de um elemento e define como os elementos vão se ligar para adquirirem estabilidade.

# Síntese

Como vimos, a carga nuclear efetiva, $Z_{ef}$ ou $Z^*$, é importante pois o cálculo referente à atração elétron-núcleo (equação de Slater) é determinante na caracterização das propriedades de um átomo.

A tabela periódica serve de parâmetro para entendermos as várias propriedades dos elementos com base na posição de cada um. As distribuições eletrônicas servem como norte para essa análise, pois conseguimos especificar com mais detalhes o tamanho do átomo ou de seu íon, a energia de ionização, a afinidade eletrônica, a eletronegatividade e a eletropositividade.

Examinamos também as possíveis variações dessas propriedades ao longo dos grupos e dos períodos da tabela periódica. As tendências periódicas gerais para essas propriedades indicam que:

- O tamanho atômico diminui ao longo de um período e aumenta no grupo quanto mais abaixo este se encontra na tabela.
- A energia de ionização aumenta ao longo de um período e diminui no grupo quanto mais abaixo este se encontra na tabela.
- A afinidade eletrônica, que está associada ao recebimento do elétron (formação de ânion), aumenta ao longo de um período e diminui no grupo quanto mais abaixo este se encontra na tabela.

- A eletronegatividade, que é a atração por um elétron, aumenta ao longo de um período e diminui no grupo quanto mais abaixo este se encontra na tabela.
- A eletropositividade, que está associada à perda de elétrons (formação de cátion), diminui ao longo de um período e aumenta no grupo quanto mais abaixo este se encontra na tabela.

Com a análise de todas essas propriedades, você pôde entender melhor como os átomos se comportam nas diversas formas da composição da matéria.

# Atividades de autoavaliação

1. (UFU – 2018/2) A diversidade de materiais existente no mundo tem relação com sua estrutura interna e com as interações que ocorrem no nível atômico e subatômico. As propriedades periódicas, como raio, eletronegatividade, potencial de ionização e afinidade eletrônica, auxiliam a explicação de como se formam esses materiais. Duas dessas propriedades são centrais: raio atômico e raio iônico.

   Considere a figura abaixo.

Sentido de crescimento dos raios atômicos →

| Família 1 | Família 2 | Família 13 | Família 16 | Família 17 |
|---|---|---|---|---|
| $Li^+$ / Li | $Be^{2+}$ / Be | $B^{3+}$ / B | O / $O^{2-}$ | F / $F^-$ |
| 0,68 / 1,34 | 0,31 / 0,90 | 0,23 / 0,82 | 0,73 / 1,40 | 0,71 / 1,33 |
| $Na^+$ / Na | $Mg^{2+}$ / Mg | $Al^{3+}$ / Al | S / $S^{2-}$ | Cl / $Cl^{2-}$ |
| 0,97 / 1,54 | 0,66 / 1,30 | 0,51 / 1,18 | 1,02 / 1,84 | 0,99 / 1,81 |
| $K^+$ / K | $Ca^{2+}$ / Ca | $Ga^{3+}$ / Ga | Se / $Se^{2-}$ | Br / $Br^-$ |
| 1,33 / 1,96 | 0,99 / 1,74 | 0,62 / 1,26 | 1,16 / 1,98 | 1,14 / 1,96 |
| $Rb^+$ / Rb | $Sr^{2+}$ / Sr | $In^{3+}$ / In | Te / $Te^{2-}$ | I / $I^-$ |
| 1,47 / 2,11 | 1,13 / 1,92 | 0,81 / 1,44 | 1,35 / 2,21 | 1,33 / 2,20 |

↓ Sentido de crescimento dos raios atômicos

Essa figura representa os raios atômicos e iônicos de algumas espécies químicas.

Sobre essas espécies e seus raios, é correto concluir que

a) o raio dos ânions é maior que o do respectivo elemento no estado neutro, porque o átomo ganhou elétrons e manteve sua carga positiva.

b) o raio atômico e iônico dos elementos de um mesmo período diminui com o aumento do número atômico e com a mudança de carga.

c) o raio iônico dos elementos de uma mesma família não segue a periodicidade e varia independentemente do ganho ou da perda de elétrons.

d) o raio dos cátions é menor que o do respectivo elemento no estado neutro, porque o átomo perdeu elétrons, aumentando o efeito da carga nuclear.

2. (UFPA – 2011) Sobre o processo de ionização de um átomo A, mostrado abaixo, são feitas as seguintes afirmativas:

A(g) + energia → A⁺(g) + e⁻

I. A energia de ionização aumenta à medida que o raio atômico diminui; sendo assim, é necessária uma quantidade de energia maior para remover elétrons de átomos menores.

II. O cátion formado possui um raio maior que o raio do átomo pelo fato de a perda do elétron deixar o átomo carregado mais positivamente e assim diminuir a atração entre os elétrons resultantes e o núcleo, o que promove a expansão da nuvem eletrônica.

III. A primeira energia de ionização é sempre a maior e, consequentemente, a remoção de elétrons sucessivos do mesmo átomo se torna mais fácil.

IV. A energia de ionização em átomos localizados no mesmo período da tabela periódica aumenta no mesmo sentido do aumento da carga nuclear.

Estão corretas as afirmativas

a) I e III
b) II e IV
c) II e III
d) I e IV
e) I, II e IV

3. (UFT – 2011/1) Analise as proposições a seguir, com relação às propriedades periódicas dos elementos químicos:
   I. A eletronegatividade é a força de atração exercida sobre os elétrons de uma ligação, e relaciona-se com o raio atômico de forma diretamente proporcional, pois a distância núcleo-elétrons da ligação é menor.
   II. A eletroafinidade é a energia liberada quando um átomo isolado, no estado gasoso, captura um elétron; portanto, quanto menor o raio atômico, menor a afinidade eletrônica.
   III. Energia (ou potencial) de ionização é a energia mínima necessária para remover um elétron de um átomo gasoso e isolado, em seu estado fundamental.
   IV. O tamanho do átomo, de modo geral, varia em função do número de níveis eletrônicos (camadas) e do número de prótons (carga nuclear).

   É CORRETO o que se afirma em:
   a) Apenas I, III e IV.
   b) Apenas III e IV.
   c) Apenas I e II.
   d) Apenas II e IV.
   e) I, II, III e IV.

4. (PUC-RIO – 2007) Sobre a estrutura atômica, configuração eletrônica e periodicidade química, é correto afirmar que:
   a) quando o elétron é excitado e ganha energia, ele salta de uma órbita mais externa para outra mais interna.
   b) sendo o orbital a região mais provável de se encontrar o elétron, um orbital do subnível p poderá conter no máximo seis elétrons.

c) o íon $Sr^{2+}$ possui configuração eletrônica $1s^2\ 2s^2\ 2p^6\ 3s^2\ 3p^6\ 4s^2\ 3d^{10}\ 4p^6$.
d) devido à sua carga nuclear, o raio atômico do sódio é menor do que o do cloro.
e) a energia para remover um elétron do átomo de Mg (1ª energia de ionização) é maior do que aquela necessária para remover um elétron do íon de $Mg^{1+}$ (2ª energia de ionização).

5. (EBMSP – 2016/1) Pesquisas demonstram que o estudo da biologia molecular ou celular utiliza-se de conceitos e de modelos teóricos e experimentais desenvolvidos pela química. Pode-se analisar, por exemplo, por que íons de elementos químicos de um mesmo grupo periódico, como o $Na^+$ e o $K^+$, apresentam diferentes funções biológicas, e quais propriedades diferenciam íons $Ca^{2+}$, encontrados nos fluidos corpóreos, dos íons $Mg^{2+}$ que se concentram dentro das células dos animais.

Considerando-se essas informações, a estrutura atômica e as propriedades dos elementos químicos, é correto afirmar:

a) O raio iônico do cátion $Mg^{2+}$ maior do que o raio iônico do cátion $Ca^{2+}$.
b) O íon monovalente do sódio, $Na^+$, e o íon monovalente do potássio, $K^+$, são isoeletrônicos.
c) A carga nuclear do íon potássio, $K^+$, é o dobro da carga nuclear do íon sódio, $Na^+$.
d) A primeira energia de ionização do átomo de potássio é maior do que a do átomo de sódio.
e) A configuração eletrônica do íon $Ca^{2+}$ apresenta um maior número de níveis eletrônicos do que a do íon $Mg^{2+}$.

# Atividades de aprendizagem

## Questões para reflexão

1. Organize os seguintes átomos em ordem crescente de tamanho: $_{15}P$, $_{16}S$, $_{33}As$, $_{34}Se$.

2. A tabela a seguir mostra as energias de ionização – em quilocaloria por mol (kcal/mol) – para os átomos A, B e C.

| Elemento | $E_1$ | $E_2$ | $E_3$ | $E_4$ |
|---|---|---|---|---|
| A | 118,5 | 1091 | 1652 | 2280 |
| B | 138,0 | 434,1 | 655,9 | 2767 |
| C | 176,3 | 346,6 | 1848 | 2521 |

Com base na análise da tabela, quais são as cargas mais estáveis para esses átomos? Justifique sua resposta.

3. Na indústria, são usadas muitas substâncias que precisam ser produzidas primeiramente em laboratório para posteriormente serem empregadas em escala industrial. É o caso do cloreto de tionila ($SOCl_2$), que é um importante agente de coloração. A reação de obtenção está associada à seguinte reação química:

$SO_{3(g)} + SCl_{2(g)} \rightarrow SO_{2(g)} + SOCl_{2(g)}$

Com base nessa informação, responda:

a) Quais são as configurações eletrônicas do átomo de enxofre ($_{16}S$) e do átomo de cloro ($_{17}Cl$)?
b) O enxofre é paramagnético? Justifique sua resposta.

c) Entre os elementos envolvidos nessa reação ($_{16}S$, $_8O$, $_{17}Cl$), qual deve ter a maior energia de ionização? E o maior raio? Justifique suas respostas.

d) Na reação, podemos ter em uma das substâncias o íon sulfeto ($S^{2-}$) na molécula do $SCl_2$. Nesse caso, o raio do íon $S^{2-}$ é maior ou menor do que o raio do átomo de enxofre neutro? Justifique sua resposta.

4. Podemos relacionar os valores da carga nuclear efetiva ($Z_{ef}$) sobre os elétrons mais externos de alguns elementos do terceiro período com os valores da primeira energia de ionização. A tabela a seguir mostra essa relação.

| Elemento | $Z_{ef}$ | Energia de ionização (kJ · mol⁻¹) |
|---|---|---|
| Al | 3,50 | 577,6 |
| Si | 4,15 | 787,5 |
| P | 4,80 | 1011,8 |
| S | 5,45 | 999,6 |
| Cl | 6,10 | 1251,1 |

Com base nos dados fornecidos na tabela, responda:

a) Podemos observar uma divergência entre o fósforo (P) e o enxofre (S). Note que este apresenta maior $Z_{ef}$, porém sua energia de ionização é menor do que a daquele. Justifique essa divergência.

b) Qual dos elementos apresentados na tabela tem maior afinidade eletrônica? Justifique sua resposta.

c) O fósforo tem um alto valor da primeira energia de ionização, como mostrado na tabela. Faça uma projeção dos possíveis números de oxidação que ele poderia ter, ou seja, quais seriam os valores máximo positivo e máximo negativo do átomo de fósforo. Justifique sua resposta.

5. Define-se *energia de ionização* como a energia necessária para se retirar um elétron de um átomo neutro no estado gasoso. Complete a tabela a seguir com os elementos $_{20}X$, $_{53}Y$ e $_{19}Z$, levando em conta os valores de energia apresentados.

| Elemento | 1ª energia de ionização (kJ/mol) |
|---|---|
| | 420 |
| | 600 |
| | 1 010 |

## Atividade aplicada: prática

1. Imagine, em um universo microscópico, que há dois átomos bem próximos (ligados) e um começa a atrair os elétrons mais extremos da eletrosfera do outro, enquanto o núcleo tenta segurar essas partículas. Há uma competição, no mínimo, ímpar, em que a capacidade que um átomo tem de capturar elétrons do outro (vencer a competição) recebe o nome de *eletronegatividade*. Faça uma pesquisa e explique, com base em seus conhecimentos sobre propriedades periódicas, por que alguns elementos da tabela periódica se sobressaem mais do que outros nessa competição.

Capítulo 3

# Ligações químicas I

Na natureza, os átomos raramente podem ser encontrados isoladamente, porém é possível fazer com que eles se unam uns aos outros por determinadas ligações químicas.

Os gases nobres são representados de modo unitário, pois, por causa de sua estabilidade, há uma atração mútua tão fraca que eles não conseguem formar uma molécula. Por outro lado, a maioria dos átomos forma ligações fortes com átomos da própria espécie e com os de outras.

As ligações químicas são denominadas *ligações interatômicas*, ou seja, ocorrem em razão das forças entre os átomos, responsáveis pela formação de moléculas, agrupamentos de átomos ou sólidos iônicos. Essas ligações podem ser de três tipos: (1) iônicas, (2) covalentes ou moleculares e (3) metálicas.

## 3.1  Grupos de substâncias

Podemos classificar as substâncias da seguinte forma, considerando os elementos que as constituem:

- **Substâncias iônicas** – São compostas por metal e não metal e/ou metal e hidrogênio.
- **Substâncias moleculares** – São formadas principalmente por elemento(s) do tipo não metal.
- **Substâncias metálicas** – Apresentam apenas metal em sua composição e alguns não metais, formando as ligas metálicas.

## 3.1.1 Em busca de uma configuração estável

De que maneira os átomos se combinam para formar moléculas e por que eles formam ligações?

A resposta a essa pergunta está diretamente ligada à energia, pois uma molécula só será formada se ela for mais estável e tiver menor energia do que os átomos individuais. Como os átomos de todos os elementos são instáveis (com exceção dos gases nobres), todos eles têm tendência de formar moléculas por meio do estabelecimento de ligações.

O químico Gilbert Newton Lewis (1875-1946) conseguiu comprovar a estabilidade das ligações de maneira adequada por meio da análise das distribuições eletrônicas de determinados elementos da tabela periódica. Ao examinar as distribuições eletrônicas, Lewis constatou que o grupo 18 (gases nobres) apresenta pouca reatividade, uma vez que as energias de seus elementos são baixas e eles têm nível eletrônico mais externo completamente preenchido. Dessa forma, a ligação está associada à chamada *teoria do octeto*, em razão da estabilidade com oito elétrons no nível de valência, ou seja, a configuração estável de um gás nobre (dois ou oito elétrons na camada de valência) (Russell, 1982).

## 3.2 Ligação iônica ou eletrovalente

A ligação iônica ocorre mediante a completa transferência de elétrons, ou seja, um átomo perde essas partículas e o outro as recebe. Portanto, está associada, de modo geral, a metais – átomos que apresentam grande tendência em perder elétrons, ou baixo potencial de ionização – e não metais ou hidrogênio, que têm alta afinidade eletrônica e apresentam grande tendência de receber elétrons. Desse modo, podemos afirmar que a ligação é iônica quando os átomos participantes apresentam uma grande diferença de eletronegatividade.

Podemos tomar como exemplo a ligação existente entre o átomo de sódio (Na) e o átomo de cloro (Cl). Ao realizarmos a distribuição do átomo de sódio, observamos que ele apresenta 1 elétron na camada de valência. Para a distribuição eletrônica do átomo de cloro, percebemos que há 7 elétrons na camada de valência.

$_{11}Na \rightarrow 1s^2\ 2s^2\ 2p^6\ 3s^1$

$_{17}Cl \rightarrow 1s^2\ 2s^2\ 2p^6\ 3s^2\ 3p^5$

Nesse caso, o sódio perderá um elétron para o cloro por transferência de elétrons. Portanto, ambos ficarão com 8 elétrons na camada de valência, como mostra a Figura 3.1.

Figura 3.1 – Representação da transferência de elétrons do átomo de sódio para o átomo de cloro

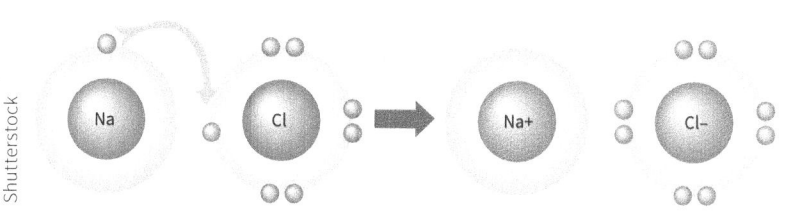

OSweetNature/Shutterstock

Note que o átomo de sódio, quando perde seu elétron mais externo, fica com 8 elétrons na camada de valência (**2s² 2p⁶**), adquirindo estabilidade. O átomo de cloro, ao receber o elétron do átomo de sódio, também fica com 8 elétrons na camada de valência (**3s² 3p⁶**), adquirindo igualmente estabilidade.

Quando o átomo de sódio perde seu elétron, transforma-se no íon positivo (cátion) Na⁺. Já o átomo de cloro, ao receber o elétron, transforma-se no íon negativo (ânion) Cl⁻.

Para que haja a perda ou o recebimento de elétrons, é necessária a análise energética dos átomos e, nesse caso, devem-se levar em consideração a energia de ionização e a afinidade eletrônica.

## 3.2.1 Estrutura de Lewis

Em geral, podemos visualizar a quantidade de elétrons da camada de valência dos principais elementos da tabela periódica e cada um deles é representado por um ponto, como na Figura 3.2, a seguir. Nessa ilustração, podemos simplificar as quantidades de elétrons que cada átomo apresenta em sua camada de valência e a carga que adquirirá com a perda ou o recebimento de mais alguma dessas partículas.

Figura 3.2 – Quantidade de elétrons na camada de valência de cada elemento

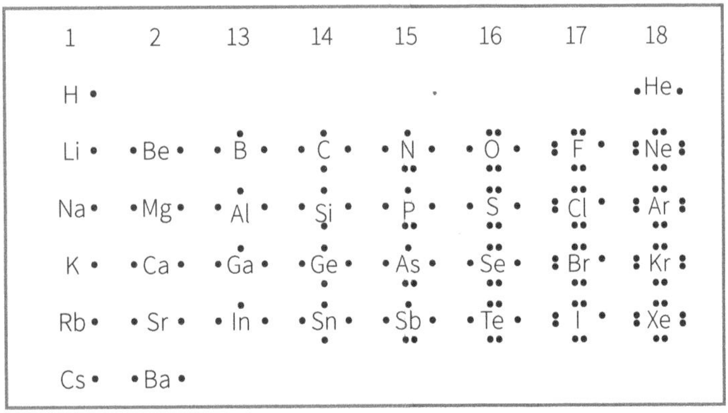

| 1 | 2 | 13 | 14 | 15 | 16 | 17 | 18 |
|---|---|---|---|---|---|---|---|
| H• | | | | | | | •He• |
| Li• | •Be• | •B• | •C• | •N• | •O• | •F• | •Ne• |
| Na• | •Mg• | •Al• | •Si• | •P• | •S• | •Cl• | •Ar• |
| K• | •Ca• | •Ga• | •Ge• | •As• | •Se• | •Br• | •Kr• |
| Rb• | •Sr• | •In• | •Sn• | •Sb• | •Te• | •I• | •Xe• |
| Cs• | •Ba• | | | | | | |

**Fonte:** Ligação..., 2017, p. 10.

Para que haja a transferência de elétrons entre os metais e os não metais e o hidrogênio, é necessária a definição de dois conceitos: (1) a energia de ionização (energia para arrancar elétrons) e (2) a afinidade eletrônica (condição para receber elétrons).

## 3.2.2 Energia de ionização

A energia de ionização (EI), dada em quilojoule por mol (kJ/mol), é a energia necessária (absorvida) para remover um mol de elétrons mais fracamente ligados (mais externos) de um mol de átomos gasosos, de maneira a produzir um mol de íons gasosos cada um com carga +1. Vejamos o seguinte exemplo:

$Na_{(g)} + 496 \text{ kJ} \rightarrow Na^+_{(g)} + e^-$

Para outros elementos, os átomos apresentam mais de uma energia de ionização: a segunda, a terceira, a quarta e assim por diante (Tabela 3.1).

Tabela 3.1 – Energia necessária para tornar o átomo estável

| | EI (kJ/mol) | | | | |
|---|---|---|---|---|---|
| | 1ª EI | 2ª EI | 3ª EI | 4ª EI | 5ª EI |
| Na | 496 | 4560 | | | |
| Mg | 737,7 | 1450 | 7730 | | |
| Al | 577 | 1816 | 2881 | 11600 | |
| Si | 786 | 1577 | 3228 | 4354 | 16100 |

Note que, quando há uma grande diferença entre as energias, isso ocorre porque o elemento já adquiriu estabilidade. Observe que no alumínio (Al) a primeira, a segunda e a terceira energias de ionização são relativamente baixas, ao passo que a quarta é muito alta, dificultando a retirada do elétron. Portanto, nesse caso, o alumínio adquiriu estabilidade, perdendo três elétrons externos ($Al^{3+}$).

Em geral, podemos considerar que, quanto maior for o raio atômico, menor será o potencial de ionização, como podemos perceber na Tabela 3.2, a seguir.

Tabela 3.2 – Energias de ionização de elementos não metálicos

| Exemplo | EI (eV) |
|---|---|
| C – $1s^2\ 2s^2\ 2p^2$ | 11,3 |
| N – $1s^2\ 2s^2\ 2p^3$ | 14,5 |
| O – $1s^2\ 2s^2\ 2p^4$ | 13,6 |

**Importante!**

Elétron-volt é uma unidade de energia que implica a seguinte relação:

1 quilojoule (kJ) = 6,24 · $10^{21}$ elétron-volt (eV)

## 3.2.3 Afinidade eletrônica

Afinidade eletrônica é a energia liberada quando o átomo gasoso ganha um mol de elétron, de maneira a produzir um mol de íons gasosos com carga –1. Vejamos um exemplo:

$Cl_{(g)} + e^- \rightarrow Cl^-_{(g)} + 349$ kJ

A Figura 3.3, a seguir, indica a energia envolvida no processo de afinidade eletrônica.

Figura 3.3 – Tabela periódica com a indicação dos valores de energia de afinidade eletrônica

Aumento na afinidade por um elétron
(AE se torna mais negativa) →

Aumento na afinidade por um elétron
(AE se torna mais negativa) ↓

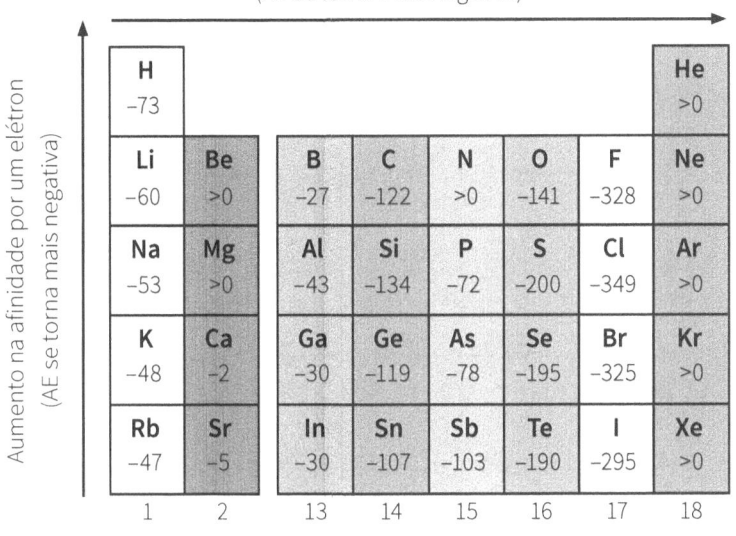

| 1 | 2 | 13 | 14 | 15 | 16 | 17 | 18 |
|---|---|---|---|---|---|---|---|
| H −73 | | | | | | | He >0 |
| Li −60 | Be >0 | B −27 | C −122 | N >0 | O −141 | F −328 | Ne >0 |
| Na −53 | Mg >0 | Al −43 | Si −134 | P −72 | S −200 | Cl −349 | Ar >0 |
| K −48 | Ca −2 | Ga −30 | Ge −119 | As −78 | Se −195 | Br −325 | Kr >0 |
| Rb −47 | Sr −5 | In −30 | Sn −107 | Sb −103 | Te −190 | I −295 | Xe >0 |

**Fonte:** Departamento de Química UFMG, 2012a.

Agora, podemos indicar, de forma geral, a formulação dos compostos iônicos, que obedece à estrutura ilustrada na Figura 3.4.

Figura 3.4 – Esquema para determinar a ligação iônica

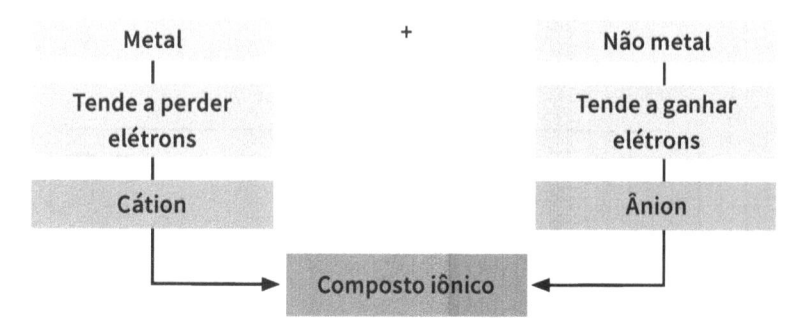

```
    Metal                 +              Não metal
      |                                      |
 Tende a perder                        Tende a ganhar
    elétrons                              elétrons

    Cátion                                  Ânion

         ──────────→ Composto iônico ←──────────
```

Dominando essa regra, podemos escrever a fórmula de um composto iônico por meio de índices, sendo necessário fazer com que o total da carga positiva fique igual ao total da carga negativa, conforme indica a Figura 3.5.

Figura 3.5 – Fórmula geral para obtenção do composto iônico

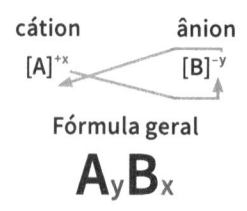

cátion    ânion
$[A]^{+x}$    $[B]^{-y}$

Fórmula geral

$$A_y B_x$$

## Exemplificando

Como exemplo, podemos montar a estrutura do composto cloreto de magnésio, que é uma substância muito utilizada como suplemento alimentício.

O magnésio (Mg) é um elemento essencial para o bom funcionamento do organismo, pois é responsável por mais de 300 reações bioquímicas em nosso corpo (aumento das funções cerebrais, fortalecimento dos ossos e combate a infecções, entre outras). O magnésio é incorporado via alimentação, porém o uso de produtos químicos nas plantações inibe a absorção desse elemento pelos vegetais, o que causa sua carência em boa parte da população.

Para repor o magnésio, muitas pessoas optam por administrá-lo com o uso de suplementos farmacológicos, que são disponibilizados em diferentes formas, sendo a mais comum a de cloreto de magnésio ($MgCl_2$).

A seguir, vamos demonstrar a montagem desse composto.

Com o auxílio da tabela periódica, encontramos o elemento $_{12}Mg$ no grupo 2, o que indica que ele tem dois elétrons em sua camada de valência. Sabemos que, se o elemento tiver dois elétrons em sua camada de valência, a tendência será que ele os perca. Outra maneira de verificar esse fato é por meio de sua distribuição eletrônica, como mostrado a seguir.

Para perder dois elétrons, será necessário fornecer energia (energia de ionização) ao magnésio, que ficará com configuração eletrônica semelhante à do gás nobre neônio, adquirindo carga 2+:

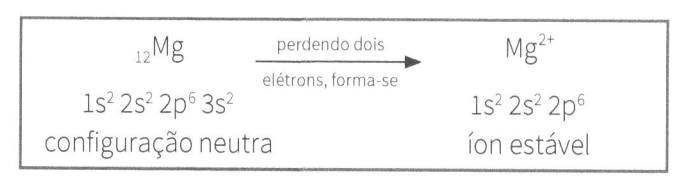

$$_{12}Mg \xrightarrow{\text{perdendo dois elétrons, forma-se}} Mg^{2+}$$

$1s^2\ 2s^2\ 2p^6\ 3s^2$ — configuração neutra

$1s^2\ 2s^2\ 2p^6$ — íon estável

Já com relação ao cloro (Cl), um elemento do grupo 17 da tabela periódica, sabemos que ele apresenta sete elétrons em sua camada de valência e que, para adquirir estabilidade, necessita receber um elétron, liberando energia (afinidade eletrônica), ficando com a configuração eletrônica semelhante à do gás nobre argônio (Ar), com carga 1–:

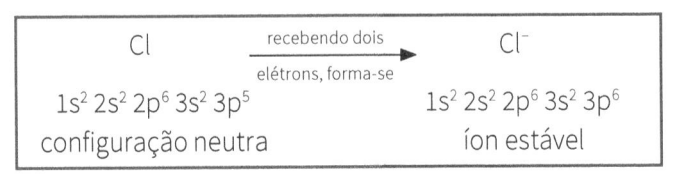

$$Cl \xrightarrow{\text{recebendo dois elétrons, forma-se}} Cl^-$$

$$1s^2\ 2s^2\ 2p^6\ 3s^2\ 3p^5 \quad\quad\quad 1s^2\ 2s^2\ 2p^6\ 3s^2\ 3p^6$$

configuração neutra — íon estável

Com a formação de íons – o cátion ($Mg^{2+}$) e o ânion ($Cl^-$) – existirá uma força de atração, chamada de *força eletrostática*, que os une para formar o composto iônico cloreto de magnésio ($MgCl_2$), que pode ser representado conforme indica a figura a seguir.

Figura 3.6 – Esquema que representa a montagem do composto iônico $MgCl_2$

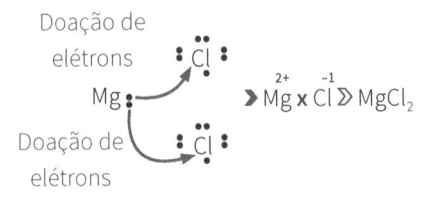

**Fonte:** Mota, 2019.

## 3.2.4 Raio iônico

Com a tendência de o átomo perder ou receber elétrons, surge uma nova relação que podemos fazer para compreender algumas substituições que ocorrem em nosso organismo as quais estão diretamente ligadas ao raio iônico e a sua carga estável.

Primeiramente, é necessário definir o raio dos íons, considerando-se a seguinte premissa:

Todo cátion é menor do que o respectivo átomo neutro.

Com a saída de um ou mais elétrons da camada de valência, haverá uma diminuição da repulsão entre os elétrons restantes e uma maior atração elétron-núcleo, o que provocará a contração de toda a eletrosfera.

Todo ânion é maior do que o respectivo átomo neutro.

Com a entrada de um ou mais elétrons, aumentará a repulsão entre os demais elétrons e ocorrerá uma diminuição da atração elétron-núcleo, causando uma expansão da eletrosfera.

A Figura 3.7, a seguir, destaca o valor dos raios dos átomos neutros, bem como dos respectivos íons estáveis.

Figura 3.7 – Comparação entre os raios atômico e iônico

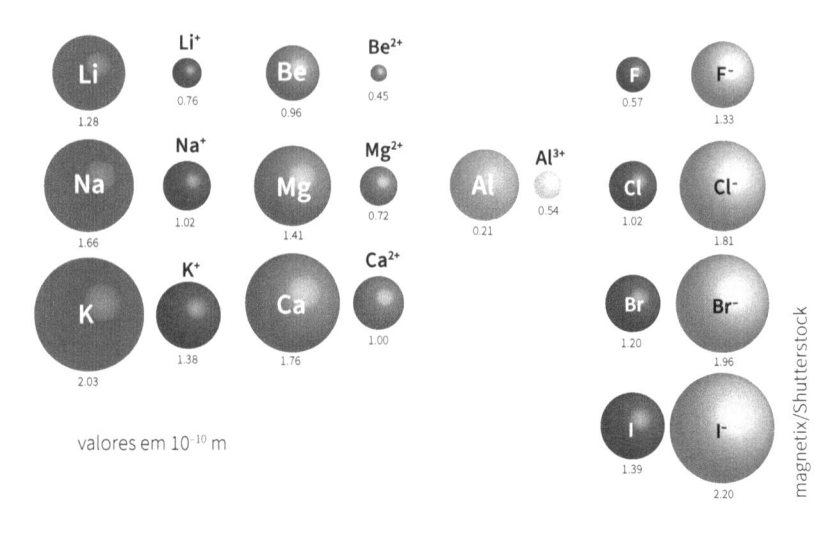

| | Li⁺ | | Be²⁺ | | | | |
|---|---|---|---|---|---|---|---|
| Li 1.28 | 0.76 | Be 0.96 | 0.45 | | | F 0.57 | F⁻ 1.33 |

Valores em $10^{-10}$ m:
- Li: 1.28; Li⁺: 0.76
- Be: 0.96; Be²⁺: 0.45
- F: 0.57; F⁻: 1.33
- Na: 1.66; Na⁺: 1.02
- Mg: 1.41; Mg²⁺: 0.72
- Al: 1.21; Al³⁺: 0.54
- Cl: 1.02; Cl⁻: 1.81
- K: 2.03; K⁺: 1.38
- Ca: 1.76; Ca²⁺: 1.00
- Br: 1.20; Br⁻: 1.96
- I: 1.39; I⁻: 2.20

magnetix/Shutterstock

Entre íons isoeletrônicos e monoatômicos, quanto maior for o número atômico, maior será a atração elétron-núcleo e menor será o raio iônico.

Lembramos que íons isoeletrônicos são os que apresentam o mesmo número de elétrons. Em espécies isoeletrônicas, à medida que aumentar o número atômico, será ampliada a força de atração elétron-núcleo e, portanto, diminuirá o raio da espécie.

Com uma estimativa do raio, podemos fazer mais um apontamento, referente à substituição dessas espécies por outras essenciais em nosso organismo. Por exemplo, o cádmio (Cd), presente em baterias, quando descartado de maneira irregular, pode chegar ao solo na forma de $Cd^{2+}$ e entrar por diferentes maneiras em nosso organismo e substituir os íons $Ca^{2+}$, ocasionando uma doença degenerativa dos ossos (osteoporose), tornando-os muito porosos e causando dores intensas nas articulações. O íon cádmio pode ainda substituir os íons zinco ($Zn^{2+}$), inibindo enzimas que são extremamente importantes para o funcionamento dos rins.

Na Figura 3.8, podemos evidenciar essas substituições, pois tanto o raio iônico quanto a carga as influenciam diretamente.

Figura 3.8 – Raios atômicos de alguns elementos da tabela periódica

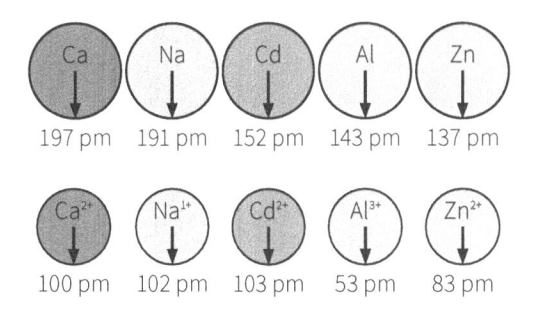

| Ca | Na | Cd | Al | Zn |
|---|---|---|---|---|
| 197 pm | 191 pm | 152 pm | 143 pm | 137 pm |
| $Ca^{2+}$ | $Na^{1+}$ | $Cd^{2+}$ | $Al^{3+}$ | $Zn^{2+}$ |
| 100 pm | 102 pm | 103 pm | 53 pm | 83 pm |

**Fonte:** Atkins; Jones, 2001, citados por Brasil, 2010, p. 24.

Como podemos observar na figura anterior, o raio do $Ca^{2+}$ é 100 picômetros (pm), valor próximo ao do raio do $Cd^{2+}$, que é de 103 pm, e as cargas são iguais; portanto, a toxicidade do íon cádmio é consequência de ele apresentar raio e carga relativamente próximos aos de íons metálicos que atuam em processos biológicos.

Note que o íon sódio (Na⁺) apresenta um raio iônico próximo ao do cálcio, porém a carga do sódio é menor, o que resulta em uma mínima possibilidade de substituição.

## 3.2.5 Estruturas iônicas

Podemos prever a estrutura de muitos sólidos iônicos levando em conta o tamanho relativo dos íons positivos e negativos, bem como seus números relativos. Conhecendo os raios iônicos, por meio de cálculos geométricos simples, determinamos quantos íons de dado tamanho podem se arranjar em torno de um íon menor.

Sabendo a relação entre eles (raio do cátion/raio do ânion), podemos prever o número de coordenação (número de íons que circundam determinado íon) e a estrutura, como indica a Tabela 3.3.

Tabela 3.3 – Relação entre o raio do cátion/raio do ânion e a forma espacial

| Relação de raios limitantes $r^+/r^-$ | Número de coordenação | Forma |
|---|---|---|
| < 0,155 | 2 | Linear |
| 0,155 → 0,225 | 3 | Trigonal plana |
| 0,225 → 0,414 | 4 | Trigonal plana |
| 0,414 → 0,732 | 4 | Quadrada plana |
| 0,414 → 0,732 | 6 | Octaédrica |
| 0,732 → 0,999 | 8 | Cúbica de corpo centrado |

**Fonte:** Gonçalves et al., 2013.

## 3.2.6 Propriedades gerais das ligações iônicas

A ligação iônica é caracterizada por meio de forças interatômicas eletrostáticas de cargas que atuam em todas as direções, ou seja, ela não é direcional ou localizada. O resultado dessa interação envolve alta energia de ligação, de cerca de +200 kcal/mol (quilocaloria por mol). As forças de interação entre as cargas são denominadas *forças eletrostáticas de Coulomb*, que são de alta intensidade, dando origem a sólidos cristalinos com dureza relativamente alta e com pontos de fusão e de ebulição elevados.

Os pontos de fusão de alguns compostos iônicos podem ser observados no Quadro 3.1.

Quadro 3.1 – Pontos de fusão dos compostos iônicos

| | |
|---|---|
| KF | 857 °C |
| KCl | 772 °C |
| KBr | 735 °C |
| KI | 685 °C |
| NaF | 988 °C |
| $MgF_2$ | 1266 °C |
| $AlF_3$ | 1291 °C (sublimação) |

**Fonte:** Aoki, 2020, p. 35, tradução nossa.

Nesse quadro, podemos observar:

- Nos quatro primeiros compostos, o cátion é o mesmo, porém o ânion é diferente. Como o flúor (F) é mais eletronegativo do que o iodo (I), haverá uma maior força de atração, necessitando-se de uma maior energia para separar os íons constituintes dessa ligação.

☐ Nos três últimos compostos, o ânion é o mesmo, porém o cátion é diferente. Nesse caso, a carga do cátion é que vai interferir nos pontos de fusão e de ebulição, pois o alumínio (Al) apresenta uma maior carga do que o potássio (K).

Para a dureza, devemos levar em consideração a carga iônica e a distância interatômica, que pode ser verificada das maneiras descritas a seguir.

a. Para cristais com estruturas semelhantes e com a mesma carga iônica, quanto menor for a distância interatômica, maior será a dureza do cristal (Tabela 3.4).

Tabela 3.4 – Relação da distância entre o cátion e o ânion com a dureza do material

| Ânion | Metal | Mg | Ca | Sr | Ba |
|---|---|---|---|---|---|
| $O^{-2}$ | Distância M-X (Å) | 2,10 | 2,40 | 2,57 | 2,77 |
|  | Dureza | 6,5 | 4,5 | 3,5 | 3,3 |
| $S^{-2}$ | Distância M-X (Å) | 2,59 | 2,84 | 3,00 | 3,18 |
|  | Dureza | 4,5 | 4,0 | 3,3 | 3,0 |
| $Se^{-2}$ | Distância M-X (Å) | 2,74 | 2,96 | 3,12 | 3,31 |
|  | Dureza | 3,5 | 3,2 | 2,9 | 2,7 |

**Fonte:** Aoki, 2020, p. 33.

b. Em cristais que tenham estruturas semelhantes e mesma distância interatômica, quanto maior for a carga iônica, maior será a dureza do cristal (Tabela 3.5).

Tabela 3.5 – Dureza do material comparada à carga do cátion

|  | LiF | MgO | NaF | CaO | LiCl | SrO |
|---|---|---|---|---|---|---|
| Distância M-X (A) | 2,02 | 2,10 | 2,31 | 2,40 | 2,57 | 2,57 |
| Dureza | 3,3 | 6,5 | 3,2 | 4,5 | 3 | 3,5 |
|  | LiCl | MgS | NaCl | CaS | LiBr | MgSe |
| Distância M-X (A) | 2,57 | 2,59 | 2,81 | 2,84 | 2,75 | 2,73 |
| Dureza | 3,0 | 4,5-5 | 2,5 | 4,0 | 2,5 | 3,5 |
|  | CuBr* | ZnSe* | GaAs** | GeGe* |  |  |
| Distância M-X (A) | 2,46 | 2,45 | 2,44 | 2,43 |  |  |
| Dureza | 2,4 | 3,4 | 4,2 | 6 |  |  |

Fonte: Aoki, 2020, p. 34.
Nota: *Compostos com estrutura de blenda de zinco.

c. Em cristais que apresentam o cátion estável, ou seja, com configuração tipo gás nobre, a dureza é maior do que para aqueles que contêm cátions com outras configurações eletrônicas estáveis, sem apresentar oito elétrons na camada de valência (Tabela 3.6). Outros fatores, como distância interatômica, carga e estrutura cristalina, devem ser semelhantes, para comparação.

Tabela 3.6 – Dureza do material relacionada com a carga estável do cátion

|  | CaSe | PbSe | CaTe | PbTe |
|---|---|---|---|---|
| Distância M-X (A) | 2,96 | 2,97 | 3,17 | 3,22 |
| Dureza | 3,2 | 2,8 | 2,9 | 2,3 |
|  | $CaF_2$ | $CdF_2$ | $SrF_2$ | $PbF_2$ |
| Distância M-X (A) | 2,36 | 2,34 | 2,50 | 2,57 |
| Dureza | 6 | 4 | 3,5 | 3,2 |
|  | AlP | GaP | AlAs | GaAs |
| Distância M-X (A) | 2,36 | 2,35 | 2,44 | 2,44 |
| Dureza | 5,5 | 5 | 5 | 4,2 |

Fonte: Aoki, 2020, p. 34.

d. Compostos iônicos conduzem corrente quando a substância se encontra fundida ou dissolvida. No estado sólido, esses compostos conduzem somente quando apresentam defeitos.

As moléculas de água interagem com o cloreto de sódio, formando uma solução iônica – as moléculas de água envolvem os íons $Na^+$ e $Cl^-$, como ilustra a Figura 3.9.

Figura 3.9 – Dissolução do cloreto de sódio (NaCl) com a liberação de íons

**Como o cloreto de sódio (NaCl) se dissolve na água?**

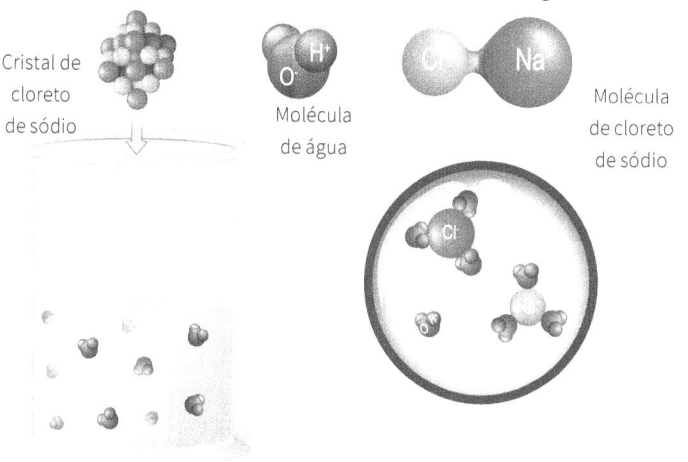

Cristal de cloreto de sódio

Molécula de água

Molécula de cloreto de sódio

Os íons Na⁺ são atraídos pelo oxigênio negativo da molécula de água.
Os íons Cl⁻ são atraídos pelos átomos de hidrogênio positivos da molécula de água.

e. As reações de compostos iônicos são geralmente rápidas, pois basta a colisão entre as espécies.
f. Por fim, os compostos iônicos são solúveis e dissolvidos, preferencialmente, em solventes polares com água ou ácidos minerais.

## 3.3 Ligação metálica

A ligação metálica é um tipo de ligação em que os átomos perdem um ou mais elétrons. Se pudéssemos enxergar intimamente um parafuso de ferro, iríamos observar um retículo cristalino no qual estariam os íons de ferro mergulhados em um "mar de elétrons".

Figura 3.10 – Representação da ligação metálica

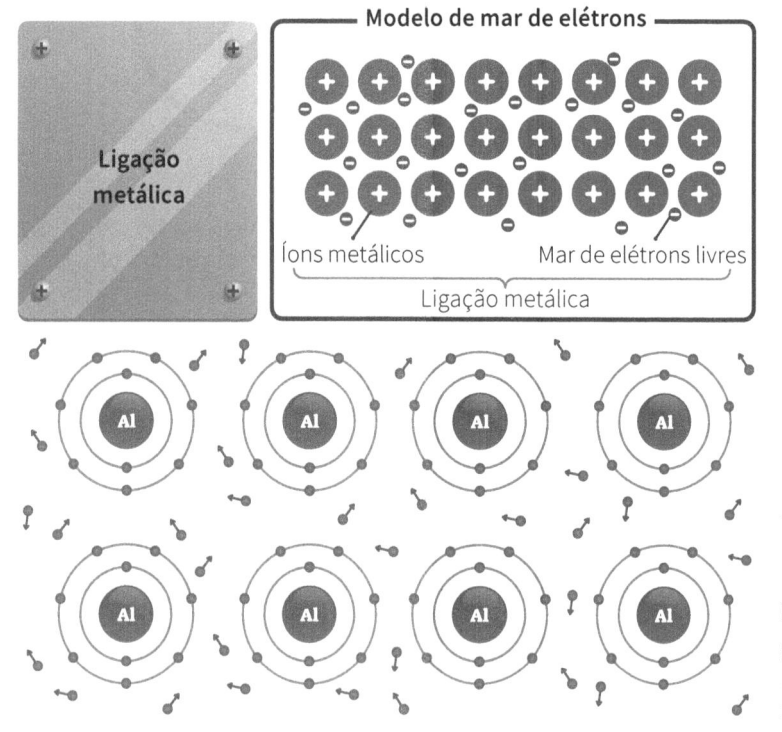

Dessa forma, a ligação metálica é caracterizada como uma força de atração dos elétrons livres com os íons (cátions). Esse conjunto dá origem às principais propriedades dos metais: maleabilidade, ductibilidade, brilho característico e condutividade térmica e elétrica.

O principal motivo para a perda de elétrons pelos metais é que estes têm baixa energia de ionização e, como vimos, são os elementos localizados mais à esquerda na tabela periódica.

## 3.3.1 Propriedades gerais dos metais

Para a utilização de um metal em nosso cotidiano, devemos estudar sua estrutura e analisar suas propriedades. Sabemos que os sólidos metálicos apresentam uma alta densidade, pois há um empacotamento de seu retículo cristalino.

### Massa específica

A massa específica (ρ) de um sólido cristalino metálico pode ser determinada desde que se conheçam o número de átomos por célula unitária (n) e o volume (V), que é calculado com os parâmetros de rede. Dessa forma, para uma dada massa atômica A, medida em gramas por mol ($g \cdot mol^{-1}$), e sendo $N_A$ o número de Avogadro, temos:

$$\rho = \frac{n \cdot A}{v \cdot N_A} = g \cdot cm^{-3}$$

A nuvem eletrônica, ou seja, os elétrons livres, são os responsáveis pelas propriedades elétricas, térmicas e mecânicas dos metais.

Como há uma grande interação entre os íons e a nuvem ou mar de elétrons do metal, o resultado dessa interação são os altos pontos de fusão e ebulição.

## Curiosidade

O **número de Avogadro** corresponde ao número de entidades elementares contidas em 1 mol, cujo valor é $6,02 \cdot 10^{23}$ $mol^{-1}$. O valor de 1 mol coincide com o número de Avogadro. Assim, ficou definido que 1 mol de átomos é igual a $6,02 \cdot 10^{23}$ e 1 mol contém 12 gramas (equivalente ao $^{12}C$).

## Propriedades físicas dos materiais

Os metais apresentam propriedades físicas características, descritas na sequência.

- **Condutibilidade elétrica** – Os metais são bons condutores de eletricidade porque, ao se aplicar sobre eles uma diferença de potencial, os elétrons livres fluem no sólido, em um único sentido.

Figura 3.11 – Fluxo da corrente elétrica no metal

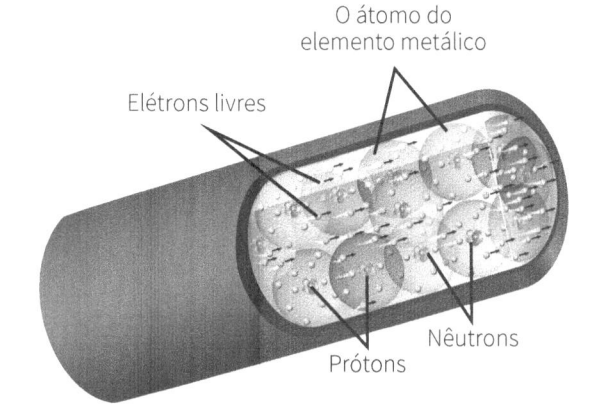

- **Condutibilidade térmica** – A condução térmica dos metais ocorre porque os elétrons livres, ao passarem pelo ponto no qual o calor está sendo aplicado, recebem calor e, ao se deslocarem pelo sólido, transmitem-no a outros pontos.

Figura 3.12 – Fluxo do calor no metal

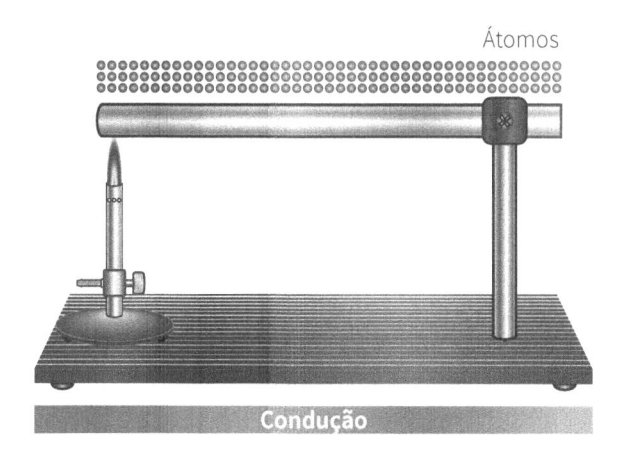

- **Brilho** – Os metais são lustrosos, apresentam brilho característico, bem como altos índices de reflexão.
- **Maleabilidade e ductibilidade** – Os metais são maleáveis, isto é, apresentam mudança de forma sob pressão, e são dúcteis, ou seja, têm a capacidade de se transformar em fios.

Figura 3.13 – Produção de chapas e fios

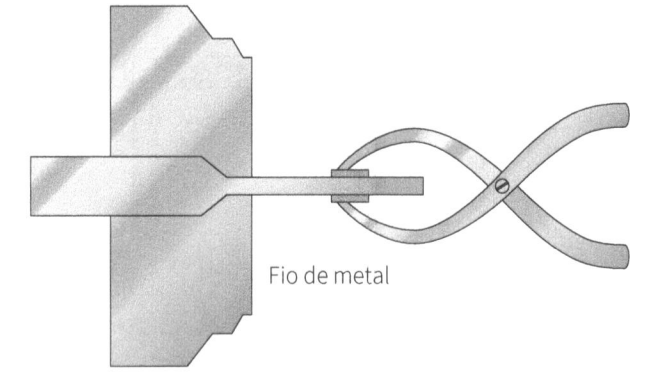

Fio de metal

- **Estrutura cristalina** – Os metais apresentam estruturas cristalinas cúbicas de empacotamento compacto, hexagonal compacto ou cúbico de corpo centrado.

Figura 3.14 – Estruturas cristalinas

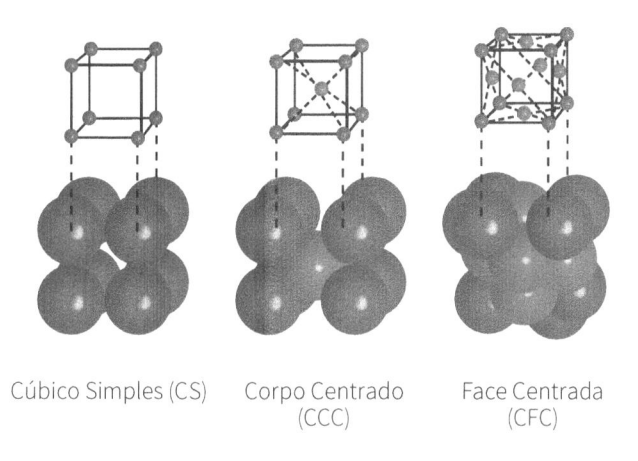

Cúbico Simples (CS)    Corpo Centrado (CCC)    Face Centrada (CFC)

**Fonte:** Silva, 2021, p. 2.

- **Formam ligas com facilidade** – Como o aço (Figura 3.15), que é constituído por ferro (Fe) e carbono (C).

Figura 3.15 – Ferro usado nas construções

tawanroong/Shutterstock

O aço inoxidável (Figura 3.16) é constituído por ferro (Fe), carbono (C), cromo (Cr) e níquel (Ni).

Figura 3.16 – Peças de aço inoxidável usados em hidráulica

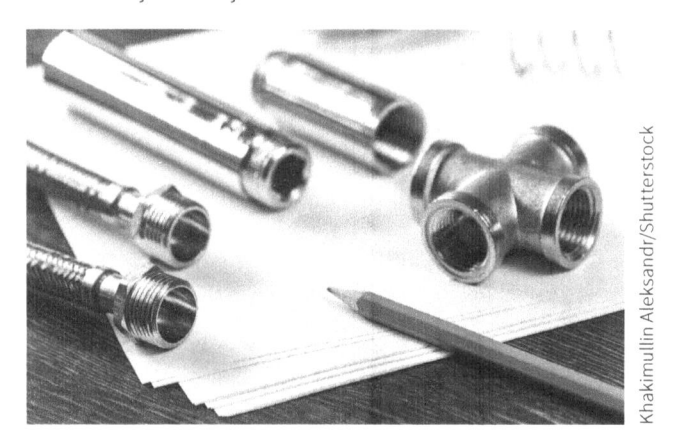

Khakimullin Aleksandr/Shutterstock

O ouro 18 quilates (k) usado em joias é constituído de ouro (Au) 75 %, prata (Ag) e/ou cobre (Cu) 25 %; já o ouro 24 k tem 99% de ouro.

Figura 3.17 – Objetos de ouro

lapas77/Shutterstock

Na Figura 3.18, aparece a amálgama dental (utilizada em obturação), constituída por mercúrio (Hg), prata (Ag) e estanho (Sn).

Figura 3.18 – Restauração dentária com o uso de amálgama

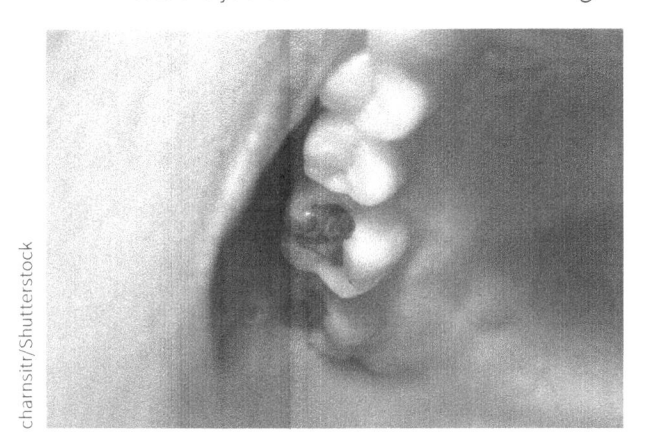

O bronze, por sua vez, é constituído de cobre (Cu) e estanho (Sn), e o latão, utilizado em armas e torneiras, compõe-se de cobre (Cu) e zinco (Zn).

Figura 3.19 – Espada medieval com cabo de bronze

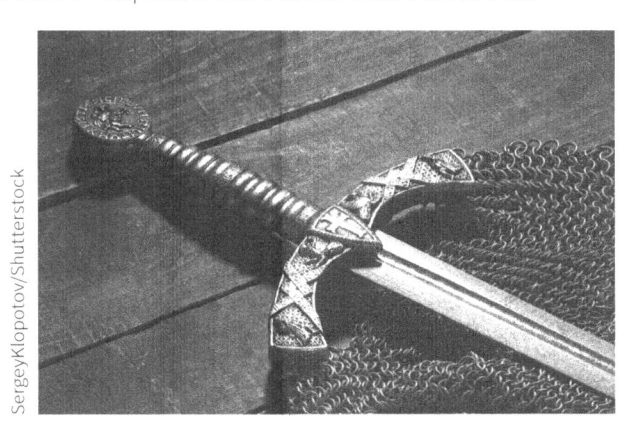

Figura 3.20 – Torneira rústica de latão

Fotos593/Shutterstock

Umas das características dos materiais é sua classificação quanto a serem condutores, isolantes ou semicondutores.

## Propriedades elétricas dos materiais

Os metais chamados de **condutores** são aqueles que apresentam baixa atração elétron-núcleo, ou seja, os elétrons das camadas mais externas não estão firmemente presos aos núcleos desses átomos, podendo movimentar-se livremente em toda a extensão do metal.

Já em materiais como a borracha e o vidro há uma maior atração elétron-núcleo e os elétrons não são livres para se movimentarem na extensão do material. Essa é uma das razões de serem materiais maus condutores de corrente elétrica, sendo chamados de **isolantes**.

À medida que átomos se agrupam na formação ordenada e cristalina de um sólido, seus elétrons sentem a ação dos elétrons e dos núcleos dos átomos adjacentes. Essa influência é tal que cada estado atômico distinto pode se dividir em uma série de subdivisões proximamente espaçadas, para formar o que é conhecido como *banda de energia eletrônica*.

A razão por que alguns materiais são condutores e outros são isolantes está na ocupação e na distribuição eletrônica (bandas eletrônicas). Se analisarmos o átomo de sódio (Na), por exemplo, em sua distribuição eletrônica, teremos: $1s^2\ 2s^2\ 2p^6\ 3s^1$.

Note que o orbital 3s pode conter dois elétrons, porém abriga apenas um. Assim, há orbitais disponíveis na distribuição eletrônica (camada de valência), por isso os elétrons podem aumentar sua energia ao serem acelerados. Também podemos perceber que na camada de valência há o orbital 3p completamente vazio, o que permite que os elétrons passem de um orbital para o outro por uma pequena quantidade de energia.

Já em materiais nos quais a banda de valência está completamente preenchida e a próxima banda que pode ser ocupada é separada por um alto valor energia, chamada de *banda proibida* ou *gap*, é muito difícil isso ser alcançado. Portanto, nos materiais **semicondutores**, a quantidade de energia (*gap*) já é um valor mais acessível entre a banda de valência e a banda de condução: uma simples radiação eletromagnética (luz) ou energia térmica já os torna semicondutores, como mostra a Figura 3.21.

Figura 3.21 – Representação da estrutura de bandas de energia para três tipos de materiais

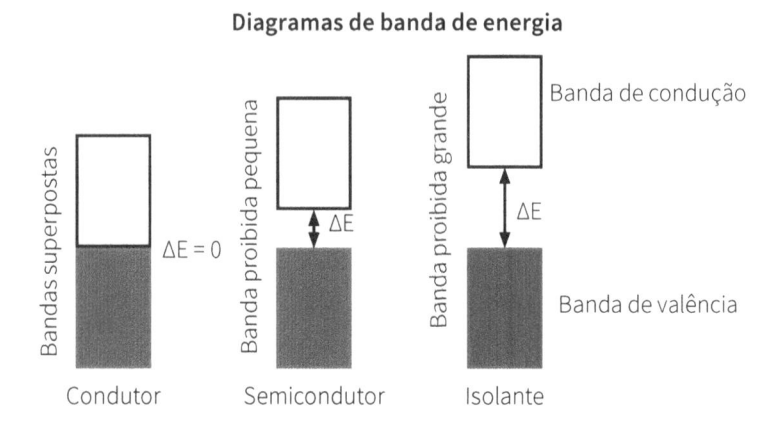

**Diagramas de banda de energia**

Banda de condução

ΔE

Banda de valência

Bandas superpostas — ΔE = 0 — Condutor

Banda proibida pequena — ΔE — Semicondutor

Banda proibida grande — ΔE — Isolante

Podemos aumentar mais ainda a condução por um método chamado *dopagem*, no qual há a inserção de impurezas nos níveis de energia da banda proibida. Isso facilita a promoção eletrônica à banda de condução, conforme ilustra a Figura 3.22.

Figura 3.22 – Esquema de dopagem de materiais

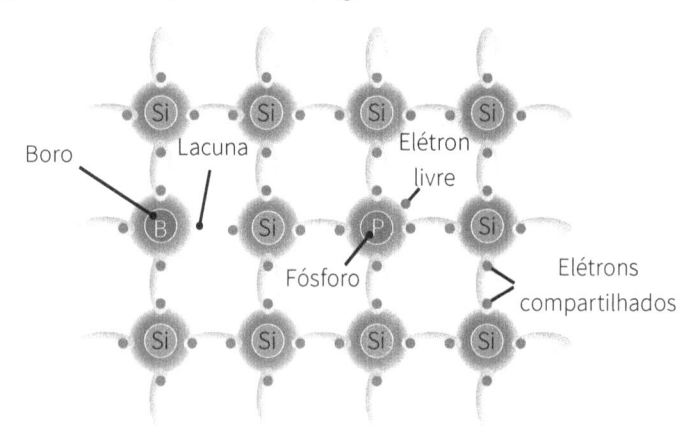

Boro — Lacuna — Elétron livre — Fósforo — Elétrons compartilhados

**Fonte:** Pereira, 2021.

Observe que o átomo de boro (B) tem um elétron a menos do que o átomo de silício (Si) e que o átomo de fósforo (P) tem um elétron a mais do que o átomo de silício. Esses tipos de dopagem podem ser classificados em P e N.

O semicondutor P é identificado quando há um déficit de elétrons, formando lacunas na estrutura cristalina em razão de o silício não conseguir fazer as quatro ligações necessárias. São chamados *P* pois contribuem para a carga positiva da rede. O que acontece nesse tipo de dopagem é que elétrons vão "pulando" de lacuna em lacuna, sendo considerados uma carga positiva em movimento.

O semicondutor N é identificado quando há a inserção de alguma impureza com elétrons em excesso. Como há muitos átomos, os elétrons livres passam a movimentar-se livremente pelo material, havendo assim uma melhor condução de corrente elétrica.

## Indicação cultural

MATERIAIS semicondutores. Disponível em: <http://adjutojunior.com.br/eletronica_basica/40_Materiais%20Semicondutores.pdf>. Acesso em: 15 mar. 2021.

A área da eletrônica se desenvolveu de forma espantosa nas últimas décadas. Todos os dias, novos componentes são colocados no mercado, simplificando o projeto e a construção de equipamentos cada vez mais sofisticados.

## 3.4 Estruturas cristalinas

Como vimos, os metais podem ser estudados como materiais cristalinos, nos quais os átomos estão dispostos em um arranjo que se repete, ou seja, é periódico ao longo de grandes distâncias atômicas, chamadas de *células unitárias*. A **célula unitária** é a estrutura básica de construção da estrutura cristalina do material, isto é, consiste no menor número de átomos que representam a simetria de uma estrutura cristalina do material.

Devemos verificar o nível de ocupação efetiva de uma célula unitária de átomos por meio do empacotamento atômico (FE), o qual é dado por:

$$FE = \frac{N \cdot V_A}{V_C}$$

Em que:

- $N$ = número de átomos que ocupam efetivamente a célula;
- $V_A$ = volume do átomo (esfera rígida de raio definido) = $\frac{4}{3} \cdot \pi \cdot r^3$, $r$ = raio do átomo;
- $V_C$ = volume da célula unitária.

### Sistema cúbico simples

A estrutura cúbica simples **(CS)** é a forma mais comum da organização estrutural dos átomos em um retículo cristalino. Podemos citar alguns metais comuns, como o óxido de magnésio (MgO), o cloreto de sódio (NaCl) e o cloreto de titânio IV ($TiCl_4$).

Na estrutura simples, cada átomo apresenta 6 vizinhos mais próximos. Nesse caso, o número de coordenação (NC) é igual a 6.

Figura 3.23 – Representação esquemática de uma célula unitária CS

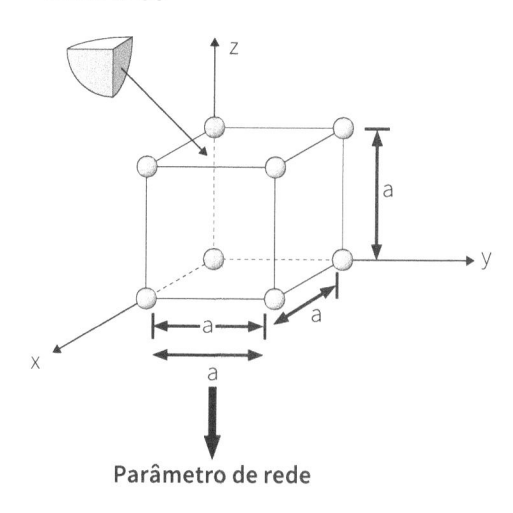

**Parâmetro de rede**

**Fonte:** Arantes, 2021, p. 11.

Calculamos o parâmetro da rede (a) pelo tamanho da aresta do cubo; nesse caso, a = 2r. Dessa forma, podemos calcular o fator de empacotamento para a célula CS.

Apenas um oitavo de cada átomo cai dentro da célula unitária, ou seja, a célula unitária contém apenas 1 átomo, como mostra a Figura 3.24, a seguir. Esta é a razão por que os metais não cristalizam na estrutura CS: o baixo empacotamento atômico.

Figura 3.24 – Representação de uma célula unitária CS:
(a) posições dos átomos; (b) arranjo atômico;
(c) átomos no interior da célula unitária

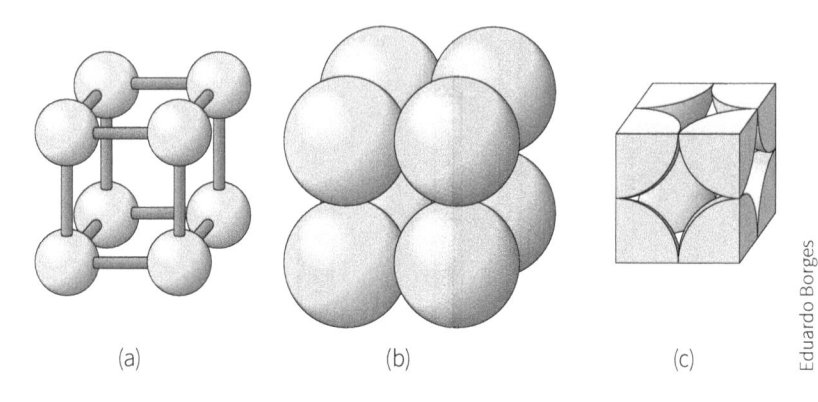

Fonte: Caram, 2021, p. 13.

O fator de empacotamento atômico para o sistema CS é a relação entre o volume dos átomos no interior da célula unitária e o volume da célula.

Número de vértices = 8

Número de átomos por vértice = $\frac{1}{8}$

Volume ocupado por átomos ($V_A$) = 1

Volume de 1 átomo = $\frac{4}{3} \cdot \pi \cdot r^3$

Volume da célula unitária: $V_C = a^3 = (2r)^3 = 8r^3$

Para a célula cúbica simples, o fator de empacotamento é:

$$FE = \frac{1 \cdot \frac{4}{3} \cdot \pi \cdot r^3}{8r^3} = 0,52$$

O valor resultante do fator de empacotamento indica que apenas 52% da célula CS são efetivamente preenchidos por átomos. É um índice baixo de ocupação e isso interfere na instabilidade do retículo cristalino; por isso essa estrutura não é dos metais puros, mas dos compostos, em virtude da diferença entre os raios dos elementos que os formam.

## Estrutura cúbica de corpo centrado

Como o próprio nome sugere, na estrutura **cúbica de corpo centrado** (**CCC**), a célula unitária para essa rede cristalina é formada por um arranjo estrutural que apresenta um átomo posicionado em cada vértice de um cubo e um átomo em seu centro.

Figura 3.25 – Representação esquemática de uma célula unitária CCC

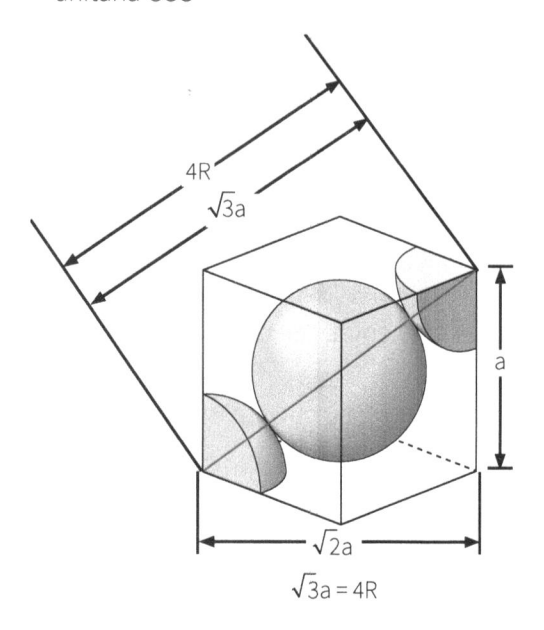

**Fonte:** Sodero, 2021, p. 18.

Como vemos na estrutura mostrada na Figura 3.26, a seguir, cada átomo tem 8 vizinhos mais próximos e, dessa forma, seu NC é igual a 8.

Figura 3.26 – Representação de uma célula unitária CCC:
(a) posições dos átomos; (b) arranjo atômico;
(c) átomos no interior da célula unitária

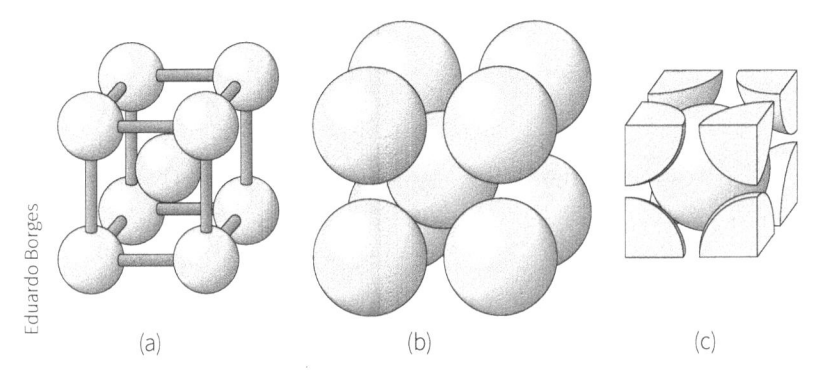

(a)   (b)   (c)

**Fonte:** Ciência dos materiais…, 2021, p. 27.

O parâmetro da rede (a), nesse caso, é calculado com base no valor da diagonal principal do cubo (valor conhecido) e da diagonal de uma de suas faces. Assim, temos:

$$a^2 + (a\sqrt{2})^2 = (4r)^2 \therefore a = \frac{4r}{\sqrt{3}}$$

O FE dessa célula é dado por:

$$N = (\frac{1}{8} \text{ átomo/vértice} \cdot 8 \text{ vértices}) + 1 \text{ átomo} = 2$$

Assim:

$$V_A = \frac{4}{3}\pi r^3$$

$$V_c = a^3 = \left(\frac{4r}{\sqrt{3}}\right)^3 = \frac{64 \cdot r^3}{3\sqrt{3}}$$

$$FE = \frac{2 \cdot \frac{4}{3} r^3}{\frac{64 \cdot r^3}{3\sqrt{3}}} = 0,68$$

Agora, com um fator de empacotamento mais elevado, 68% dessa célula unitária são efetivamente preenchidos por átomos. Nesse caso, já podemos citar a presença dessa estrutura cristalina em vários metais, como o lítio (Li), o vanádio (V), o cromo (Cr), o molibdênio (Mo) e o tungstênio (W).

Uma aplicabilidade da estrutura CCC está nas ligas de titânio (Ti-6Al-4V), que apresentam boa conformabilidade mecânica, elevada resistência à fadiga e excelente resistência à corrosão, graças ao retículo cristalino CCC. Com essa estabilidade da estrutura, as ligas de titânio são muito usadas na aplicação de próteses, principalmente de quadris.

## Estrutura cúbica de face centrada

Na estrutura **cúbica de face centrada** (**CFC**), cada célula unitária apresenta um átomo posicionado em cada vértice do cubo e um no centro de cada face, como mostra a Figura 3.27, a seguir.

Figura 3.27 – Representação esquemática de uma célula unitária CFC com as distâncias interatômicas

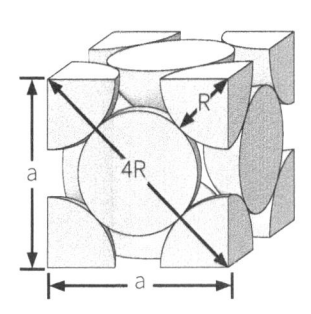

Fonte: Estruturas..., 2021, p. 17.

Cada átomo apresenta 12 vizinhos mais próximos; portanto, o NC dessa estrutura é igual a 12.

Figura 3.28 – Estrutura CFC com as posições atômicas e com os átomos dentro da célula unitária

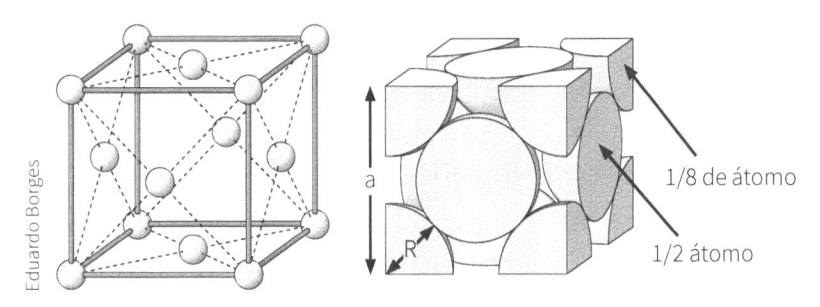

Fonte: Cuzzuol, 2014, p. 19.

O parâmetro da rede (a), nesse caso, é calculado pelo valor da diagonal de uma de suas faces, que é o valor conhecido:

$$a^2 + a^2 = (4r)^2 \therefore a = \frac{4r}{\sqrt{2}}$$

O fator de empacotamento atômico será:

$$N = (\frac{1}{8} \text{ átomo/vértice}) \cdot 8 \text{ vértices} + (\frac{1}{2} \text{ átomo/face}) \cdot 6 = 4$$

$$V_A = \frac{4}{3} \pi r^3$$

$$V_C = a^3 = \left(\frac{4r}{\sqrt{2}}\right)^3 = \frac{32 \cdot r^3}{\sqrt{2}}$$

$$FE = \frac{4 \cdot \frac{4}{3}\pi r^3}{\frac{32 \cdot r^3}{\sqrt{2}}} = 0,74$$

Note que, nesse exemplo, o fator de empacotamento é maior ainda, sendo o mais eficiente, ou seja, 74% dessa célula unitária são efetivamente preenchidos por átomos, e corresponde ao máximo do índice de ocupação quando consideramos esse modelo de empacotamento em que conceituamos o átomo como uma esfera rígida de raio definido. Podemos citar o níquel (Ni), o cobre (Cu), o alumínio (Al), o ouro (Au), a prata (Ag), a platina (Pt) e o chumbo (Pb) como exemplos de metais que apresentam a estrutura CFC.

A Tabela 3.7, a seguir, mostra um pequeno resumo do fator de empacotamento para cada estrutura cristalina possível.

Tabela 3.7 – Tipos de empacotamento das estruturas cristalinas

|  | Átomos por célula | Número de coordenação | Parâmetro de rede | Fator de empacotamento |
|---|---|---|---|---|
| CS | 1 | 6 | 2r | 0,52 |
| CCC | 2 | 8 | $4r/\sqrt{3}$ | 0,68 |
| CFC | 4 | 12 | $4r/\sqrt{2}$ | 0,74 |

## Estrutura hexagonal simples

Os átomos se distribuem na estrutura **hexagonal simples** (**HS**) do seguinte modo: a célula unitária desse arranjo estrutural é formada por dois hexágonos sobrepostos, os quais apresentam um átomo em cada vértice e um átomo em seus centros, como mostra a Figura 3.29.

Figura 3.29 – Representação esquemática de uma célula unitária HS: (a) posições atômicas; (b) arranjo atômico; (c) átomos dentro da célula unitária

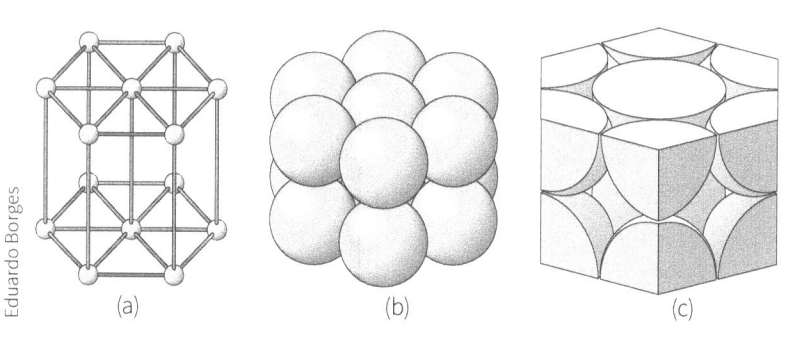

(a) (b) (c)

Eduardo Borges

**Fonte:** Caram, 2021, p. 16.

Na estrutura HS, cada átomo apresenta 8 vizinhos mais próximos; portanto, seu NC é igual a 8.

Para o cálculo do fator de empacotamento, os parâmetros da rede (a, c) são dados por:

$a = c = 2r$

O fator de empacotamento atômico será:

$N = (\frac{1}{6}$ átomo/vértice$) \cdot 12$ vértices $+ (\frac{1}{2}$ átomo/face$) \cdot 2 = 3$

$V_A = \frac{4}{3} \pi r^3$

$V_C = 3 \cdot a^2 \cdot c \cdot \cos 30° = 3(2r)^2 (2r) \frac{\sqrt{3}}{2} = 12r^3 \cdot \sqrt{3}$

$FE = \dfrac{3 \cdot \frac{4}{3} \pi r^3}{12r^3 \cdot \sqrt{3}} = 0{,}60$

Como vimos anteriormente, o valor de 60% do preenchimento dessa célula unitária é muito baixo, o que justifica o fato de os metais não cristalizarem na estrutura hexagonal simples.

## Estrutura hexagonal compacta

A célula unitária da estrutura **hexagonal compacta** (**HC**), ilustrada na Figura 3.30, a seguir, é formada por dois hexágonos sobrepostos que apresentam um átomo em cada vértice e um átomo em seus centros, assim como um plano intermediário de três átomos.

Figura 3.30 – Representação esquemática de uma célula unitária HC: (a) posições atômicas; (b) arranjo atômico; (c) átomos dentro da célula unitária

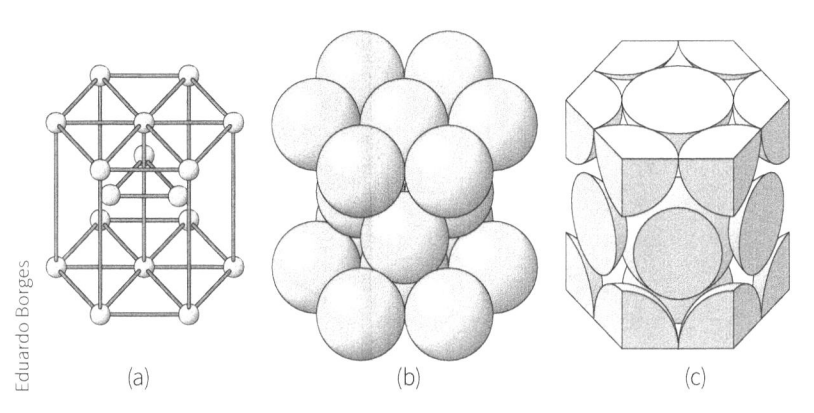

(a)    (b)    (c)

**Fonte:** Caram, 2021, p. 17.

Como podemos observar na figura, cada átomo apresenta 12 vizinhos mais próximos; logo, seu NC é igual a 12.

Para o cálculo do fator de empacotamento, é necessário realizar algumas operações matemáticas, para as quais devemos observar que a rede HC pode ser representada por um prisma com base hexagonal, com átomos na base e no topo e um plano de átomos no meio da altura, como mostra a Figura 3.31, a seguir.

Figura 3.31 – Relações entre $a$ e $c$ do hexagonal

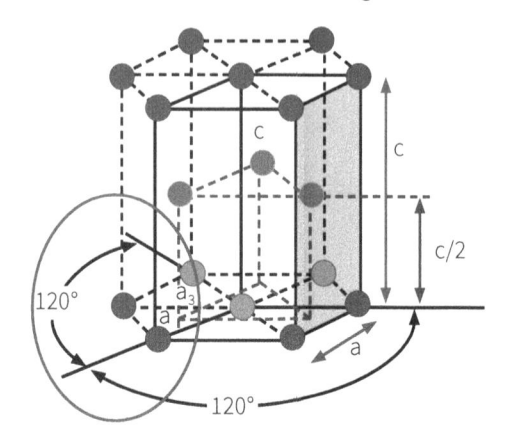

**Fonte:** Aragão, 2021, p. 32.

Tendo todas as variáveis, podemos determinar a razão c/a como indicado a seguir.

Figura 3.32 – Posicionamento de átomos na célula da estrutura HC

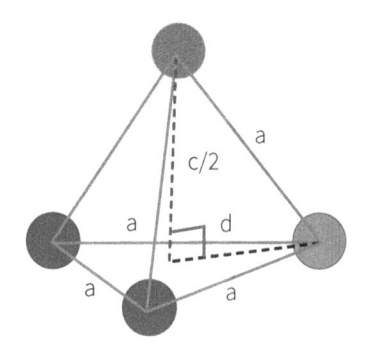

Para essa relação, temos:
$$a^2 = d^2 + \left(\frac{c}{2}\right)^2$$

Figura 3.33 – Posicionamento de átomos na célula da estrutura HC da Figura 3.32

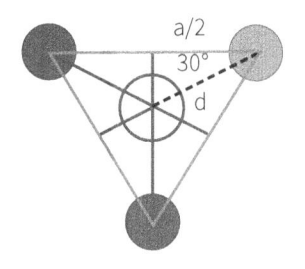

Sendo que:

$d \cos 30° = \dfrac{a}{2}$

$d \dfrac{\sqrt{3}}{2} = \dfrac{a}{2}$

$d = \dfrac{a}{\sqrt{3}}$

Substituindo os valores na equação $a^2 = d^2 + \left(\dfrac{c}{2}\right)^2$, temos:

$a^2 = \dfrac{a^2}{3} + \dfrac{c^2}{4} \to c^2 = \dfrac{8a^2}{3}$

Obtendo a razão $\dfrac{c}{a}$, temos:

$\dfrac{c}{a} = \dfrac{\sqrt{8}}{\sqrt{3}} = 1,633$

$c \approx 1,633a$

O fator de empacotamento atômico para a estrutura HC é dado por:

$N = (\frac{1}{6}$ átomo/vértice$) \cdot 12$ vértices $+ (\frac{1}{2}$ átomo/face$) \cdot 2 +$ 3 átomos $= 6$ $V_A = \frac{4}{3} \pi r^3$

$V_C = 3 \cdot a^2 \cdot c \cdot \cos 30° = 3(2r)^2 (1{,}633 \cdot 2r) \frac{\sqrt{3}}{2} = 19{,}596\, r^3 \cdot \sqrt{3}$

$FE = \dfrac{6 \cdot \dfrac{4}{3} \pi r^3}{19{,}596 r^3 \cdot \sqrt{3}} = 0{,}74$

O fator de empacotamento indica que 74% dessa célula unitária são efetivamente preenchidos por átomos. É uma estrutura cristalina compacta e estável, motivo pelo qual, vários metais se enquadram nela, como o magnésio (Mg), o zinco (Zn), o cádmio (Cd), o cobalto (Co), o titânio (Ti) e o berílio (Be).

## Exercícios resolvidos

1. As figuras a seguir representam células unitárias características de metais comuns.

Figura A – Células unitárias

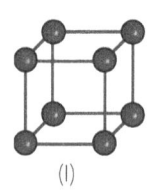

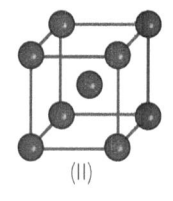

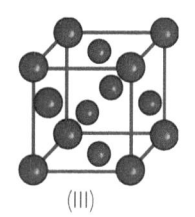

(I)    (II)    (III)

**Fonte:** Tesla Concursos Públicos para Engenharia, 2016, p. 13.

Como podemos descrever cada um desses tipos de células?

Resolução:

A estrutura (I) representa uma célula unitária simples (do tipo CS) com um átomo em cada vértice; a imagem (II) representa a estrutura CCC; a imagem (III) representa a estrutura CFC.

2. Um material qualquer apresenta uma estrutura cristalina do tipo CCC, um parâmetro de rede de $3 \cdot 10^{-8}$ m e uma massa atômica de 54 g/mol. Qual será a massa específica, em grama por centímetro cúbico (g $\cdot$ cm$^{-3}$), do material?

Resolução:

Utilizando o conceito de massa específica e sabendo que a estrutura CCC tem 2 átomos por célula unitária, temos:

$$\rho = \frac{n \cdot A}{V \cdot N_a} = \frac{2 \cdot 54}{(3 \cdot 10^{-8})^3 \cdot 6{,}02 \cdot 10^{23}} = 6{,}7 \text{ g} \cdot \text{cm}^{-3}$$

# Síntese

Neste capítulo, vimos que, nas análises das ligações químicas, muitas delas são realizadas com o conhecimento prévio do estudo das estruturas atômicas.

Em ligações iônicas, que ocorrem por transferência de elétrons, observamos as energias envolvidas na retirada do elétron (energia de ionização) e no recebimento do elétron (afinidade eletrônica), as quais, em seguida, foram estudadas em propriedades periódicas. Nesse sentido, sabendo da forte interação eletrostática, podemos prever certas propriedades dos compostos iônicos, como os pontos de fusão e ebulição, a dureza do cristal e sua solubilidade.

Vimos também que, com a análise das principais estruturas cristalinas, podemos entender como os metais se comportam conforme suas propriedades físicas. Os elementos metálicos apresentam grande importância na indústria, e o estudo mais íntimo de como os átomos se organizam é fundamental, pois, sabendo que na ligação metálica não há limitações, podemos organizar o material de acordo com a necessidade.

# Atividades de autoavaliação

1. (Unioeste – 2012) Um aluno de ensino médio precisa partir um fio de cobre em dois e para isto ele dobra o fio várias vezes no mesmo local até seu rompimento. Assinale a alternativa que explica de forma correta o fenômeno observado.
    a) O movimento executado pelo aluno provoca o deslocamento da nuvem eletrônica que envolve o núcleo, causando forte repulsão nuclear e rompimento da ligação covalente.
    b) O movimento executado pelo aluno provoca o deslocamento da nuvem eletrônica que envolve o núcleo, causando forte repulsão nuclear e rompimento da ligação metálica.
    c) O movimento executado pelo aluno gera uma corrente elétrica responsável pelo aquecimento do fio até sua fusão e rompimento.

d) O movimento executado pelo aluno causa corrente elétrica responsável pelo aquecimento do fio até sua vaporização e rompimento.
e) O movimento executado desloca os retículos cristalinos que geram alta repulsão iônica e fragmentação do fio.

2. (Enem – 2014) As propriedades físicas e químicas de uma certa substância estão relacionadas às interações entre as unidades que a constituem, isto é, as ligações químicas entre átomos ou íons e as forças intermoleculares que a compõem. No quadro, estão relacionadas algumas propriedades de cinco substâncias.

| Substâncias | Temperatura de fusão (°C) | Temperatura de ebulição (°C) | Solubilidade em água 25 °C | Condutividade elétrica | |
|---|---|---|---|---|---|
| | | | | em solução | no estado sólido |
| I | 3550 | 4287 | Insolúvel | – | Não conduz |
| II | 801 | 1413 | Solúvel | Conduz | Não conduz |
| III | 1808 | 3023 | Insolúvel | – | Conduz |
| IV | 2850 | 3700 | Insolúvel | – | Não conduz |
| V | –81 | 49 | Solúvel | Não conduz | Não conduz |

Qual substância apresenta propriedades que caracterizam o cloreto de sódio (NaCl)?

a) I
b) II
c) III

d) IV
e) V

3. (IME – 2019/2020) Considere a representação da Tabela Periódica a seguir:

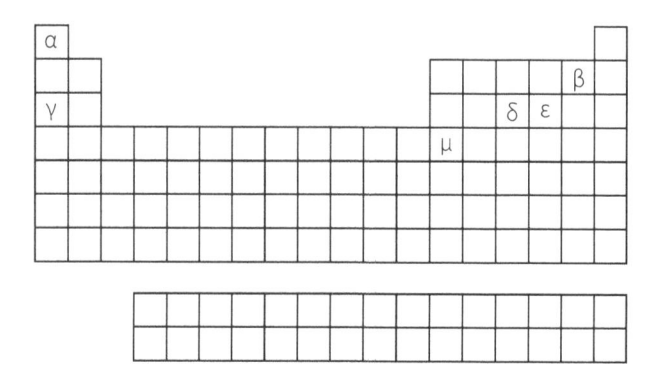

Com base nessa representação da tabela, avalie as asserções a seguir:

I. O composto de representação $\delta\alpha_3$ é iônico.
II. A distribuição eletrônica [Ar] $4s^2\ 3d^8$ pode representar o íon $\mu^{3+}$.
III. O isótopo mais estável do elemento γ tem 12 nêutrons.
IV. Os elementos que apresentam, em seu estado fundamental, a distribuição eletrônica [Ne] $3s^2\ 3p^y$, com $1 \leq y \leq 6$ são todos não metais.
V. O raio atômico de ε é menor que o raio atômico de δ.

Assinale a alternativa que contém somente asserções corretas.

a) I, II e III.
b) III, IV e V.
c) II, III e IV.

d) I, IV e V.
e) II, III e V.

4. (UPF – 2019/1) Sobre os átomos dos elementos químicos Ca (grupo 2) e F (grupo 17), são feitas as seguintes afirmações:
   I. São conhecidos como alcalinoterrosos e calcogênios, respectivamente.
   II. Formam uma substância química representada por $CaF_2$, chamada fluoreto de cálcio.
   III. A ligação química entre esses dois átomos é iônica.
   IV. Ca possui maior energia de ionização do que F.

   Dados: Ca (Z = 20); F(Z = 9)

   Está **correto** apenas o que se afirma em
   a) I, II e III.
   b) I, III e IV.
   c) II e III.
   d) II e IV.
   e) III.

5. (Albert Einstein – 2017) A temperatura de fusão de compostos iônicos está relacionada à energia reticular, ou seja, à intensidade da atração entre cátions e ânions na estrutura do retículo cristalino iônico.

   A força de atração entre cargas elétricas opostas depende do produto das cargas e da distância entre elas. De modo geral, quanto maior o produto entre os módulos das cargas elétricas dos íons e menores as distâncias entre os seus núcleos, maior a energia reticular.

Considere os seguintes pares de substâncias iônicas:

I. $MgF_2$ e $MgO$
II. $KF$ e $CaO$
III. $LiF$ e $KBr$

As substâncias que apresentam a maior temperatura de fusão nos grupos I, II e III são, respectivamente,

a) $MgO$, $CaO$ e $LiF$.
b) $MgF_2$, $KF$ e $KBr$.
c) $MgO$, $KF$ e $LiF$.
d) $MgF_2$, $CaO$ e $KBr$.

# Atividades de aprendizagem

## Questões para reflexão

1. Os elementos citados no quadro a seguir são constituintes dos fogos de artifício; portanto, produzem cores diferentes.

| Metal | Coloração obtida |
|---|---|
| Bário | Verde |
| Cálcio | Laranja |
| Cobre | Azul |
| Estrôncio ou lítio | Vermelha |
| Ferro | Dourada |
| Sódio | Amarela |
| Titânio, alumínio ou magnésio | Prateada |

Considerando as informações do quadro apresentado, identifique o metal alcalino terroso responsável pela cor prateada e apresente a fórmula mínima do cloreto formado por esse elemento. Em seguida, aponte a coloração obtida pelo metal que tem menor raio atômico e determine seu número de oxidação quando está na forma de cátion.

2. No fundo do oceano, o óxido de manganês é encontrado na forma de $MnO_2$. Com relação a esse composto, indique:
   a) A configuração eletrônica do $_{25}Mn$ no estado fundamental.
   b) A distribuição dos elétrons nos orbitais, usando a notação de orbitais em caixa, para o íon $Mn^{2+}$ do subnível mais energético.
   c) Quantos elétrons desemparelhados existem no íon $Mn^{2+}$.

3. Qual é o número de átomos (ou número de pontos de rede) das células unitárias do sistema cúbico para metais?

4. Analise os dois esquemas de estrutura indicados a seguir na Figura A.

Figura A – Estrutura de compostos

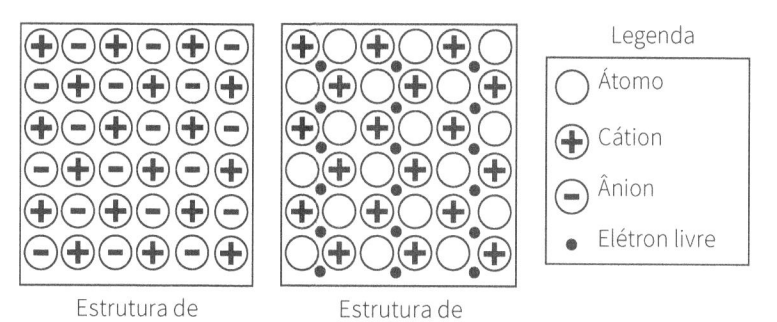

Estrutura de composto iônico

Estrutura de composto metálico

Legenda
○ Átomo
⊕ Cátion
⊖ Ânion
• Elétron livre

**Fonte:** UFG, 2011, p. 12.

Tendo em vista as estruturas apresentadas, faça o que se pede:

a) Explique a diferença de comportamento entre um composto iônico sólido e um metal sólido quando são submetidos a uma diferença de potencial.

b) Explique por que o comportamento de uma solução de substância iônica é semelhante ao de um metal sólido, quando ambos são submetidos a uma diferença de potencial.

5. O elemento rádio foi descoberto pela cientista Marie Curie, tendo sido obtido por meio da eletrólise ígnea com eletrodos inertes do cloreto de rádio. Nomeie o tipo de ligação interatômica presente no cloreto de rádio e determine se a energia de rede da ligação dessa substância é maior ou menor do que a do cloreto de potássio.

6. A alpaca é uma liga metálica constituída por cobre (61%), zinco (20%) e níquel (19%). Essa liga é conhecida como *metal branco* ou *liga branca*, razão pela qual muitas pessoas a confundem com a prata. A tabela a seguir fornece as densidades dos metais citados.

| Metal | Densidade (g/cm$^3$) |
|---|---|
| Ag | 10,5 |
| Cu | 8,9 |
| Ni | 8,9 |
| Zn | 7,1 |

Com base nos dados apresentados, responda:

a) A alpaca é uma mistura homogênea ou heterogênea? Que característica da estrutura metálica explica o fato de essa liga ser condutora de corrente elétrica?

b) A determinação da densidade pode ser utilizada para se saber se um anel é de prata ou de alpaca? Justifique sua resposta apenas por meio da comparação de valores, sem recorrer a cálculos.

7. Determinado metal de conformação cristalina em temperatura ambiente exibe a estrutura CFC. Quando há um aquecimento, essa estrutura se modifica para CCC. Determine a variação de volume que envolve essa transformação. Considere que o raio atômico permanece constante.

8. Na indústria elétrica, o paládio (Pd) é usado na fabricação de contatos em sistemas eletromecânicos, como relés. O Pd apresenta uma estrutura cristalina CFC cuja massa específica é de 12,0 g · cm$^{-3}$. Calcule o raio de um átomo de paládio que apresenta uma massa atômica de 106,4 g · mol$^{-1}$.

# Atividade aplicada: prática

1. Escolha um sólido cristalino e descreva-o sucintamente, contemplando suas características e suas propriedades (estrutura, composição, síntese e tipo de ligação), além do processo de fabricação. Justifique sua escolha, destacando o caráter ambiental do material.

Capítulo 4

# Ligações químicas II

Neste capítulo, continuaremos a tratar das características das ligações químicas. Abordaremos a estrutura de Lewis e veremos como descrever uma ligação química pela teoria do orbital molecular.

Também analisaremos o cálculo da ordem de ligação e a distinção dos materiais em isolantes, semicondutores e condutores.

## 4.1 Ligação covalente

Como vimos anteriormente, a ligação química iônica é considerada a interação eletrostática de dois íons, ou seja, um perde elétrons e outro recebe elétrons para adquirirem estabilidade. Nesse caso, há uma transferência total de elétrons.

Agora, no caso de moléculas do gás oxigênio ($O_2$), do gás hidrogênio ($H_2$), da água ($H_2O$) ou de outro tipo de moléculas que se comportem com a mesma característica, os átomos envolvidos competem igualmente pelos elétrons. Em uma análise mais detalhada, podemos perceber, com o auxílio da química quântica, uma igualdade na distribuição da função de onda desses elétrons, o que resulta em uma igual probabilidade de encontrá-los tanto em um átomo quanto no outro. Por isso, dizemos que em uma ligação covalente há um compartilhamento do par de elétrons.

O **compartilhamento do par de elétrons** é realizado utilizando-se os elétrons encontrados na camada de valência (CV), ou seja, os mais externos. Nessa ligação, também devemos dar importância à chamada *regra do octeto*, pois, quando o átomo doa, recebe ou compartilha elétrons de tal forma que passa a apresentar configuração eletrônica semelhante à dos gases nobres, ele se torna mais estável em relação à tendência dos elétrons de escaparem do sistema, isto é, o sistema como um todo passa a ficar mais estável.

A **ligação covalente** é caracterizada pela formação de pares de elétrons em um orbital de *spins* contrários entre os átomos ligantes.

Na Figura 4.1, a seguir, podemos observar que, quando há a aproximação de dois átomos, os quais podem ou não ser iguais, ocorre a sobreposição (interpenetração) de orbitais atômicos, promovendo o compartilhamento de elétrons e originando o orbital molecular (OM).

Figura 4.1 – Representação esquemática da ligação covalente

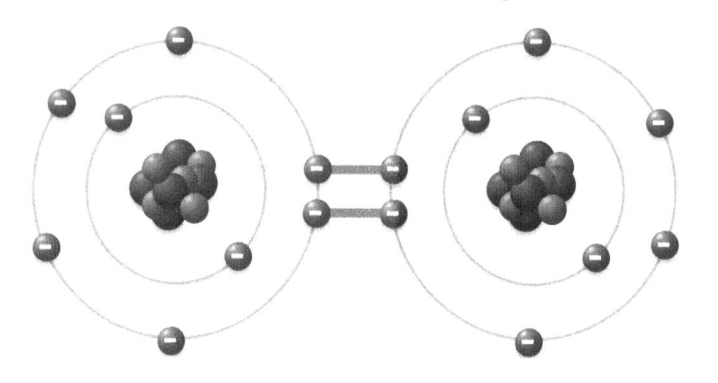

Loekiepix/Shutterstock

Para visualizarmos como as ligações químicas covalentes se comportam, precisamos compreender pelo menos dois métodos bem populares entre os químicos: (1) a **teoria de ligação de** valência (**TLV**) e (2) a **teoria dos orbitais moleculares** (**TOM**). As duas teorias são evocadas para racionalizar a estrutura, a reatividade e as propriedades de sistemas químicos em geral.

De acordo com a TLV, as ligações são formadas quando os orbitais dos átomos se superpõem; nessa superposição, os dois elétrons do orbital atômico deverão apresentar *spins* contrários. Como exemplo, podemos conferir essa situação na Figura 4.2.

Figura 4.2 – Interpenetração dos orbitais atômicos

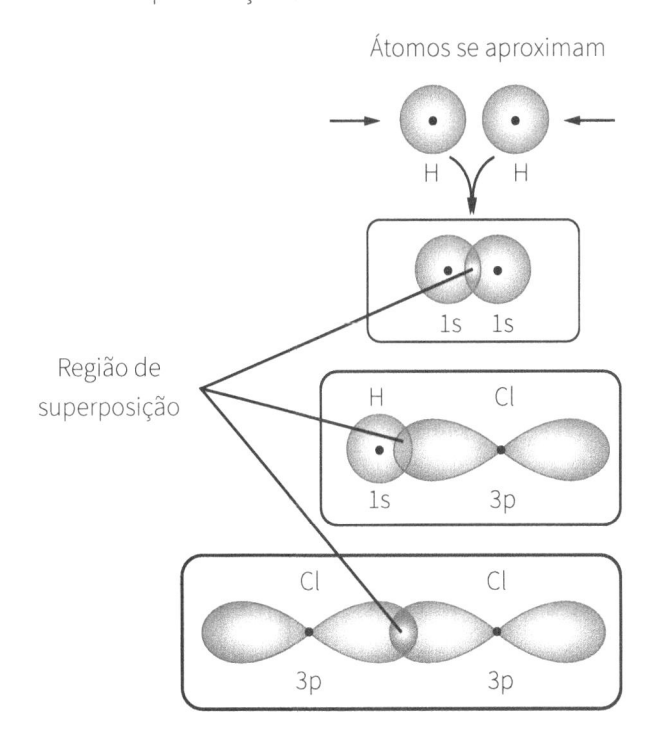

**Fonte:** Victor, 2014.

Podemos visualizar a aproximação dos orbitais na molécula de $H_2$ relacionando-a com a energia associada à interpenetração dos orbitais s.

Gráfico 4.1 – Variação na energia potencial durante a formação da molécula de $H_2$

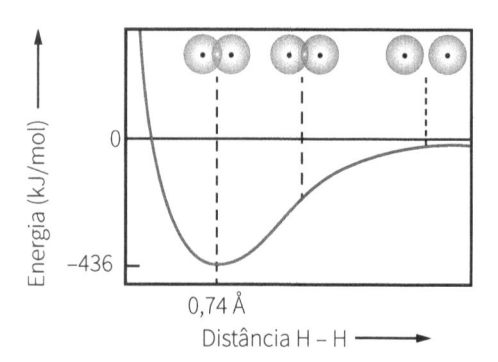

**Fonte:** Borba, 2021, p. 7.

No Gráfico 4.1, podemos entender que a distância 0,74 Å, ou 0,074 nanômetros (nm), corresponde ao denominado *comprimento de ligação*. Com o aumento da sobreposição, a energia de interação diminuirá e, em determinada distância, ela será mínima.

Com a grande aproximação dos átomos, haverá o aparecimento de forças repulsivas, geradas pelos núcleos dos átomos, que levam a um aumento de energia, mas as forças de atração entre os núcleos e os elétrons equilibrarão as forças repulsivas (núcleo-núcleo, elétron-elétron), conforme indica a Figura 4.3, a seguir.

Figura 4.3 – Atração e repulsão em uma ligação covalente

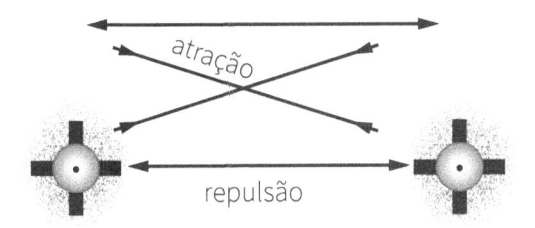

**Fonte:** Paiva, 2012.

Percebemos que, no caso dessa figura, os dois elétrons são igualmente influenciados pelos dois núcleos, ocupando a mesma região do espaço (OM).

Da sobreposição de orbitais atômicos, podemos ter a formação de dois tipos distintos de ligações, os quais veremos nas subseções a seguir.

## 4.1.1 Orbital molecular sigma (σ)

A formação do orbital molecular sigma ($OM_\sigma$) ocorre pela interpenetração de orbitais atômicos ao longo do mesmo eixo. A ligação sigma é forte e difícil de ser rompida e pode ser feita com qualquer tipo de orbital atômico.

Figura 4.4 – Representação das possíveis ligações sigma

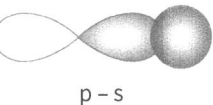

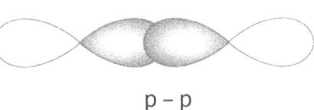

s – s     p – s     p – p

## 4.1.2 Orbital molecular pi (π)

A formação do OM pi (orbital molecular$_\pi$) acontece pela interpenetração lateral de orbitais atômicos p (puros) situados em eixos paralelos.

Para ocorrer a formação do OM$_\pi$, é necessário que entre os átomos já exista a ligação sigma. Os orbitais p, situados em eixos paralelos, que formarão o OM$_\pi$, têm de ser semipreenchidos.

Figura 4.5 – Representação da ligação pi

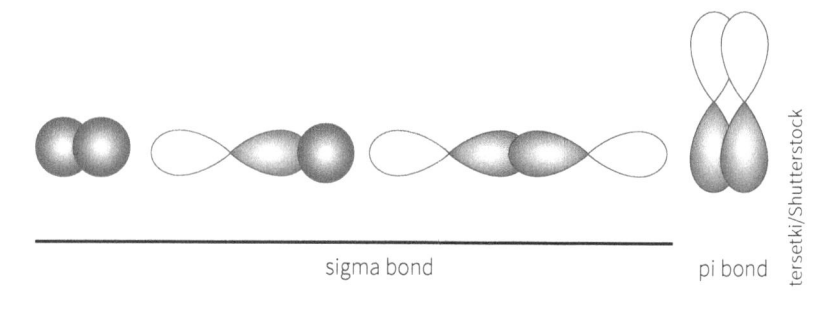

Podemos visualizar os orbitais usados para realizar as ligações sigma e pi na Figura 4.6.

Figura 4.6 – Principais orbitais atômicos

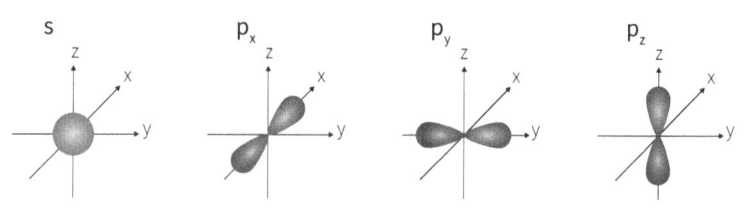

Com os elétrons da CV, podemos prever a quantidade de ligação de cada átomo que queira compartilhar seus elétrons para realizar a ligação covalente. A Tabela 4.1, a seguir, é uma prévia dessas ligações e podemos, de modo geral, extrapolar seus dados para os demais átomos, devendo lembrar, porém, que nem todos os átomos realizam suas ligações obedecendo à regra do octeto – há algumas exceções que vamos abordar na sequência.

Tabela 4.1 – Principais quantidades de ligações covalentes

| Família 14 | Família 15 | Família 16 | Família 17 |
|---|---|---|---|
| 4 elétrons na CV | 5 elétrons na CV | 6 elétrons na CV | 7 elétrons na CV |
| Realiza 4 ligações | Realiza 3 ligações | Realiza 2 ligações | Realiza 1 ligação |
| $-\overset{\mid}{\underset{\mid}{C}}-$  $\overset{}{\underset{}{>}}C=$  $-C\equiv$  $=C=$ | $-\overset{..}{\underset{\mid}{N}}-$  $-\overset{..}{N}=$  $\overset{..}{N}\equiv$ | $-\overset{..}{\underset{..}{O}}-$  $\overset{..}{:}\overset{..}{O}=$ | $:\overset{..}{\underset{..}{F}}-$ |

Para a montagem das estruturas, devem-se, primeiramente, levar em consideração alguns pontos essenciais:

☐ Distribuir os átomos ligantes ao redor do átomo central.
☐ Realizar as ligações dos átomos ligantes com o átomo central – para isso, deve-se iniciar com o átomo ligante que realiza o menor número de ligações, seguido pelos átomos que realizam as duplas e as triplas ligações.
☐ Distribuir os elétrons da CV aos respectivos átomos.

Se o átomo central for do segundo período da classificação periódica (Be, B, C, N, O e F), ele não poderá ultrapassar o octeto; caso isso aconteça, será preciso retirar um par da ligação e direcioná-lo para o átomo ligante. Contudo, se o átomo central for do terceiro, do quarto, do quinto ou do sexto período da classificação periódica, ele poderá ultrapassar o octeto (expansão do octeto).

Aplicando a montagem da estrutura de Lewis à molécula de $H_2$, temos:

$_1H \rightarrow 1s^1$

Com a aproximação de dois átomos de hidrogênio, as nuvens eletrônicas se sobrepõem, passando a compartilhar uma região do espaço em comum: justamente a região entre os dois núcleos atômicos.

Figura 4.7 – Interpenetração dos orbitais s do $H_2$ na formação da ligação sigma

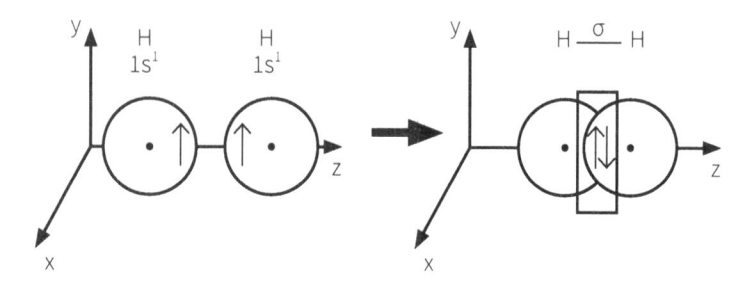

Molécula de água (H$_2$O), estrutura que é estável pela regra do octeto

Para a montagem da estrutura da molécula de água (H$_2$O), estrutura que é estável pela regra do octeto, devemos entender a distribuição eletrônica do átomo de oxigênio (O) e do átomo de hidrogênio (H).

A configuração eletrônica do oxigênio é a seguinte:

$$_8O \rightarrow 1s^2 \underbrace{2s^2 \quad 2p^4}_{\text{6 elétrons na CV}}$$

Para se tornar estável, ele precisa receber dois elétrons, estabelecendo assim duas ligações.

O hidrogênio se comporta da seguinte maneira:

$$_1H \rightarrow \underbrace{1s^1}_{\text{1 elétron na CV}}$$

Para se tornar estável, ele precisa receber um elétron, realizando apenas uma ligação.

Figura 4.8 – Representação da formação das ligações químicas na molécula de água

$$H\bullet + \bullet\overset{\bullet\bullet}{\underset{\bullet\bullet}{O}}\bullet + \bullet H \rightarrow H\bullet\bullet\overset{\bullet\bullet}{\underset{\bullet\bullet}{O}}\bullet\bullet H \rightarrow H - \overset{\bullet\bullet}{\underset{\bullet\bullet}{O}} - H$$

O comportamento dos orbitais ocorre como está indicado a seguir.

Figura 4.9 – Orbitais atômicos do hidrogênio e do oxigênio

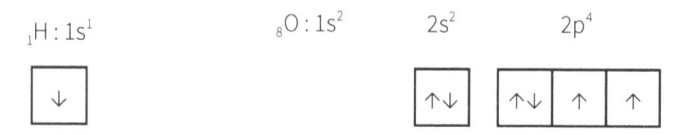

$_1H : 1s^1$     $_8O : 1s^2$     $2s^2$     $2p^4$

Note que o átomo de hidrogênio (H) apresenta um orbital atômico desemparelhado e que o átomo de oxigênio (O) conta com dois orbitais atômicos desemparelhados. Por isso, há a necessidade de dois átomos de hidrogênio para satisfazer um átomo de oxigênio. Cada orbital s do átomo de hidrogênio vai penetrar no orbital atômico p do átomo de oxigênio, conforme demonstrado na Figura 4.10.

Figura 4.10 – Representação da ligação do oxigênio com o hidrogênio

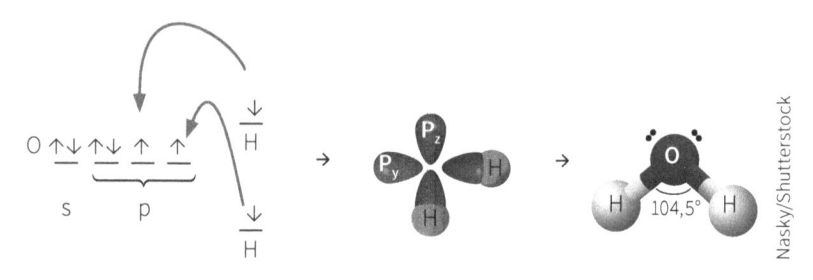

Nasky/Shutterstock

Outro caso simples é o da molécula do ácido fluorídrico (HF). A configuração eletrônica do átomo de flúor (F) é $1s^2\,2s^2\,2p^5$. Nesse caso, o átomo de hidrogênio usará seu orbital esférico e o átomo de flúor usará um de seus orbitais p incompletos. Assim como na construção das estruturas de Lewis, vamos nos interessar apenas pelos elétrons da CV, por isso o nome *teoria de ligação de valência* (TLV), pois só são considerados os elétrons da CV. Como vimos, os orbitais p são em número de três: $p_x$, $p_y$ e $p_z$. Cada orbital pode ter dois elétrons e, como o flúor apresenta cinco elétrons nos orbitais 2p, teremos uma posição livre, que vamos convencionar que seja no orbital $p_z$. O elétron do orbital s do átomo de hidrogênio vai se aproximar do orbital $p_z$ do átomo de flúor, formando uma ligação química que pode ser representada como na Figura 4.11, a seguir.

Figura 4.11 – Representação da interpenetração de orbitais s com orbital p

| 1s | 2p | Ligação σ – s – p |
|---|---|---|
| Orbital Atômico | Orbital Atômico | Orbital Molecular |

Como vimos, para que haja estabilidade, na ligação covalente, os orbitais se interpenetram, o que resulta nas ligações.

## Exercícios resolvidos

1. Represente a ligação química na molécula do gás flúor ($F_2$) utilizando o diagrama de orbitais.

Resolução:

A distribuição eletrônica do elemento flúor na CV é $2s^2\ 2p^5$. A figura a seguir mostra a representação dessa distribuição eletrônica com o diagrama de orbitais.

Figura A – Distribuição dos elétrons nos orbitais

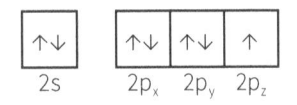

| ↑↓ | | ↑↓ | ↑↓ | ↑ |
|---|---|---|---|---|
| 2s | | $2p_x$ | $2p_y$ | $2p_z$ |

Note que no orbital p do flúor há um orbital semipreenchido; portanto, basta emparelhar os elétrons no orbital p de um de seus átomos, como indica a figura a seguir.

Figura B – Formação da ligação química no orbital $2p_z$

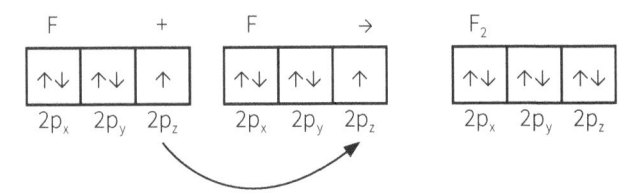

F + F → $F_2$

| ↑↓ | ↑↓ | ↑ |   | ↑↓ | ↑↓ | ↑ |   | ↑↓ | ↑↓ | ↑↓ |
|---|---|---|---|---|---|---|---|---|---|---|
| $2p_x$ | $2p_y$ | $2p_z$ |   | $2p_x$ | $2p_y$ | $2p_z$ |   | $2p_x$ | $2p_y$ | $2p_z$ |

2. Usando a TLV, monte as ligações químicas na molécula de amônia ($NH_3$) utilizando o diagrama de orbitais.

Resolução:

A distribuição eletrônica da CV do nitrogênio (N) é $2s^2\ 2p^3$. Portanto, a representação da formação das ligações na molécula de amônia corresponde ao mostrado na figura a seguir.

Figura C – Preenchimento dos elétrons nos orbitais na formação da amônia

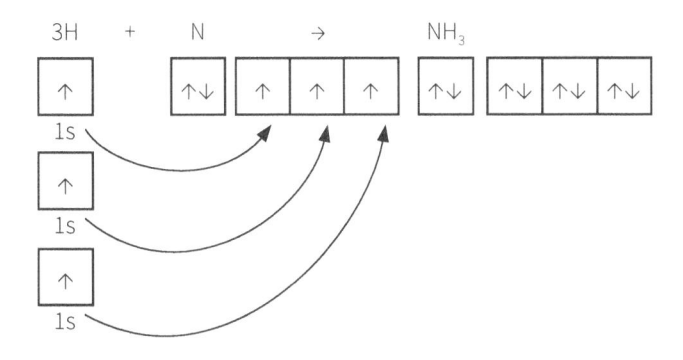

3H     +     N     →     NH₃

[↑] 1s
[↑] 1s
[↑] 1s

[↑↓] [↑] [↑] [↑]     [↑↓] [↑↓] [↑↓] [↑↓]

Para moléculas que apresentam elementos que não podem ou que podem extrapolar (realizar a expansão) o octeto, temos o que está indicado a seguir.

Figura 4.12 – Estrutura da molécula de dióxido de enxofre ($SO_2$)

$$_8O \to 1s^2 \underbrace{2s^2 \quad 2p^4}_{\text{6 elétrons na CV}}$$

$$_{16}S \to 1s^2 \quad 2s^2 \quad 2p^6 \underbrace{3s^2 \quad 3p^4}_{\text{6 elétrons na CV}}$$

Figura 4.13 – Fórmula estrutural do dióxido de enxofre ($SO_2$)

$$\overset{..}{\underset{..}{O}} {:} + {:} \overset{..}{S} {:} + {:} \overset{..}{\underset{..}{O}} \to \overset{..}{\underset{..}{O}} {::} S {::} \overset{..}{\underset{..}{O}} \to {:}O = S = O{:}$$

Observe que, ao estabilizarmos os átomos ligantes de oxigênio com as ligações duplas, o átomo central de enxofre extrapola o octeto (ficou com dez elétrons na CV), pois pertence ao terceiro período da classificação periódica.

Figura 4.14 – Estrutura da molécula de dióxido de nitrogênio ($NO_2$)

$$_7N \rightarrow 1s^2 \underbrace{2s^2 \; 2p^3}_{\text{5 elétrons na CV}}$$

$$_8O \rightarrow 1s^2 \underbrace{2s^2 \; 2p^4}_{\text{6 elétrons na CV}}$$

Figura 4.15 – Fórmula estrutural do dióxido de nitrogênio ($NO_2$)

Nesse caso, ao estabilizarmos os átomos ligantes de oxigênio com as ligações duplas, o átomo central de nitrogênio extrapola o octeto, ficando com nove elétrons na CV; contudo, o nitrogênio não pode expandir o octeto, pois não apresenta subnível d no segundo período. Portanto, o par eletrônico de uma das duplas irá para o átomo de oxigênio.

Figura 4.16 – Estabilização da molécula de dióxido de nitrogênio ($NO_2$)

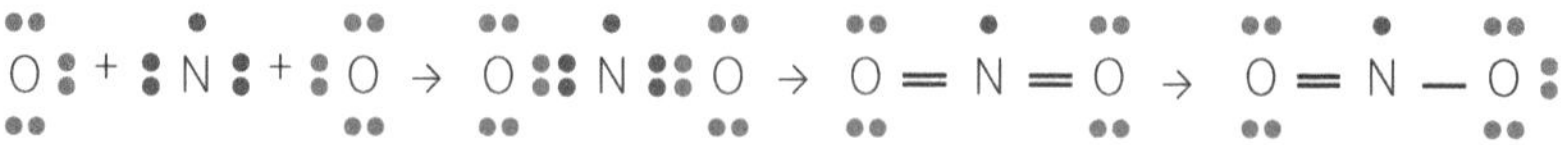

Assim, podemos montar as mais diversas estruturas e analisar suas estabilidades.

Na estrutura de ácidos (oxiácidos), que apresentam fórmula geral $H_xEO_y$, é preciso primeiramente ligar o H ionizável ao O (H–O) e esse grupo ao elemento central. É necessário repetir essa informação de acordo com o número de hidrogênios ionizáveis de cada ácido.

Após as ligações das quantidades de H–O ao átomo central, colocamos os demais átomos ligantes e suas devidas ligações. Devemos lembrar sempre que, se o átomo central for do segundo período da tabela periódica, será necessário deslocar uma das ligações para o átomo mais eletronegativo. Por exemplo, o ácido carbônico ($H_2CO_3$) será montado como indica a figura a seguir.

Figura 4.17 – Montagem das ligações do ácido carbônico

$$H-O-C-O-H$$
$$\|$$
$$O$$

$$H-\overset{..}{\underset{..}{O}}-C-\overset{..}{\underset{..}{O}}-H$$
$$\|$$
$$\overset{..}{\underset{..}{O}}$$

Nesse caso, os átomos de oxigênio e de carbono estão estáveis com oito elétrons e o hidrogênio está estável com dois elétrons.

Outro exemplo que destacamos é o da montagem das ligações do ácido sulfúrico ($H_2SO_4$).

Figura 4.18 – Montagem das ligações do ácido sulfúrico

$$H-O-\overset{\overset{O}{\|}}{\underset{\underset{O}{\|}}{S}}-O-H \qquad H-\overset{..}{\underset{..}{O}}-\overset{\overset{:O:}{\|}}{\underset{\underset{:O:}{\|}}{S}}-\overset{..}{\underset{..}{O}}-H$$

Nesse composto, o átomo de enxofre teve expansão do octeto.

# 4.1.3 Exceções à regra do octeto

Em nosso dia a dia, encontramos várias substâncias que não atingem o octeto e outras que o ultrapassam (expandem-no). A seguir, indicamos algumas substâncias que não seguem a regra do octeto.

A primeira substância que podemos mencionar é o cloreto de berílio ($BeCl_2$), no qual o átomo de berílio tem dois elétrons do nível de valência ($2s^2$). Com essa distribuição eletrônica na CV e sendo o subnível $2s^2$ preenchido (estável), esse átomo apresenta elevada energia de ionização; portanto, forma compostos moleculares com duas ligações covalentes simples. Assim, estabiliza-se com quatro elétrons no nível de valência, como demonstrado a seguir.

Figura 4.19 – Sequência de fórmulas para o cloreto de berílio ($BeCl_2$)

| $BeCl_2$ | $:\overset{..}{Cl}-Be-\overset{..}{Cl}:$ | $Cl-Be-Cl$ |
|---|---|---|
| Fórmula molecular | Fórmula de Lewis | Fórmula estrutural |

O boro (B) apresenta a mesma condição, com três elétrons na CV ($2s^2\ 2p^1$). Assim, forma compostos moleculares por meio de três ligações covalentes simples, estabilizando-se com seis elétrons no nível de valência.

Figura 4.20 – Sequência de fórmulas para o trifluoreto de boro ($BF_3$)

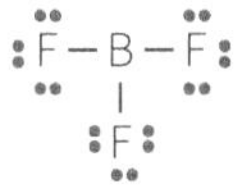

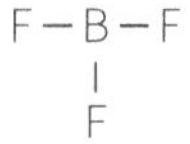

| Fórmula molecular | Fórmula de Lewis | Fórmula estrutural |
|---|---|---|
| $BF_3$ | :F̈—B—F̈: <br>       \| <br>     :F̈: | F—B—F <br>     \| <br>     F |

Como podemos perceber, os elementos berílio e boro, ao realizarem suas ligações químicas, não obedecem à regra do octeto.

## 4.1.4 Átomos que adquirem estabilidade com mais de oito elétrons

Alguns elementos localizados a partir do terceiro período da tabela periódica podem formar compostos e íons estáveis, apresentando mais de oito elétrons no nível de valência (expansão do octeto).

Na fórmula do pentacloreto de fósforo ($PCl_5$), o átomo de fósforo (P) apresenta a seguinte distribuição eletrônica na CV:

$3s^2\ 3p^3$

Nesse caso, o átomo de fósforo tem cinco elétrons na CV, podendo realizar até cinco compartilhamentos de elétrons, como indicado a seguir.

Figura 4.21 – Sequência de fórmulas para o pentacloreto de fósforo (PCl$_5$)

| PCl$_5$ | 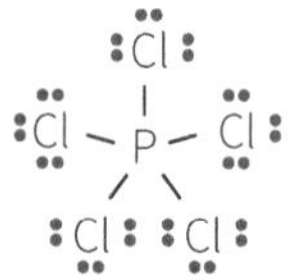 :Cl: <br> :Cl–P–Cl: <br> :Cl: :Cl: | 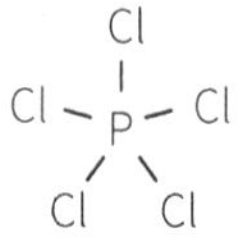 Cl <br> \| <br> Cl–P–Cl <br> / \ <br> Cl  Cl |
|---|---|---|
| Fórmula molecular | Fórmula de Lewis | Fórmula estrutural |

O átomo de fósforo ficará com dez elétrons, configurando-se assim uma expansão do octeto.

Podemos também destacar as moléculas que são exceção à regra do octeto e demonstrar como ocorre o preenchimento dos orbitais.

No caso do fósforo, no pentacloreto de fósforo, são necessários cinco orbitais semipreenchidos, porém, pela configuração normal, são apenas três. Portanto, haverá uma excitação dos elétrons do 3s para os orbitais d vazios. Assim, os cinco orbitais estarão semipreenchidos disponíveis para realizar as cinco ligações com os átomos de cloro (Cl), como mostra a figura a seguir.

Figura 4.22 – Distribuição dos elétrons nos orbitais atômicos

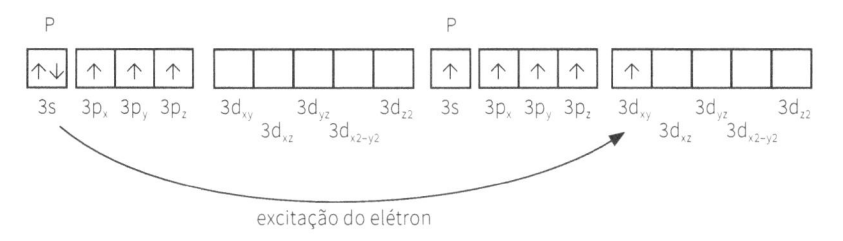

excitação do elétron

Para o átomo de enxofre (S), podemos aplicar o mesmo raciocínio, pois ele apresenta a seguinte distribuição eletrônica na CV: $3s^2\ 3p^4$.

Como esse átomo apresenta seis elétrons na CV, poderá realizar até seis compartilhamentos de elétrons, como indicado a seguir, configurando-se uma expansão da CV.

Figura 4.23 – Sequência de fórmulas para o hexafluoreto de enxofre ($SF_6$)

| $SF_6$ | (Fórmula de Lewis) | (Fórmula estrutural) |
|---|---|---|
| Fórmula molecular | Fórmula de Lewis | Fórmula estrutural |

No caso do enxofre no hexafluoreto de enxofre, são necessários seis orbitais semipreenchidos; porém, pela configuração normal, há apenas dois. Portanto, haverá uma excitação dos elétrons dos níveis 3s e $3p_x$ para os orbitais d vazios.

Assim, teremos os seis orbitais semipreenchidos disponíveis para realizar as seis ligações com os átomos de flúor, como mostra a figura a seguir.

Figura 4.24 – Distribuição dos elétrons nos orbitais atômicos

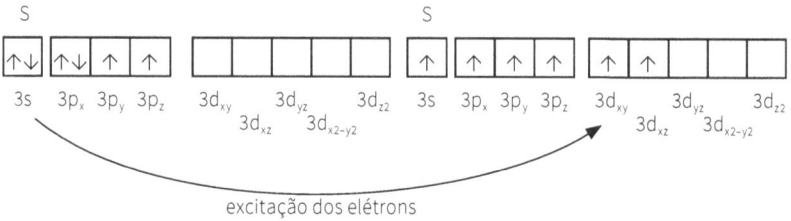

excitação dos elétrons

## **Exercício resolvido**

1. No ensino médio, muitas vezes é indicado que os gases nobres não realizam ligações, pois já são estáveis (oito elétrons na CV). No entanto, é possível formar alguns compostos de xenônio (Xe) em laboratório. Um deles é o tetrafluoreto de xenônio ($XeF_4$). Represente as ligações químicas desse composto pelo diagrama de orbitais da TLV.

Resolução:

A distribuição eletrônica da CV do Xe é: $5s^2\ 5p^6$.

Nesse caso, o átomo de xenônio necessita de quatro orbitais semipreenchidos. Assim, ocorrerá uma excitação na CV. Portanto, haverá uma excitação de um elétron do orbital 5s para os orbitais d vazios e um elétron do orbital 5p para o orbital d vazio. Dessa forma, teremos os quatro orbitais semipreenchidos disponíveis para realizar as quatro ligações com os átomos de flúor, como mostra a figura a seguir.

Figura A – Excitação dos elétrons para o átomo de xenônio

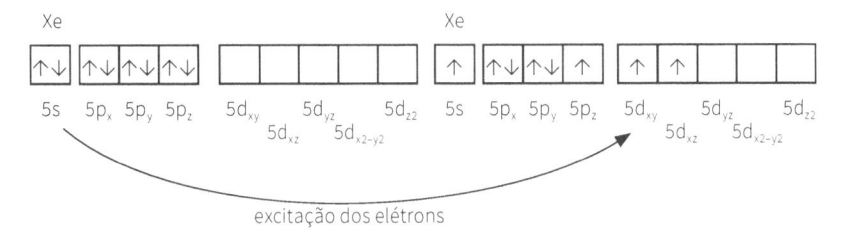

Xe

| ↑↓ | ↑↓ | ↑↓ | ↑↓ | | | | | | |
|---|---|---|---|---|---|---|---|---|---|

5s    $5p_x$   $5p_y$   $5p_z$    $5d_{xy}$      $5d_{yz}$      $5d_{z^2}$
                         $5d_{xz}$     $5d_{x^2-y^2}$

Xe

| ↑ | ↑↓ | ↑↓ | ↑ | ↑ | ↑ | | | |
|---|---|---|---|---|---|---|---|---|

5s    $5p_x$   $5p_y$   $5p_z$    $5d_{xy}$      $5d_{yz}$      $5d_{z^2}$
                         $5d_{xz}$     $5d_{x^2-y^2}$

excitação dos elétrons

Realizando as ligações com os orbitais semipreenchidos dos átomos de fluor, teremos o que está indicado a seguir.

Figura B – Representação da formação das ligações químicas para o tetrafluoreto de xenônio ($XeF_4$)

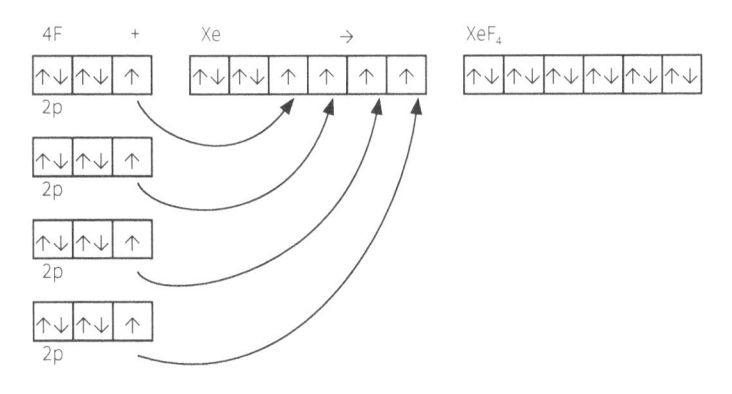

4F      +      Xe      →      $XeF_4$

| ↑↓ | ↑↓ | ↑ |
|---|---|---|

2p

| ↑↓ | ↑↓ | ↑ |
|---|---|---|

2p

| ↑↓ | ↑↓ | ↑ |
|---|---|---|

2p

| ↑↓ | ↑↓ | ↑ |
|---|---|---|

2p

| ↑↓ | ↑↓ | ↑ | ↑ | ↑ | ↑ |
|---|---|---|---|---|---|

| ↑↓ | ↑↓ | ↑↓ | ↑↓ | ↑↓ | ↑↓ |
|---|---|---|---|---|---|

## 4.2 Ressonância

A ressonância ocorre quando em determinada estrutura há a possibilidade da mudança da posição dos átomos (alternância das ligações químicas). Na Figura 4.25, podemos observar como exemplo a ressonância na molécula de ozônio ($O_3$).

Figura 4.25 – Ressonância das ligações na molécula de ozônio ($O_3$)

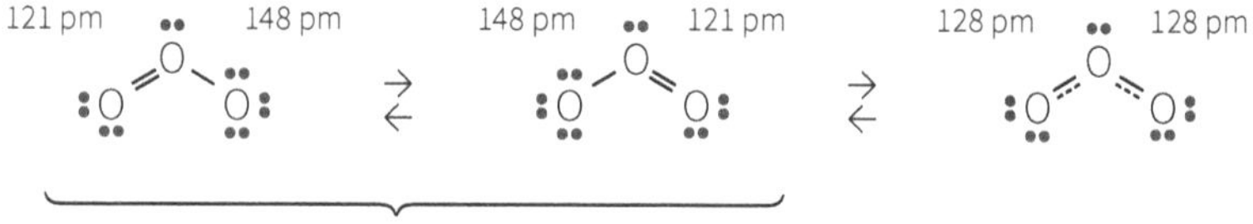

**Fonte:** O Mundo da Química, 2021.

Essas moléculas são evidenciadas pela técnica de raios X que mostra serem as ligações simples mais longas do que a dupla ligação. No entanto, não é isso o que se verifica experimentalmente. Nos casos em que há ressonância, o comprimento de ligação observado é um valor intermediário entre o da ligação simples e o da dupla ligação, como indicado na figura anterior.

Um dos exemplos clássicos de ressonância é a molécula de benzeno ($C_6H_6$), na qual podemos observar essas movimentações de ligações.

Figura 4.26 – Ressonância das múltiplas ligações na molécula de benzeno ($C_6H_6$)

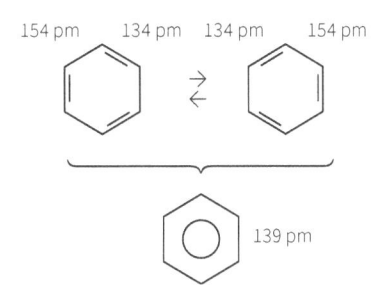

154 pm   134 pm   134 pm   154 pm

139 pm

**Fonte:** O Mundo da Química, 2021.

# 4.3 Carga formal

Como vimos, pode haver mais de uma estrutura de Lewis para uma molécula ou um íon. Para determinar a melhor estrutura (mais estável), é possível calcular a carga formal dos átomos: aquela que tiver valor mais próximo de zero será a correta.

Para calcularmos a carga formal (CF) de um átomo em uma estrutura de Lewis, podemos realizar a seguinte operação:

CF = $e^-$ CV – elétrons que sobram da quebra homolítica

Em que:

- CF = carga formal;
- CV = elétrons da camada de valência;
- Quebra homolítica = quebra igual da ligação.

## 4.3.1 Aplicação das cargas formais na determinação da melhor estrutura de Lewis

Após o cálculo das cargas formais, é possível determinar qual é a melhor estrutura de Lewis para uma molécula ou um íon. Para isso, as duas regras seguintes são fundamentais.

- **Regra 1** – Sempre que se escreverem diversas estruturas de Lewis para uma molécula ou um íon, deve-se escolher a que tiver as cargas formais com os menores valores (carga zero).
- **Regra 2** – Quando duas estruturas de Lewis para uma molécula ou um íon tiverem as cargas formais com o mesmo valor, escolhe-se a estrutura que apresentar a carga formal negativa no átomo mais eletronegativo.

Podemos aplicar o cálculo da carga formal conforme indicado a seguir.

Figura 4.27 – Cargas formais para a molécula de dióxido de carbono ($CO_2$)

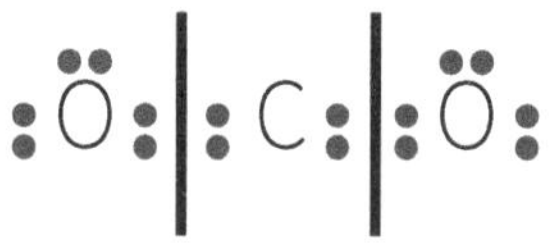

$$:\ddot{O}::C::\ddot{O}:$$

CF = 6 – 6    CF = 4 – 4    CF = 6 – 6
CF = 0         CF = 0         CF = 0

Para o ânion sulfito ($SO_3^{-2}$), temos as cargas formais apontadas a seguir.

Figura 4.28 – Cargas formais para a molécula de $SO_3^{-2}$

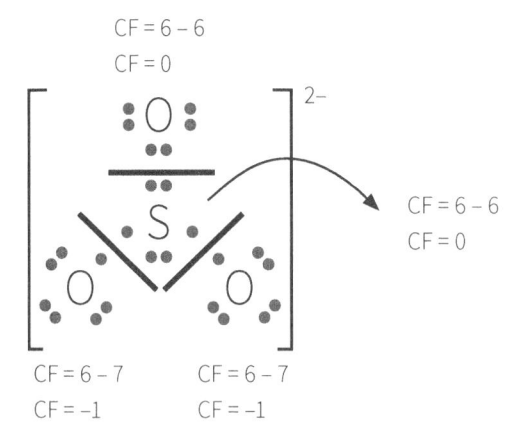

$CF = 6 - 6$
$CF = 0$

$CF = 6 - 6$
$CF = 0$

$CF = 6 - 7$
$CF = -1$

$CF = 6 - 7$
$CF = -1$

Note que as cargas formais negativas estão no elemento mais eletronegativo.

Agora, vejamos o composto óxido nitroso ($N_2O$), no qual é possível haver três estruturas de Lewis.

Figura 4.29 – Cargas formais para a molécula de óxido nitroso ($N_2O$)

$CF = 5 - 6$  $CF = 5 - 4$  $CF = 6 - 6$
$CF = -1$    $CF = +1$    $CF = 0$

$CF = 5 - 5$  $CF = 5 - 4$  $CF = 6 - 7$
$CF = 0$     $CF = +1$    $CF = -1$

$CF = 5 - 7$  $CF = 5 - 4$  $CF = 6 - 5$
$CF = -2$    $CF = +1$    $CF = +1$

Analisando as cargas formais de cada átomo no óxido nitroso ($N_2O$), podemos determinar que a estrutura mais estável é a segunda, pois a carga formal negativa se encontra no elemento mais eletronegativo.

## 4.4 Modelo da repulsão dos pares de elétrons no nível de valência

O modelo da repulsão dos pares eletrônicos da camada de valência – em inglês, *Valence Shell Electron Pair Repulsion* (**VSEPR**) – foi desenvolvido por Ron Gillespie e Ronald Nyholm em 1957. Com ele, podemos determinar o arranjo espacial da molécula na observação do átomo central com seus átomos ligantes, ou seja, a geometria da molécula, com base na qual é possível extrair as propriedades físicas e químicas dos compostos, como a polaridade, a solubilidade e os pontos de fusão e ebulição (Brown et al., 2005).

As disposições dos pares eletrônicos da camada de valência de um átomo precisam se orientar de tal forma que sua energia total seja mínima, ou seja, os elétrons devem ficar ao mesmo tempo o mais próximos possível do núcleo e o mais afastados possível entre si, a fim de minimizar as repulsões intereletrônicas.

## 4.4.1 Arranjo geométrico

Podemos obter as geometrias moleculares com base no arranjo molecular assumido por suas nuvens eletrônicas. As geometrias moleculares fundamentais são aquelas em que o átomo central não apresenta pares de elétrons não ligantes: linear, trigonal (ou trigonal plana), tetraédrica, bipiramidal trigonal (ou bipirâmide trigonal), octaédrica e bipiramidal pentagonal (ou bipirâmide pentagonal).

Figura 4.30 – Representação espacial das geometrias lineares

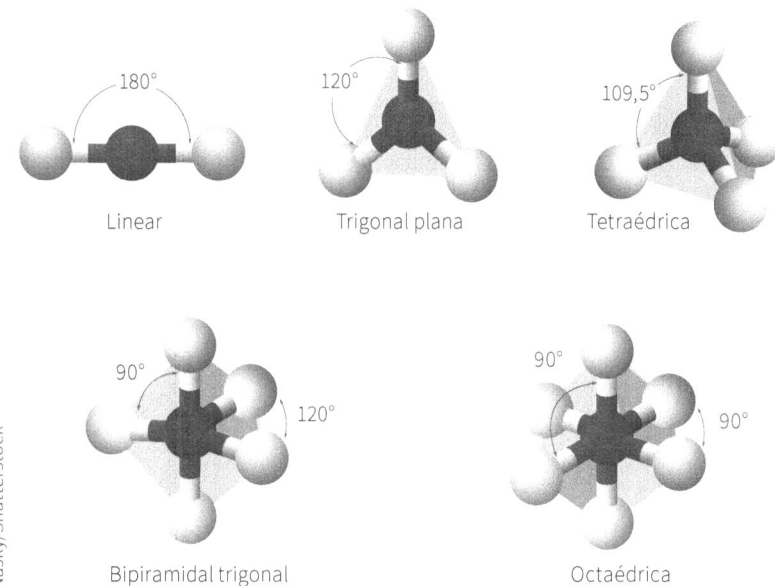

Linear — 180°
Trigonal plana — 120°
Tetraédrica — 109,5°
Bipiramidal trigonal — 90°, 120°
Octaédrica — 90°, 90°

**Fonte:** Brown et al., 2005, p. 291.

Se a molécula apresentar três ou mais átomos, sua geometria molecular será determinada por meio da teoria da repulsão dos pares eletrônicos da camada de valência.

A teoria da repulsão dos pares eletrônicos baseia-se no seguinte princípio: no átomo central, os pares eletrônicos livres (que não participam das ligações), quando existirem, vão exercer uma repulsão com os pares eletrônicos ligantes (que participam das ligações) de tal maneira que a distribuição no espaço em torno do átomo central deverá ser o mais afastada possível, o que corresponde à situação de repulsão mínima, ou seja, de menor energia.

## Moléculas com três átomos

A molécula poderá ser linear quando no átomo central não existirem elétrons livres. Exemplos: cloreto de berílio ($BeCl_2$) e dióxido de carbono ($CO_2$).

Figura 4.31 – Representação espacial de uma molécula linear

**Fonte:** Brown et al., 2005, p. 296.

A molécula será angular quando no átomo central existirem elétrons livres. Exemplos: água ($H_2O$) e dióxido de enxofre ($SO_2$).

Figura 4.32 – Representação espacial de uma molécula angular

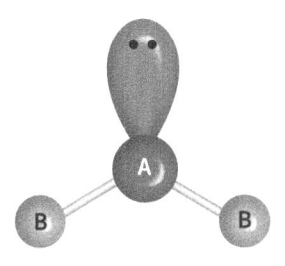

Fonte: Brown et al., 2005, p. 296.

## Molécula com quatro átomos

A molécula com quatro átomos será trigonal plana quando o átomo central não apresentar elétrons livres. Exemplos: tricloreto de boro ($BCl_3$) e trióxido de enxofre ($SO_3$).

Figura 4.33 – Representação espacial de uma molécula trigonal plana

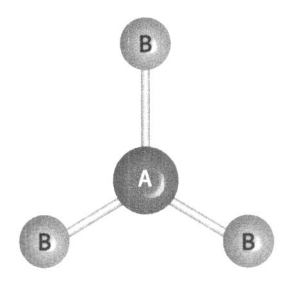

Fonte: Brown et al., 2005, p. 296.

A molécula será piramidal quando o átomo central contar com elétrons livres. Exemplos: amônia ($NH_3$), fosfina ($PH_3$) e tricloreto de fósforo ($PCl_3$).

Figura 4.34 – Representação espacial de uma molécula piramidal

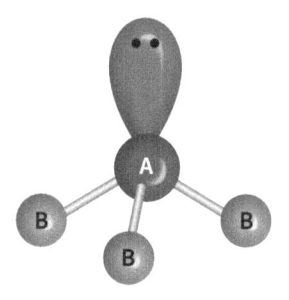

**Fonte:** Brown et al., 2005, p. 296.

## Molécula com cinco átomos

A molécula será tetraédrica quando o átomo central não tiver elétrons livres. Exemplos: metano ($CH_4$), tetracloreto de silício ($SiCl_4$) e tetracloreto de carbono ($CCl_4$).

Figura 4.35 – Representação espacial de uma molécula tetraédrica

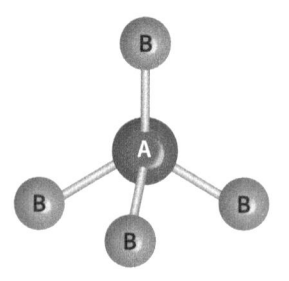

**Fonte:** Brown et al., 2005, p. 296.

## Molécula com seis átomos

A molécula será bipiramidal trigonal quando o átomo central não apresentar elétrons livres. Exemplos: pentacloreto de fósforo ($PCl_5$) e pentaiodeto de fósforo ($PI_5$).

Figura 4.36 – Representação espacial de uma molécula bipiramidal

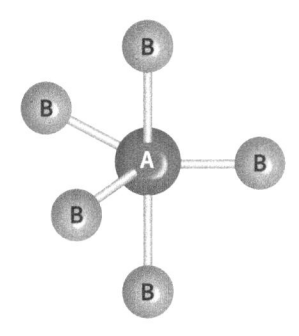

**Fonte:** Brown et al., 2005, p. 296.

## Molécula com sete átomos

A molécula será octaédrica quando o átomo central não tiver elétrons livres. Exemplo: hexafluoreto de enxofre ($SF_6$).

Figura 4.37 – Representação espacial de uma molécula octaédrica

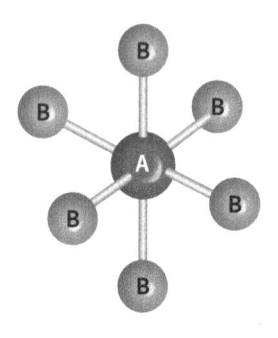

**Fonte:** Brown et al., 2005, p. 296.

Há outros tipos de geometria molecular: forma de gangorra (ou tetraédrica distorcida); forma de T; forma quadrada planar; e pirâmide de base quadrática.

Podemos obter outras orientações espaciais que derivam de duas outras estruturas: (1) geometria bipiramidal e (2) geometria octaédrica.

As derivações da geometria bipiramidal são as seguintes:

☐ Forma de gangorra – Há sobra de um par de elétrons não ligante.
☐ Forma de T – Há sobra de dois pares de elétrons não ligantes.
☐ Forma linear – Há sobra de três pares de elétrons não ligantes.

Figura 4.38 – Representação espacial de derivados
da molécula bipiramidal

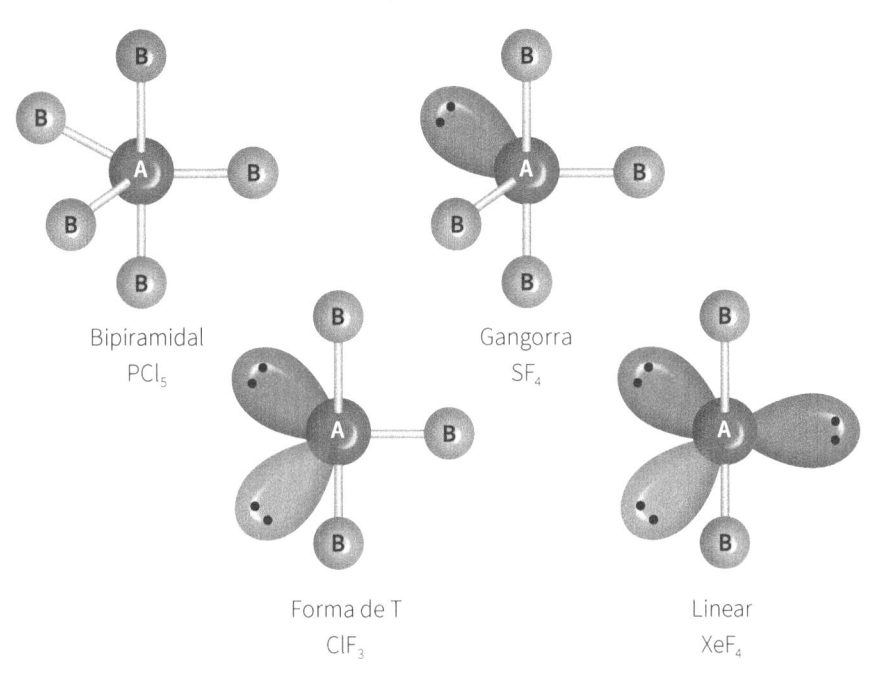

Bipiramidal
$PCl_5$

Gangorra
$SF_4$

Forma de T
$ClF_3$

Linear
$XeF_4$

**Fonte:** Brown et al., 2005, p. 298.

As derivações da geometria octaédrica são as seguintes:

- Forma quadrada piramidal – Há sobra de um par de elétrons não ligante.
- Forma quadrada plana – Há sobra de dois pares de elétrons não ligantes.

Figura 4.39 – Representação espacial de derivados da molécula octaédrica

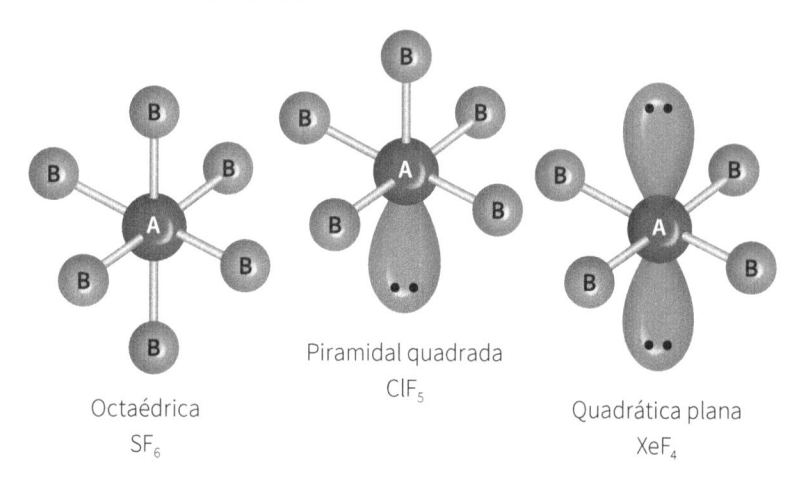

Octaédrica
SF$_6$

Piramidal quadrada
ClF$_5$

Quadrática plana
XeF$_4$

**Fonte:** Brown et al., 2005, p. 298.

## Exercício resolvido

1. Elabore a estrutura de Lewis e determine a geometria molecular das seguintes espécies: trifluoreto de cloro (ClF$_3$), tetrafluoreto de enxofre (SF$_4$), difluoreto de xenônio (XeF$_2$) e tetracloreto de selênio (SeCl$_4$).

Resolução:

As estruturas de Lewis e as geometrias moleculares das espécies solicitadas são as mostradas na figura a seguir.

Figura A – Geometria molecular

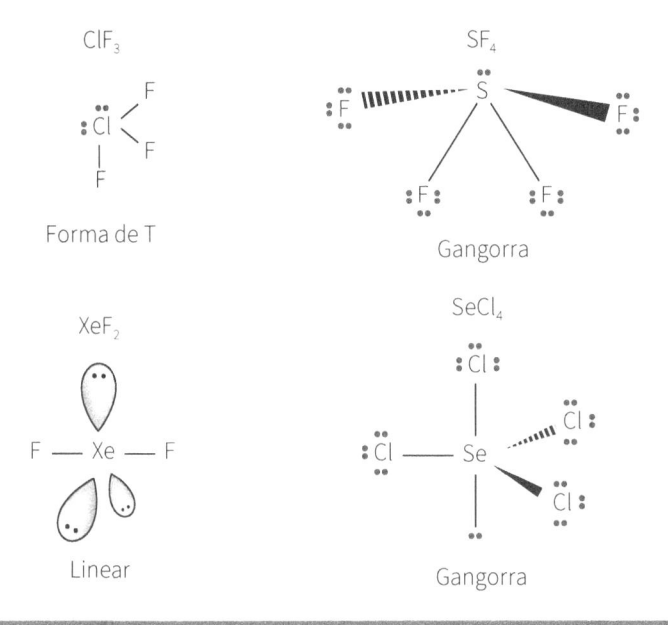

$ClF_3$ — Forma de T

$SF_4$ — Gangorra

$XeF_2$ — Linear

$SeCl_4$ — Gangorra

## 4.4.2 Propriedades físicas e químicas dos compostos moleculares

O estudo da geometria molecular é um dos fatores que agregam na determinação das propriedades das substâncias, como polaridade, pontos de fusão e de ebulição, solubilidade e dureza.

## Polaridade molecular

A polaridade molecular é caracterizada quando determinada molécula é submetida a um campo elétrico externo. De modo bem simples, podemos afirmar que, se uma parte da molécula for atraída pelo polo positivo e a outra parte for atraída pelo polo negativo, a molécula será chamada de *polar*. Do contrário, se a molécula não apresentar atração, será denominada *apolar*.

A polaridade pode ser determinada por dois momentos: (1) polaridade da ligação e (2) polaridade da molécula.

Para identificarmos a polaridade da ligação, devemos levar em consideração a eletronegatividade entre os átomos ligantes participantes da molécula. Para isso, podemos usar a escala de eletronegatividade de Linus Pauling, ilustrada na Figura 4.40.

Figura 4.40 – Eletronegatividade proposta por Pauling

Como vimos no Capítulo 2, com base nos valores de eletronegatividade dos elementos participantes da molécula, podemos chegar a três situações:

1. Diferença de eletronegatividade = 0 → ligação apolar.
2. Diferença de eletronegatividade < 1,7 → ligação polar.

3. Diferença de eletronegatividade > 1,7 → ligação iônica.

Vejamos o exemplo a seguir.

Figura 4.41 – Representação de ligações apolares

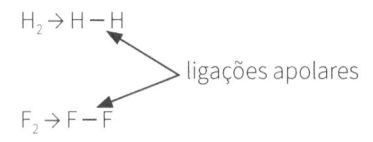

$$H_2 \rightarrow H-H$$
$$F_2 \rightarrow F-F$$

ligações apolares

Quando o par eletrônico de ligação se desloca para o lado do elemento mais eletronegativo, a ligação recebe um maior caráter iônico.

A seguir, vemos a fila de eletronegatividade para os principais elementos.

Figura 4.42 – Ordem geral da eletronegatividade

$$\leftarrow F\ O\ N\ Cl\ Br\ I\ S\ C\ P\ H$$

Ordem crescente

Na Figura 4.43, podemos observar um exemplo de ligação covalente polar.

Figura 4.43 – Representação da ligação covalente polar

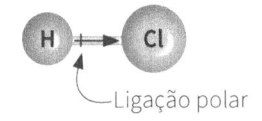

H — Cl
Ligação polar

Como o cloro (Cl) é mais eletronegativo do que o hidrogênio (H), ele atrai para mais perto de si o par de elétrons compartilhado, originando a formação de um dipolo.

O cloro, por ser mais eletronegativo, adquire uma carga parcial negativa ($\delta^-$), e o hidrogênio, uma carga parcial positiva ($\delta^+$).

Figura 4.44 – Direção do vetor para o elemento mais eletronegativo

$$+\delta \quad -\delta$$
$$H - Cl \qquad \overrightarrow{H - Cl}$$

Agora, para determinarmos a polaridade molecular, devemos observar os seguintes procedimentos:

- Escrever o arranjo espacial da molécula.
- Associar a cada ligação covalente polar um vetor, ou seja, um momento dipolar (µ) orientado da carga +$\delta$ para a carga –$\delta$, como representado na Figura 4.43, do ácido clorídrico (HCl).
- Efetuar a soma dos vetores associados a cada ligação polar, determinando um vetor resultante ou um momento dipolar resultante ($\vec{\mu}$).

Operando a soma dos vetores, obtemos:

- $\vec{\mu} = 0 \rightarrow$ molécula apolar;
- $\vec{\mu} \neq 0 \rightarrow$ molécula polar.

A Figura 4.45, a seguir, mostra o comportamento dos vetores para a determinação do momento resultante (momento dipolar) de certas moléculas polares.

Figura 4.45 – Determinação do vetor resultante da soma dos vetores que são diferentes de zero

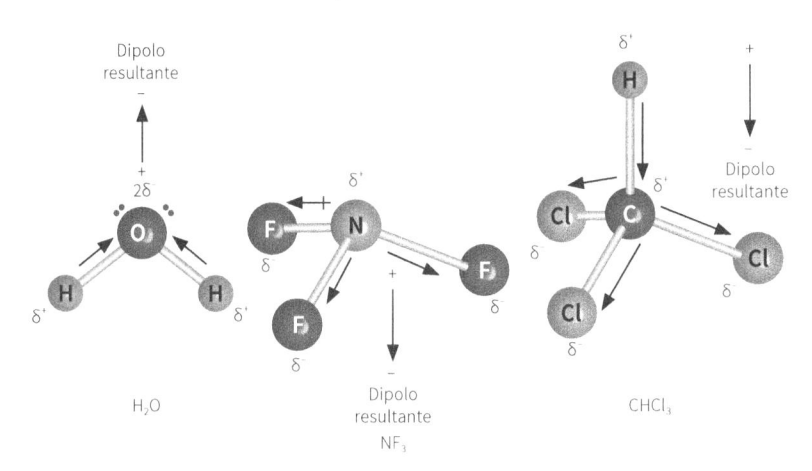

$H_2O$

Dipolo resultante
$NF_3$

$CHCl_3$

**Fonte:** Azevedo, 2011.

Da mesma forma, a próxima figura mostra que a soma faz com que os vetores se anulem, ou seja, o resultado é uma molécula apolar.

Figura 4.46 – Determinação do vetor resultante da soma dos vetores que são iguais a zero

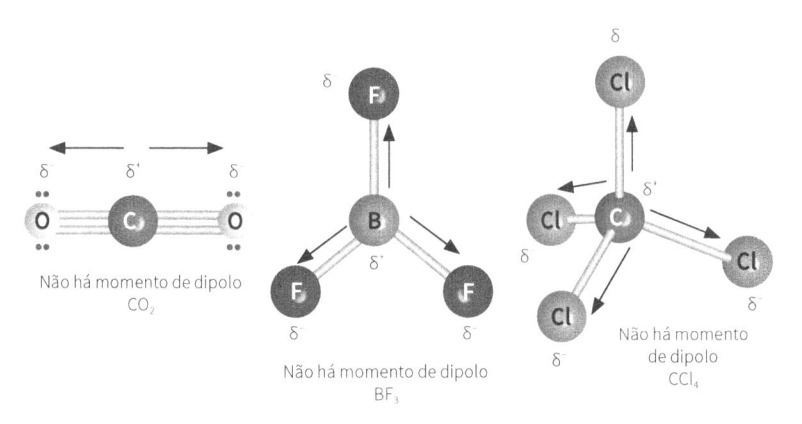

Não há momento de dipolo
$CO_2$

Não há momento de dipolo
$BF_3$

Não há momento de dipolo
$CCl_4$

Outro exemplo de molécula polar é a da acetona ($C_3H_3O$). A geometria dessa substância é trigonal plana, pois o átomo central não apresenta elétrons livres. Lançando os vetores, podemos obter o momento resultante representado na figura a seguir.

Figura 4.47 – Direcionamento dos vetores na molécula da acetona

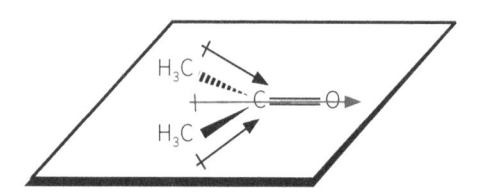

Nesse caso, podemos perceber que o oxigênio drena a densidade eletrônica do conjunto $H_3C-C-H_3$, resultando em um dipolo permanente (em vermelho na figura) no sentido $R_2C^{\delta+}O^{\delta-}$ (R = metila). Como consequência, as cetonas, como a da figura, são moléculas polares.

Para o diclorometano, um solvente muito utilizado em laboratório, cuja fórmula é $CH_2Cl_2$, de estrutura tetraédrica, os dipolos ficam tal como ilustra a figura a seguir.

Figura 4.48 – Fórmula estrutural do diclometano

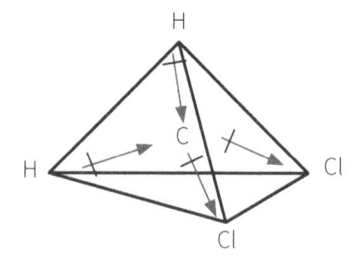

Respeitando a sequência da eletronegatividade relativa dos átomos, conforme vimos anteriormente, podemos perceber o sentido do vetor resultante.

Figura 4.49 – Vetor resultante da molécula do diclorometano

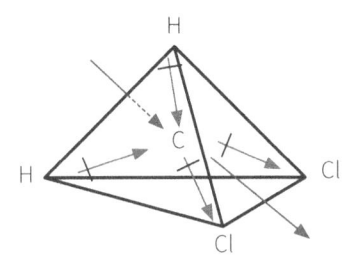

**Fonte:** Química do Futuro, 2008.

## Indicação cultural

PHET INTERACTIVE SIMULATIONS. **Geometria molecular**. Disponível em: <https://phet.colorado.edu/pt_BR/simulation/molecule-shapes>. Acesso em: 15 mar. 2021.

Esse *site* permite a exploração da geometria das moléculas, construindo-as em 3D. É possível alterar os diferentes números de ligações e de pares de elétrons, comparando-se o modelo com moléculas reais.

## Exercício resolvido

1. Assinale a alternativa que contém as respectivas geometrias e polaridades das espécies químicas a seguir: dióxido de enxofre ($SO_2$), trióxido de enxofre ($SO_3$), óxido de hidrogênio ($H_2O$) e hidreto de berílio ($H_2Be$).
   a) $SO_2$: angular e polar; $SO_3$: piramidal e polar; $H_2O$: angular e polar; $H_2Be$: linear e apolar.
   b) $SO_2$: angular e polar; $SO_3$: trigonal plana e apolar; $H_2O$: angular e polar; $H_2Be$: angular e polar.
   c) $SO_2$: angular e polar; $SO_3$: trigonal plana e apolar; $H_2O$: angular e polar; $H_2Be$: linear e apolar.
   d) $SO_2$: linear e apolar; $SO_3$: piramidal e polar; $H_2O$: linear e apolar; $H_2Be$: angular e polar.

Resolução:

A alternativa correta é a "c", como demonstrado a seguir.

Figura A – Geometria e polaridade molecular

| $\mu \neq 0$ | $\mu = 0$ | $\mu \neq 0$ | $\mu = 0$ |
|---|---|---|---|
| S with O, O | O=S with O, O | O with H, H | H—Be—H |
| Angular e polar | Triangular e apolar ou trigonal plana e apolar | Angular e polar | Linear e apolar |

## Interações intermoleculares (solubilidade)

As interações entre as moléculas do soluto e do solvente podem ser descritas por suas polaridades. Cada molécula apresenta uma polaridade, e consequentemente, isso influenciará sua solubilidade. Por exemplo, o cloreto de sódio (NaCl) é polar (apresenta alta diferença de eletronegatividade), a água ($H_2O$) é polar e a gasolina é apolar. Portanto, como visualizamos em nosso cotidiano, tanto o cloreto de sódio quanto a água, ambos polares, dissolvem-se facilmente. Já água tem dificuldade de se dissolver (misturar) com a gasolina, que é um hidrocarboneto apolar. Dessa forma, podemos destacar o seguinte princípio:

Semelhante dissolve semelhante.

Isso significa que **polar se dissolve em polar** e **apolar se dissolve em apolar**. Contudo, na prática, o que ocorre é algo um pouco diferente.

Conforme mencionamos, a gasolina é apolar, como representado a seguir, na Figura 4.50, porém ela apresenta determinada porcentagem de etanol ($C_2H_6O$) – por exigência da Agência Nacional do Petróleo, Gás Natural e Biocombustíveis (ANP) –, uma molécula que apresenta um caráter anfifílico, ou seja, tem uma parte polar e outra apolar.

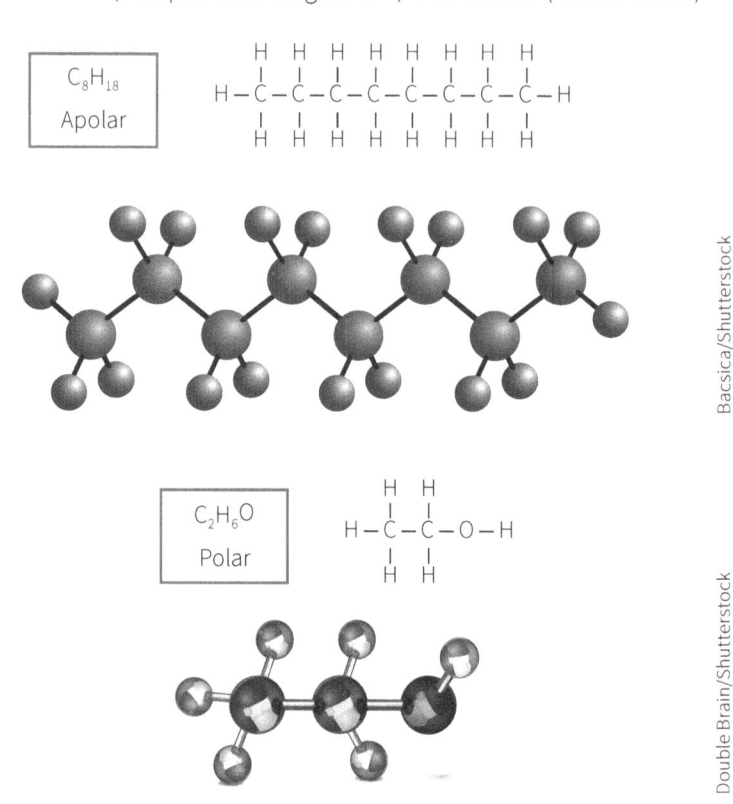

Figura 4.50 – Fórmula estrutural e molecular do octano (componente da gasolina) e do etanol (álcool etílico)

$C_8H_{18}$
Apolar

$$H-C-C-C-C-C-C-C-C-H$$

$C_2H_6O$
Polar

$$H-C-C-O-H$$

A parte de hidrocarboneto (HC) do etanol interage com o hidrocarboneto do octano, ambos apolares. Nesse caso, há um limite para que um se misture ao outro, pois, se a porcentagem de etanol for superior à quantidade recomendada pela ANP, poderá haver a visualização de fases na gasolina comum, o que pode causar certos danos ao motor de um veículo movido exclusivamente por gasolina.

Em nosso organismo, as membranas biológicas têm as mesmas características do etanol, ou seja, apresentam uma parte polar e outra apolar, e, por essa razão, são chamadas de *anfipáticas*. Esse tipo de estrutura regula a entrada de moléculas polares e de íons. Existem diversos lipídios que podem fazer parte dessa estrutura de membrana celular, como fosfolipídios, glicerol e ácidos graxos.

Os fosfolipídios, que são estruturas anfifílicas (anfipáticas), como mostrado na Figura 4.51, são lipídios compostos de uma molécula de glicerol, uma cadeia insaturada de ácido graxo e uma cadeia saturada, um ou dois grupos fosfatos e uma molécula polar ligada a ele.

Figura 4.51 – Fórmula estrutural de um fosfolipídio indicando a parte polar e a parte apolar

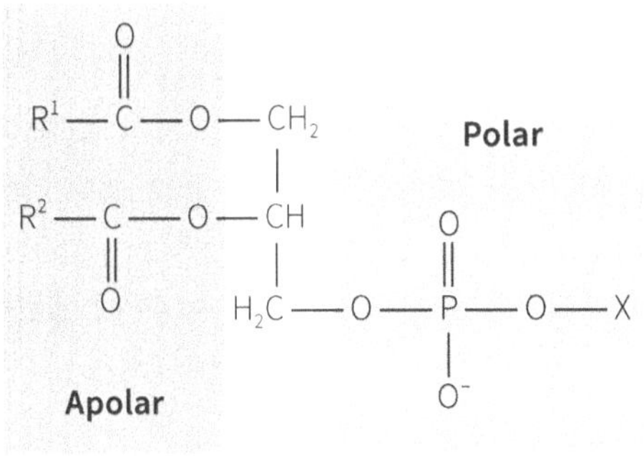

**Fonte:** Costa, 2021.

Nesse caso, $R^1$ e $R^2$ representam uma cauda, que é a parte de hidrocarboneto (HC) formada por ácidos graxos (apolares), e uma cabeça, constituída pelo grupo fosfato (polar). Na membrana celular, conforme a Figura 4.52, as cabeças polares ficam voltadas para o exterior e para a parte intracelular, e as caudas apolares estão entre elas.

Figura 4.52 – Bicamada fosfolipídica

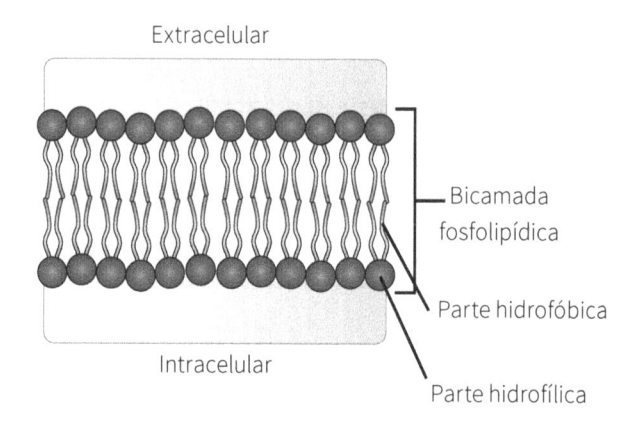

Extracelular

Bicamada fosfolipídica

Parte hidrofóbica

Intracelular

Parte hidrofílica

zcxes/Shutterstock

**Fonte:** Costa, 2021.

A composição da membrana celular faz com que ela seja semipermeável, ou seja, nem tudo consegue passar por ela. Em geral, moléculas como as da água conseguem passar livremente em razão de existirem milhares de poros proteicos, conhecidos como *aquaporinas*, que permitem o acesso da água conforme a necessidade das células.

Além disso, os íons que controlam a função das células passam pelos canais proteicos que atravessam a membrana. Esses canais podem ser encontrados na forma aberta ou fechada, também de acordo com a necessidade da célula.

As moléculas endógenas polares, como a glicose, não conseguem passar livremente pela estrutura anfipática da membrana, porém existem proteínas transportadoras, como, nesse caso, a GLUT, que faz a movimentação da glicose do meio extra para o meio intracelular, a qual é guiada pela afinidade que essa proteína tem pela glicose. Nesse tipo de transporte, pode ou não haver gasto enérgico; quando não há, é chamado de *difusão facilitada*, a qual se orienta a favor de um gradiente de concentração. Já o transporte com gasto de energia vai contra o gradiente de concentração, sendo conhecido como *transporte ativo*.

Por sua vez, as moléculas apolares, a exemplo de hormônios como a testosterona e o cortisol, passam livremente pela bicamada, uma vez que as cabeças polares não estão completamente unidas e há um espaço entre elas, pelo qual as moléculas atravessam. Esse tipo de transporte é conhecido como *difusão simples*.

Outra importante aplicação atual da polaridade das moléculas é a utilização do sabão no combate aos coronavírus. A receita é antiga e nossa grande aliada: a água com sabão é altamente destrutiva para o coronavírus. Sabe-se que o patógeno, ilustrado na Figura 4.53, a seguir, como todos os vírus, é formado basicamente por um conjunto de fragmentos de código genético, buscando uma interação com as células.

Figura 4.53 – Imagem ilustrativa do coronavírus mostrando suas espículas de superfície (coroa)

**Coronavírus**
**Grupo IV de Baltimore ((+) ssRNA)**

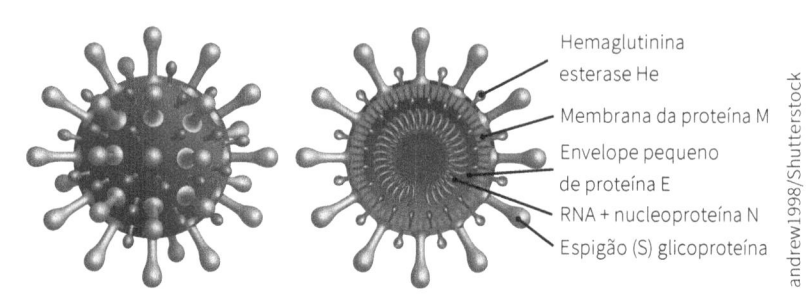

Hemaglutinina esterase He
Membrana da proteína M
Envelope pequeno de proteína E
RNA + nucleoproteína N
Espigão (S) glicoproteína

andrew1998/Shutterstock

Assim, é importante lavar bem as mãos com sabão, pois esse composto apresenta uma estrutura anfifílica, como mostra a Figura 4.54.

Figura 4.54 – Fórmula estrutural de uma molécula de sabão

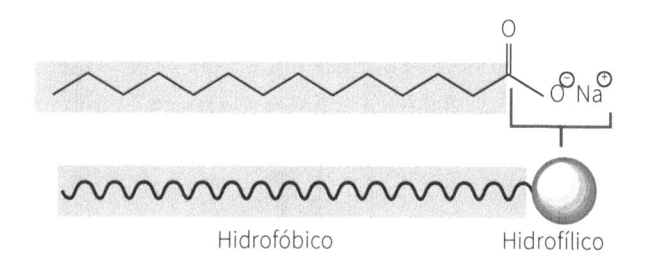

Hidrofóbico    Hidrofílico

**Fonte:** Santos, C. V. P. dos, 2021.

Como se sabe, a parte mais externa do coronavírus é uma camada de gordura (apolar). Nessa camada, que é comumente chamada de *envelope viral*, estão inseridas as proteínas que são responsáveis pela ligação do vírus às células. Sem esse revestimento de gordura, as proteínas são perdidas e o vírus não consegue entrar nas células, como ilustra aFigura 4.55.

Figura 4.55 – Imagem do sabão destruindo a camada de gordura do coronavírus

**Fonte:** BBC News Mundo, 2020.

Dessa forma, podemos compreender a importância do conhecimento das estruturas moleculares, pois, com o entendimento do arranjo molecular e da paridade dos elementos envolvidos na estrutura de um composto, podemos interferir em vários aspectos, como a influência da absorção medicamentosa de um princípio ativo de determinado fármaco.

Com a polaridade, podemos entender as mais diversas interações das moléculas com o ambiente e a forma como muitos sistemas funcionam.

## Interações intermoleculares (pontos de fusão e de ebulição)

Com o arranjo estrutural, podemos também determinar as forças intermoleculares, que estão, de uma forma ou de outra, associadas à polaridade molecular. São as forças intermoleculares as responsáveis por manter moléculas unidas na formação dos diferentes compostos. Por isso, é preciso conhecer mais por que determinada substância se encontra em estado sólido, líquido ou gasoso e por que apresenta uma temperatura de ebulição maior do que outra.

As propriedades físicas das substâncias podem ser entendidas em termos de teoria cinética molecular. Os gases são altamente compressíveis, portanto assumem a forma e o volume do recipiente. As moléculas gasosas estão separadas e não interagem muito entre si. Os líquidos são quase incompressíveis e assumem forma variável, porém mantêm o volume fixo.
As moléculas dos líquidos são mantidas mais próximas umas das outras. Já os sólidos são incompressíveis e têm forma e volume definidos. Suas moléculas estão mais próximas e de maneira mais rígida.

Essas características estão direcionadas para quatro formas principais de interações intermoleculares:

1. íon-dipolo;
2. ligações de hidrogênio;
3. dipolo-dipolo;
4. dipolo induzido.

Além disso, pode haver qualquer outra interação entre as moléculas, dependendo da magnitude da polaridade.

A interação por **íon-dipolo** se dá entre um íon (carga positiva ou negativa) e determinada molécula polar. Podemos citar como exemplo a dissolução do sal de cozinha (NaCl) em água. O sal se dissocia e libera os íons $Na^+_{(aq)}$ e $Cl^-_{(aq)}$ e essas cargas interagem de maneira muito forte com a água, como mostra a figura a seguir. A mistura resulta em uma solução de altíssima polaridade.

Figura 4.56 – Interação entre os íons $Na^+$ e $Cl^-$ com a água

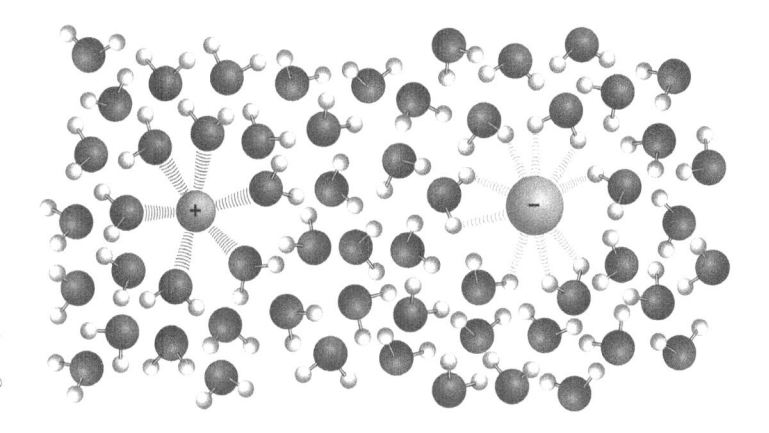

magnetix/Shutterstock

A interação íon-dipolo pode ser evidenciada na rotina laboratorial, pois essa técnica permite diferenciar classes de bactéria.

A coloração de Gram é um importante método empregado na microbiologia, que permite diferenciar bactérias em duas classes – (1) gram-positivas e (2) gram-negativas – em função das propriedades químicas da parede celular. As bactérias gram-positivas têm na parede celular uma camada espessa de peptideoglicano, que é uma rede polimérica contendo açúcares (N-acetilglicosamina e ácido N-acetilmurâmico) e oligopeptídeos, ao passo que as bactérias gram-negativas contêm uma camada fina dessa substância.

Na coloração de Gram, utiliza-se o cristal violeta (cloreto de hexametilpararoanilina), que interage com o peptideoglicano. A adição de iodeto causa a precipitação do corante, e as partículas sólidas ficam aprisionadas na rede polimérica, corando a parede celular. Na Figura 4.57, a seguir, estão esquematizadas a rede polimérica do peptideoglicano e as estruturas das espécies envolvidas.

Figura 4.57 – Interação da parede celular com o cristal violeta empregado na microbiologia

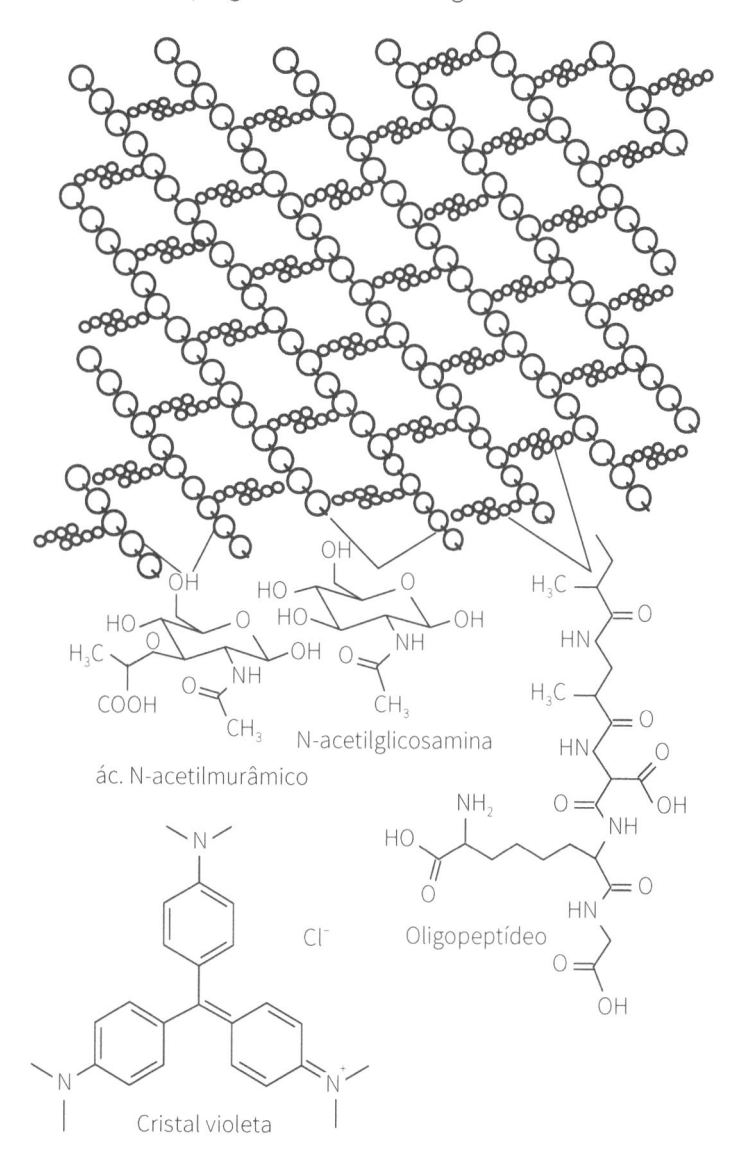

ác. N-acetilmurâmico  N-acetilglicosamina  Oligopeptídeo

Cristal violeta

**Fonte:** UFPR, 2013, p. 8.

Note que a parede celular apresenta muitos elementos eletronegativos, como o oxigênio e o nitrogênio, tornando-a de alta polaridade. Já o cristal violeta é formado de carga positiva no $N^+$ e carga negativa no $Cl^-$; portanto, a interação será íon-dipolo.

As **ligações de hidrogênio** são um tipo de interação dipolo-dipolo, porém estão associadas aos três elementos mais eletronegativos – (1) flúor, (2) oxigênio e (3) nitrogênio –, ligados a um átomo de hidrogênio. Como há um comportamento diferenciado desses três elementos, a interação foi denominada de *ligações (pontes) de hidrogênio*, que são mais fracas do que as interações íon-dipolo, mas com grande polaridade.

Figura 4.58 – Ligações de hidrogênio na molécula de água

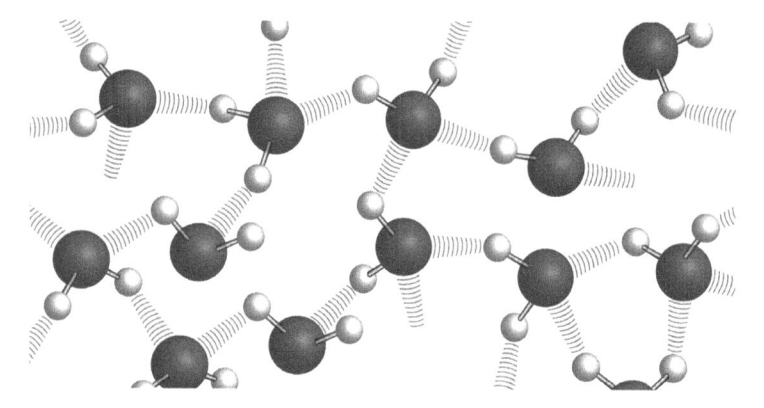

magnetix/Shutterstock

Entre os compostos orgânicos, os grupos N – H e O – H formam ligações de hidrogênio em quase todas as moléculas de importância biológica.

As ligações de hidrogênio têm papel importantíssimo na definição do código genético, ao agregarem os pares de nucleotídeos que tornam complementares as duas cadeias de DNA (ácido desoxirribonucleico).

As cadeias assim formadas agrupam-se em pares, unidos por ligações (pontes) de hidrogênio formadas entre uma fita e outra de DNA (tiamina com adenina ou citosina com guanina), como mostra a Figura 4.59.

Figura 4.59 – Ligações de hidrogênio na molécula de DNA

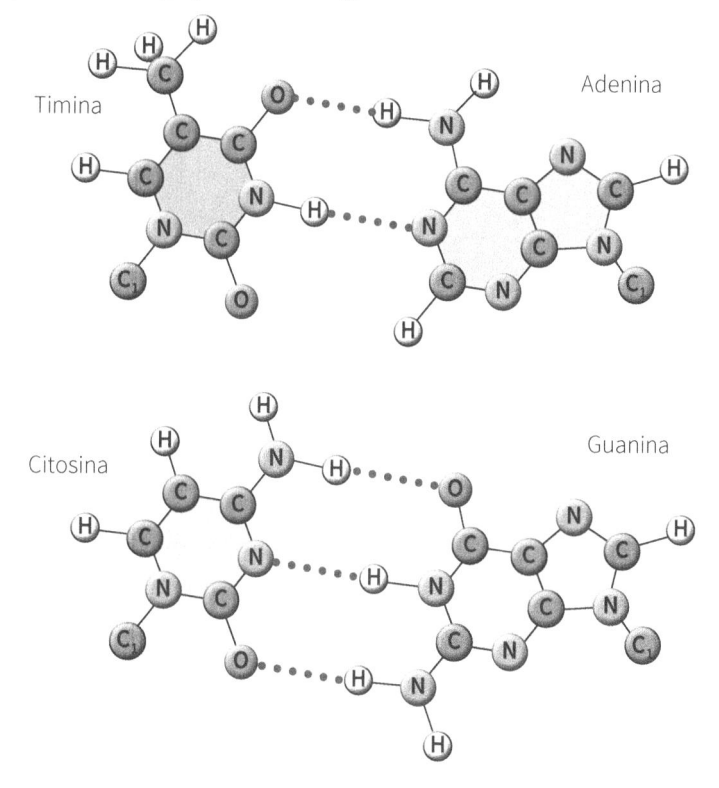

Fonte: Carbonaro, 2011.

A interação **dipolo-dipolo** ou **dipolo permanente** ocorre em moléculas polares, nas quais a polaridade é menor do que nas ligações de hidrogênio e de íon-dipolo. São forças de atração que mantêm moléculas polares unidas, sendo que o lado parcialmente negativo de uma interage com o lado parcialmente positivo de outra, conforme ilustra a Figura 4.60.

Figura 4.60 – Interação dipolo-dipolo presente na molécula polar de HCl

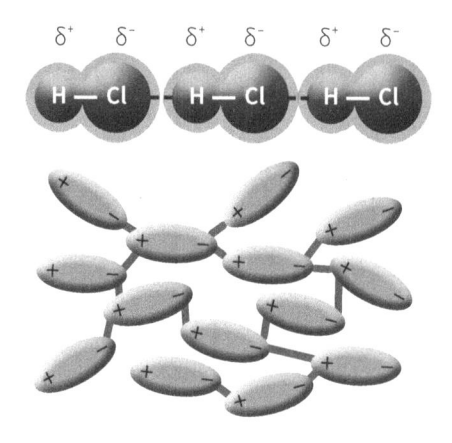

**Fonte:** Ribeiro, 2020, p. 5.

A interação **dipolo induzido**, chamada também de **forças de London** ou **Van der Waals**, é a mais fraca de todas e ocorre em moléculas apolares. Nesse caso, não há atração elétrica entre as moléculas.

Dessa forma, mesmo a molécula sendo apolar, quando ela se aproxima de outra, acontece, em certo momento, uma deslocalização dos elétrons para determinada extremidade da molécula. A molécula fica temporariamente, então, com mais elétrons de um lado do que do outro. Assim, ela estará momentaneamente polarizada e, por indução elétrica, provocará a polarização de uma molécula vizinha (dipolo induzido), o que resultará em uma fraca atração entre ambas, como mostra a Figura 4.61.

Figura 4.61 – Dipolo induzido nos átomos de hélio

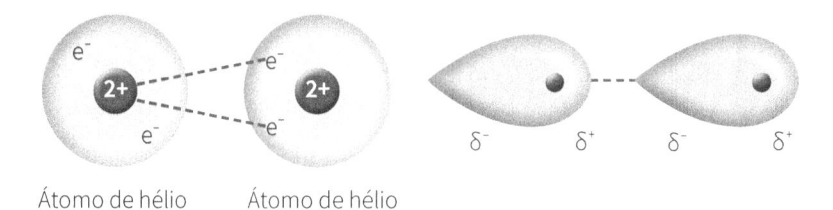

**Átomos de hélio não polarizados**   **Dipolos instantâneos induzidos nos átomos de hélio**

**Fonte:** Rodrigues, 2013.

Conhecendo os principais tipos de interações moleculares, podemos determinar qual delas terá maior ou menor temperatura de ebulição.

Para as moléculas, o ponto de ebulição (PE) depende de alguns fatores, os quais veremos a seguir.

Intensidade da força intermolecular

Esse fator pode ser resumido conforme o esquema da figura a seguir.

Figura 4.62 – Intensidade das forças intermoleculares

| Tipo de interação | Ocorre entre |
|---|---|
| Íon-dipolo | Íon e polar |
| Ligação de hidrogênio (Ponte de hidrogênio) | H – F, O, N |
| Dipolo-dipolo (Dipolo permanente-dipolo permanente) | Polar e polar (que não possuem H – F, O, N) |
| Dipolo induzido-dipolo induzido (Dipolo instantâneo-dipolo instantâneo) (Forças de London) | Apolar e apolar |

(INTENSIDADE DA INTERAÇÃO — seta indicando ordem crescente)

**Fonte:** Ana Maria, 2019.

Vejamos a tabela a seguir.

Tabela 4.2 – Relação das forças intermoleculares com o ponto de ebulição

| Nome | Fórmula molecular | Massa molecular | Ponto de ebulição (°C) |
|---|---|---|---|
| Pentano | $C_5H_{12}$ | 72 | 36 |
| Butanal | $C_4H_8O$ | 72 | 76 |
| Butan-1-ol | $C_4H_{10}O$ | 74 | 118 |

Note que os três compostos apresentam praticamente a mesma massa molar, porém, como são distintos, têm forças intermoleculares diferentes. No pentano, que é um hidrocarboneto, a força intermolecular é dipolo induzido, ou seja, fraca, por isso apresenta um baixo PE. Já no butanal, um aldeído, a força intermolecular é dipolo-dipolo, mais intensa do que a do pentano. O butanol, por sua vez, apresenta o grupo O – H, ou seja, a interação é por ligação de hidrogênio, uma alta força intermolecular, logo, tem o maior PE entre os compostos da tabela.

Massa molar

Esse é o fator determinante para moléculas que apresentam as mesmas forças intermoleculares, ou seja, a molécula que tiver a maior massa molar terá o maior PE.

Vejamos as substâncias a seguir.

Tabela 4.3 – Relação da massa molar com o ponto de ebulição

| Substância | Massa molar | Ponto de ebulição (°C) |
|---|---|---|
| Ácido clorídrico (HCl) | 36,5 g/mol | –85 |
| Ácido bromídrico (HBr) | 81 g/mol | –67 |
| Ácido iodídrico (HI) | 128 g/mol | –35 |

Os três compostos dessa tabela são ácidos polares, nos quais a força intermolecular é dipolo-dipolo. Contudo, quanto maior for a massa molar, maior será o PE.

### Área superficial

Para moléculas que apresentam a mesma força intermolecular e a mesma massa molar, aquela com a maior área superficial terá o maior PE.

O hidrocarboneto pentano ($C_5H_{12}$), que apresenta a mesma massa molar, por ser hidrocarboneto e apolar, exibe a mesma interação intermolecular dipolo induzido, porém a maneira como seus átomos estão distribuídos interfere no PE. Como podemos observar na Figura 4.63, a seguir, o item (a) apresenta maior área de contato, ou seja, maior superfície de contato em comparação com o item (b).

Figura 4.63 – Efeito da intensidade da superfície de contato com o ponto de ebulição

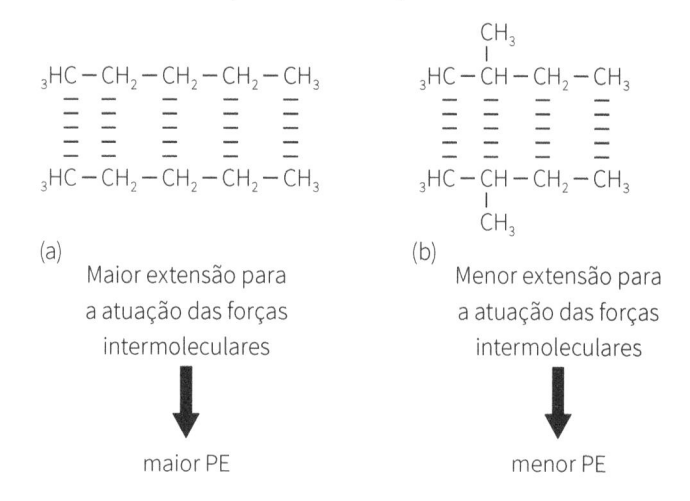

$_3HC - CH_2 - CH_2 - CH_2 - CH_3$
$_3HC - CH_2 - CH_2 - CH_2 - CH_3$

$_3HC - \overset{CH_3}{\underset{CH_3}{CH}} - CH_2 - CH_3$
$_3HC - \overset{}{\underset{}{CH}} - CH_2 - CH_3$

(a) Maior extensão para a atuação das forças intermoleculares
↓
maior PE

(b) Menor extensão para a atuação das forças intermoleculares
↓
menor PE

Eletronegatividade dos átomos

Eletronegatividade dos átomos

Nesse caso, as moléculas apresentam massas molares próximas e mesma força intermolecular, porém uma delas conta com um elemento mais eletronegativo; portanto, tem maior atração, ou seja, maior PE.

Podemos citar como exemplo de eletronegatividade dos átomos a água ($H_2O$) e a amônia ($NH_3$). A molécula de água tem um momento dipolar maior, pois o oxigênio é mais eletronegativo do que o nitrogênio. Podemos também levar em consideração a geometria das moléculas. A molécula de água tem uma disposição geométrica plana de seus átomos (angular), o que facilita a interação entre suas moléculas. Já a amônia apresenta uma geometria espacial piramidal, o que dificulta a interação intermolecular.

## Exercícios resolvidos

1. Depois de aproveitar uma ensolarada manhã na piscina, Pedro preparou para o almoço um prato de macarrão com molho de tomate. A receita é relativamente simples: cozinhar o macarrão em água com cloreto de sódio (sal de cozinha) e preparar um molho de tomate com azeite, tomates picados, cebola, alho e sal. Cada um desses ingredientes tem uma classe de compostos químicos característicos, exemplificados a seguir.

Tabela A – Fórmulas estruturais de alguns ingredientes usados no cotidiano

| Ingredientes | Substância (nome usual) | Fórmula estrutural |
|---|---|---|
| Macarrão | Amido (carboidrato) | (estrutura do amido com unidades de glicose ligadas, $CH_2OH$, OH) |
| Azeite | Ácido linoleico | (estrutura do ácido linoleico com grupo $HOOC$-) |
| Tomate | Licopeno | (estrutura do licopeno com grupos $CH_3$ e $H_3C$) |
| Alho | Alicina | $H_2C$=CH-$CH_2$-S(=O)-S-$CH_2$-CH=$CH_2$ |

Com base nos dados apresentados, marque V para as afirmativas verdadeiras e F para as falsas.

( ) Por terem polaridades opostas, o amido e a água não interagem e, portanto, o cozimento do macarrão é consequência apenas do aquecimento da mistura.

Resolução:

(F) O amido e a água interagem, pois ambos têm hidroxilas (OH), porém essa interação não é suficiente para a dissolução completa do amido.

( ) Ao se temperar o molho de tomate com alho picado, ocorrem interações do tipo ligações de hidrogênio entre a alicina e o licopeno, favorecendo a mistura das substâncias.

Resolução:

(F) Ao se temperar o molho de tomate com alho picado, ocorrem interações do tipo Van der Waals entre a alicina e o licopeno.

( ) Ao adicionar sal de cozinha ao molho de tomate, a temperatura de ebulição vai aumentar por causa da interação íon-dipolo entre os íons $Na^+$ e a molécula de licopeno.

Resolução:

(F) A temperatura de ebulição vai aumentar, porém a interação será íon-dipolo induzido, pois a molécula de licopeno é apolar (hidrocarboneto).

2. Entre as dioxinas, a que tem mostrado maior toxicidade e, por isso mesmo, é a mais famosa é a 2,3,7,8 – tetraclorodibenzo-para-dioxina (TCDD). Essa substância, cuja estrutura está representada a seguir, apresenta uma dose letal de 1,0 μg/kg de massa corpórea, quando ministrada por via oral, em cobaias.

Figura A – Fórmula estrutural do TCDD

**Fonte:** Química Nova Interativa, 2021.

Classifique a molécula de TCDD quanto a sua polaridade. Com base nessa classificação e nas interações intermoleculares, explique o caráter lipofílico dessa substância.

Resolução:

Com base na análise dos vetores, podemos determinar o momento dipolo elétrico, como mostra a figura a seguir:

Figura B – Vetores lançados usando a eletronegatividade dos elementos

$$\vec{\mu}_1 + \vec{\mu}_2 + \vec{\mu}_3 + \vec{\mu}_4 = 0$$
$$\vec{\mu}_5 + \vec{\mu}_6 + \vec{\mu}_7 + \vec{\mu}_8 = 0$$

(molécula apolar)

Conclusão: a molécula de TCDD é apolar.

3. Modular a solubilidade de fármacos é importante para estabelecer a forma como um medicamento é utilizado. O cloranfenicol é um antibiótico que, apesar de ter em sua estrutura dois grupos funcionais hidroxila, é pouco solúvel em água. Sua baixa solubilidade impossibilita o uso intravenoso, no entanto, é suficiente para que se perceba seu gosto amargo no uso oral, tornando difícil sua aceitação por crianças. Para resolver esses problemas, foram desenvolvidos dois compostos, A e B, sendo um deles mais solúvel em água do que o cloranfenicol, e o outro, menos solúvel. Esses compostos são hidrolisados em nosso organismo pela ação de enzimas, formando o cloranfenicol, o princípio ativo.

As estruturas químicas do cloranfenicol e dos compostos A B estão representadas a seguir.

Cloranfenicol

A

B

A partir dessas informações, responda aos itens a seguir.

a) Justifique, com base nos fatores estruturais, a diferença de solubilidade em água dos compostos A e B em relação ao cloranfenicol.
b) Identifique os produtos que são obtidos a partir da reação de hidrólise do composto A.

Resolução:

a) O composto B é mais solúvel em água que o cloranfenicol por apresentar grupo iônico que se dissocia devido às interações íon-dipolo que se estabelecem entre o sal e as moléculas de água. Essas interações, somadas às outras forças intermoleculares (dipolo-dipolo, ligação de hidrogênio) ocorrentes entre os grupos funcionais polares de B e as moléculas de água, resultam na solubilização da espécie. O composto B apresenta uma cadeia carbônica apolar que não interage por forças intermolecuares eficientes com a água, que é polar.

b)

Cloranfenicol

e

Ácido palmítico

**Fonte:** UEL, 2019, p. 159.

## 4.5 Teoria dos orbitais moleculares

De acordo com Lewis e a teoria de ligação de valência (TLV), os elétrons estão localizados em átomos ou pares de átomos. Já conforme a **teoria dos orbitais moleculares** (**TOM**), os elétrons estão localizados sobre toda a molécula, ou seja, não pertencem a qualquer ligação (Brown et al., 2005).

A TOM consegue esclarecer as propriedades magnéticas apresentadas por determinadas moléculas, como o oxigênio ($O_2$), o que não pode ser explicado por meio da TLV. Além disso, nesta última, a combinação de dois orbitais atômicos (OAs) produz apenas um novo orbital molecular (OM) localizado entre os átomos.

Em contrapartida, na TOM, a combinação de dois OAs gera dois OMs, o orbital ligante ($\Psi^+$) e o orbital antiligante ($\Psi^-$), espalhados por toda a molécula.

## 4.5.1 Orbital molecular ligante

O orbital molecular ligante (OML) apresenta as seguintes características:

- É representado pela influência construtiva dos OAs ($\Psi^+$).
- É ocupado por elétrons que têm menor energia do que os OAs que lhe deram origem, razão pela qual é chamado de *ligante*.
- Apresenta maior probabilidade de se encontrar o elétron na região internuclear.

- Interage com ambos os núcleos; portanto, apresenta maior força de ligação.
- Apresenta maior densidade eletrônica entre os dois núcleos; logo, é um orbital do tipo sigma (σ).

Dessa forma, a construção de OMs se dá pela sobreposição de OAs, originando a ligação σ, e a densidade eletrônica dos OMs se estabelece ao longo do eixo de ligação.

## 4.5.2 Orbital molecular antiligante

O orbital molecular antiligante (OMAL) apresenta as seguintes características:

- É representado pela interferência destrutiva dos OAs ($\Psi^-$).
- Tem sua densidade eletrônica máxima fora da região entre os dois núcleos e ao longo da linha que passa por eles, sendo, pois, um orbital σ.
- Tem maior energia do que os orbitais que lhe deram origem, razão pela qual é chamado de *antiligante*.

Do mesmo modo que nos átomos, os elétrons são encontrados em OAs ($\Psi_A$, $\Psi_B$ e assim por diante); entretanto, nas moléculas, eles estão no OM ($\Psi_{AB}$).

Para a estruturação desses orbitais, devemos ter cuidado com os seguintes detalhes:

- Cada um deles contém um máximo de dois elétrons.
- Eles têm energias definidas.
- Podem ser visualizados com diagramas de contorno.
- Estão associados com uma molécula como um todo.

A seguir, na Figura 4.64, podemos observar as superfícies limites de dois OMs que são formados pela combinação de dois OAs 1s. Do lado esquerdo do diagrama, visualizamos dois OAs 1s e, na direita, a formação dos OMs.

Figura 4.64 – Combinação de OAs 1s para formar o OM sigma

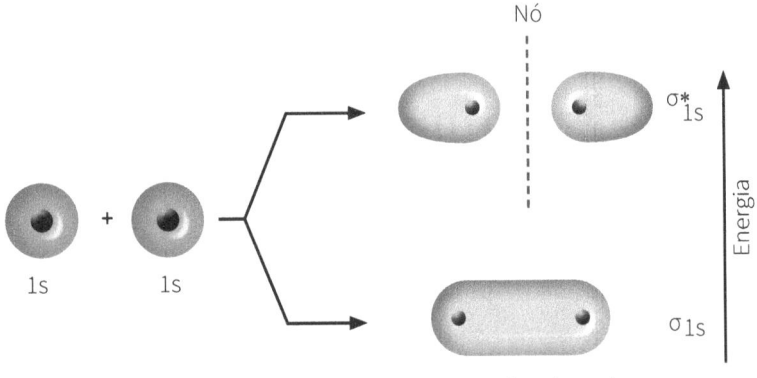

Orbitais atômicos de H    Orbitais moleculares de $H_2$

**Fonte:** Teoria..., 2021, p. 6.

Vamos agora configurar a molécula de hidrogênio. O OML ocorre quando dois OAs se superpõem, formando dois OMs. A consequência do 1s (H) + 1s (H) deve resultar em dois OMs para o $H_2$, ocasionando um aumento da densidade eletrônica entre os núcleos e originando um OM ligante (orbital de menor energia). Nesse caso, os OMs resultantes de orbitais s são orbitais OM.

O OMAL, que é representado por um asterisco (*), é de pouca densidade eletrônica entre os núcleos e é um orbital de maior energia.

Com esses apontamentos, podemos evidenciar que os OMs se chamam σ (sigma) porque a densidade eletrônica está centrada ao redor do eixo internuclear imaginário, como mostra a Figura 4.65.

Figura 4.65 – Representação dos eixos imaginários da combinação de OA 1s para formar OMσ

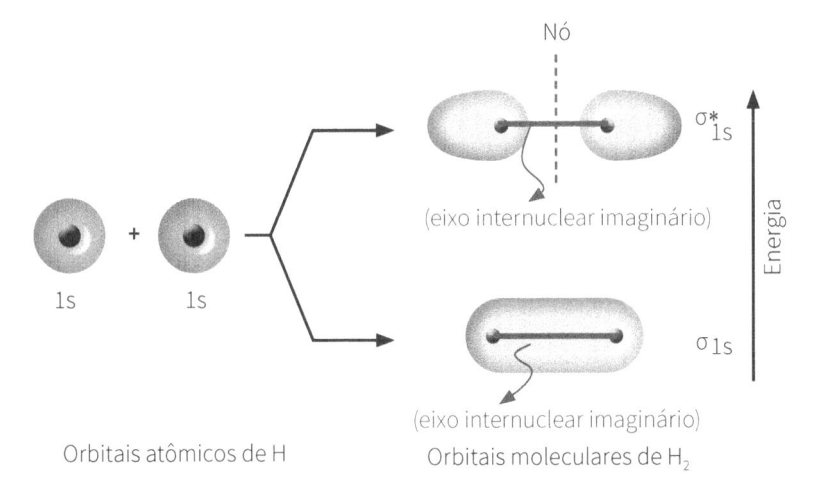

**Fonte:** Teoria..., 2021, p. 7.

Para entender como se distribuem os elétrons no diagrama, é preciso realizar o preenchimento dessas partículas de baixo para cima, ou seja, dos orbitais de menor energia para os de maior energia. Por exemplo, na molécula de $H_2$, a distribuição do átomo de hidrogênio é $1s^1$; portanto, devemos colocar um elétron para cada átomo de hidrogênio, conforme ilustra a Figura 4.66.

Figura 4.66 – Diagrama OM para $H_2$

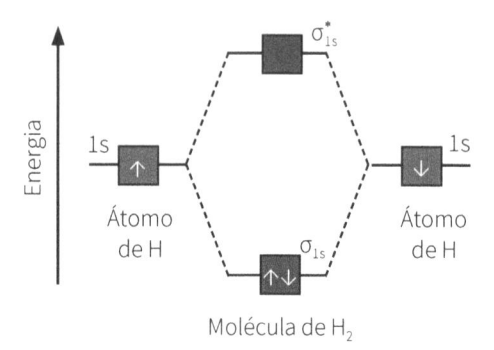

Fonte: Brown et al., 2005, p. 317.

Na sequência, acomodamos um elétron de cada átomo de hidrogênio no orbital de mais baixa energia ($\sigma_{1s}$), como indica a Figura 4.67.

Figura 4.67 – Preenchimento do diagrama OM para $H_2$

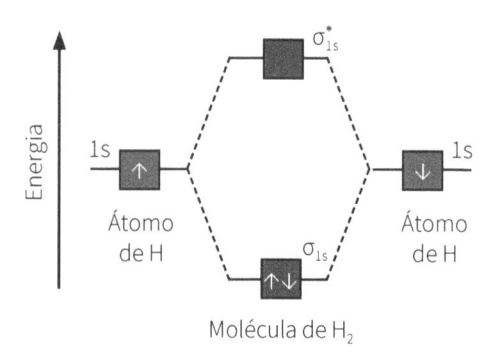

Fonte: Brown et al., 2005, p. 317.

Podemos perceber que o $H_2$ tem dois elétrons ligantes:
$H_2$: $(\sigma_s)^2$.

Vejamos agora como fica o diagrama para a molécula de $O_2$.

O $_8O$ apresenta a seguinte distribuição eletrônica: $1s^2\ 2s^2\ 2p^4$ e tem o diagrama da camada de valência conforme a Figura 4.68.

Figura 4.68 – Diagrama OM para $O_2$

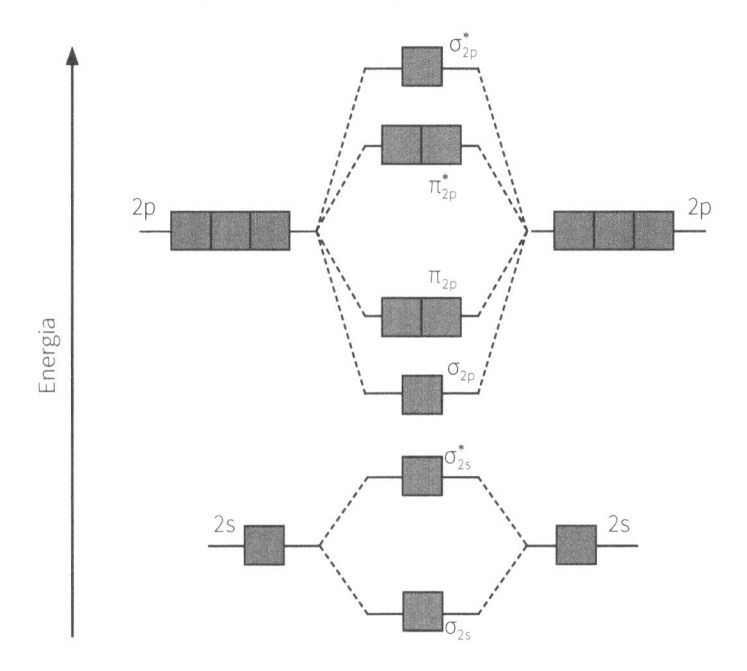

**Fonte:** Brown et al., 2005, p. 320.

O preenchimento dos elétrons da camada de valência para cada átomo de oxigênio ocorre como mostra a Figura 4.69, a seguir.

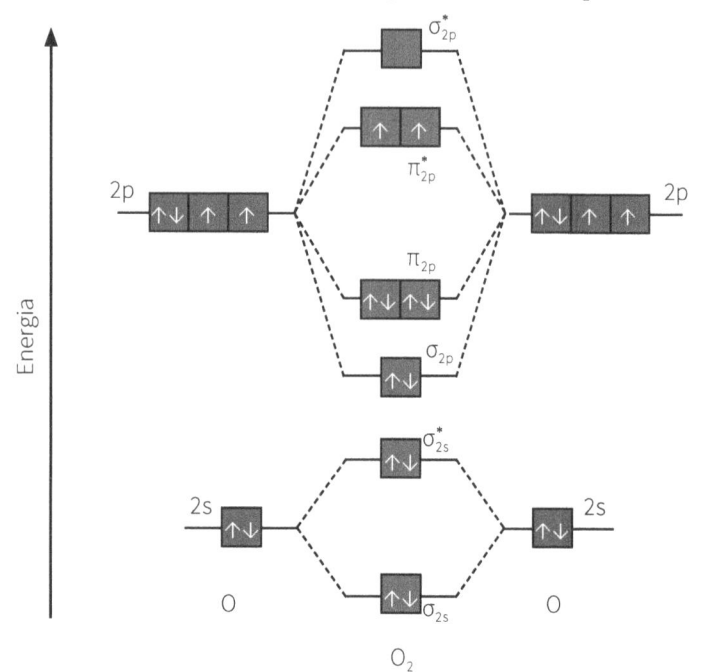

Figura 4.69 – Preenchimento do diagrama OM para $O_2$

Primeiramente, há o preenchimento dos orbitais σ e π ligantes para depois ocorrer o dos orbitais σ* e π* antiligantes de maior energia.

Como vimos, há uma grande relação entre a TVL e a TOM, pois a primeira considera as ligações envolvendo orbitais p como sendo σ ou π. Na Figura 4.70, a seguir, a TOM explica as mesmas ligações. Podemos notar a diferença apenas nas orientações dos orbitais envolvidos ($p_x$ e $p_y$).

Figura 4.70 – Formas da realização da interpenetração de orbitais p

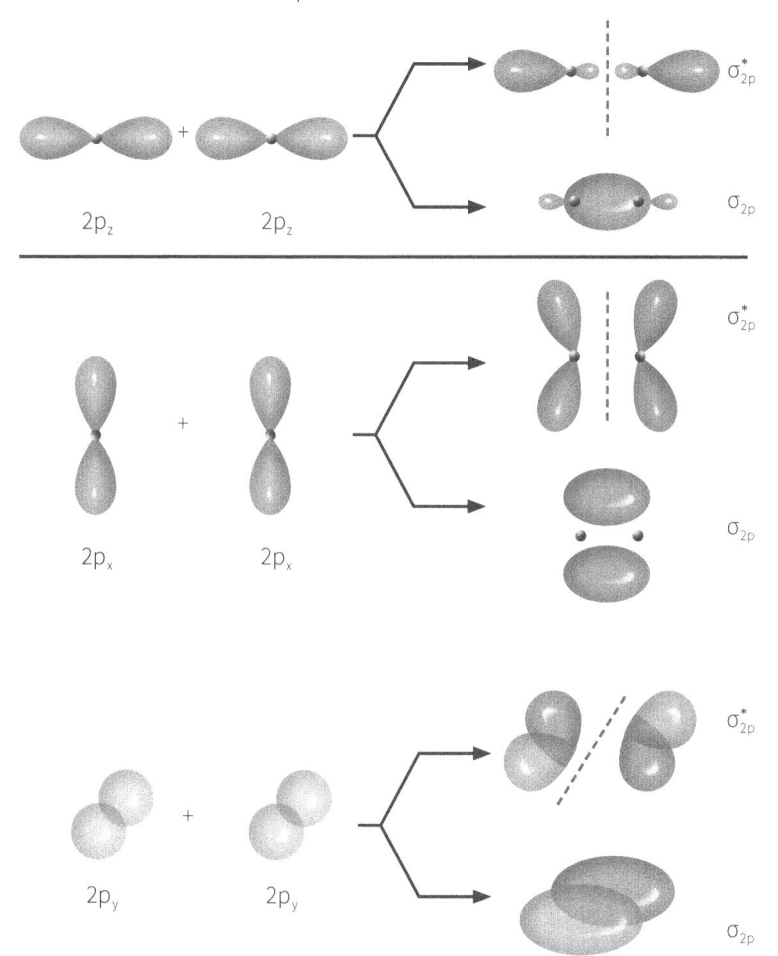

$\sigma^*_{2p}$

$\sigma_{2p}$

$2p_z$  $2p_z$

$\sigma^*_{2p}$

$\sigma_{2p}$

$2p_x$  $2p_x$

$\sigma^*_{2p}$

$\sigma_{2p}$

$2p_y$  $2p_y$

**Fonte:** Brown et al., 2005, p. 320.

Nessa figura, vemos os tipos de ligações que os orbitais p podem realizar, ou seja, uma ligação sigma (interpenetração frontal) e duas ligações pi, que são interpenetrações laterais.

## 4.6 Ordem de ligação

Em nível atômico, a ordem de ligação (OL) representa a quantidade de pares de elétrons ligados que existe entre dois átomos.

Com a OL, podemos determinar a estabilidade da ligação: esta será mais forte quanto maior for a OL. Logo, será mais difícil quebrá-la, e o composto formado será mais estável.

Podemos calcular a OL da seguinte forma:

$OL = \frac{1}{2}$ (número de elétrons ligantes – número de elétrons antiligantes)

Sendo que:
- Para OL = 1, a ligação é simples.
- Para OL = 2, a ligação é dupla.
- Para OL = 3, a ligação é tripla.

São possíveis OLs fracionárias para condições específicas. Vejamos o exemplo da molécula de oxigênio. Nesse casso, a OL pode ser determinada por:

$OL_{O_2} = \frac{1}{2}(8 - 4) = 2$

Portanto, a molécula de $O_2$ apresenta uma dupla ligação.

Com o auxílio da TOM, podemos identificar se determinada substância existe ou não. Também podemos conseguir prever determinadas propriedades dessa substância.

Já vimos o diagrama da molécula de $H_2$, na qual a OL é $OL_{H_2} = \frac{1}{2}(2-0) = 1$; portanto, a molécula de $H_2$ existe e apresenta uma ligação simples. Agora, será que existe a molécula $He_2$? Vamos analisar.

A distribuição eletrônica do hélio (He) é $1s^2$. Seu diagrama OM é mostrado na Figura 4.71.

Figura 4.71 – Diagrama OM para $He_2$

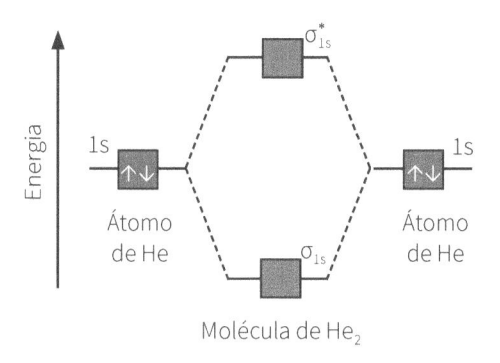

**Fonte:** Departamento de Química UFMG, 2012b.

Realizando a distribuição dos elétrons em ordem crescente de energia, obtemos o diagrama da Figura 4.72.

Figura 4.72 – Preenchimento do diagrama OM para $He_2$

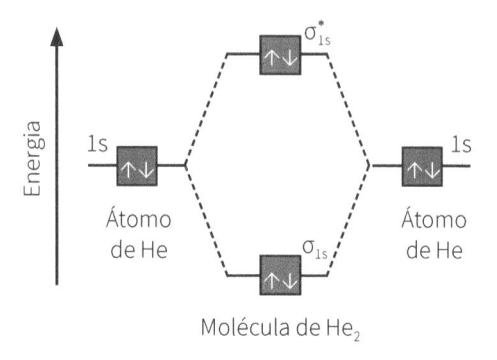

Molécula de $He_2$

**Fonte:** Departamento de Química UFMG, 2012b.

Agora podemos realizar o cálculo da ordem da ligação: $OL_{He_2} = \frac{1}{2}(2-2) = 0$. Como a ordem da ligação deu zero, isso indica que a molécula de $He_2$ não existe.

## Exercício resolvido

1. Represente a formação da molécula do cátion $He_2^+$ com o diagrama de orbitais, segundo a TOM, e calcule a OL.

Resolução:

O preenchimento dos orbitais ocorre da mesma forma que no $He_2$, a única diferença é que este perdeu um elétron e se tornou um cátion. Usaremos o orbital $1s^2$ do átomo de He e o orbital $1s^1$ com o átomo de hélio com carga positiva. Dessa forma, temos três elétrons para distribuir nos OMs σ e σ*: dois elétrons no orbital σ ligante, de menor energia, e um elétron no orbital σ* antiligante, de maior energia, como mostra a figura a seguir.

Figura A – Distribuição dos elétrons nos orbitais

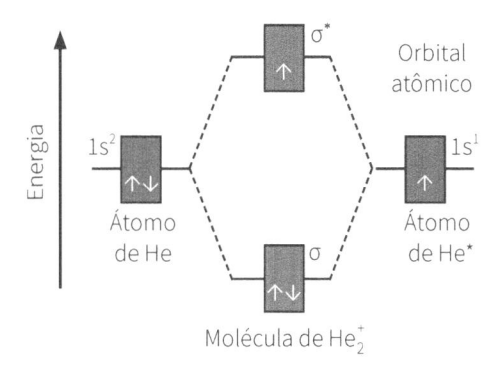

**Fonte:** Brown et al., 2005, p. 318.

A OL será calculada da seguinte forma:

$$OL = \frac{(2-1)}{2} = 0,5$$

Note que, nesse caso, para a molécula imaginária $He_2$, a OL foi zero, ou seja, não há ligação; logo, a molécula não existe. Porém, é possível gerar o cátion $He_2^+$.

---

Além disso, devemos considerar que, para $B_2$, $C_2$ e $N_2$, o orbital $\sigma_{2p}$ tem maior energia do que o orbital $\pi_{2p}$.

Figura 4.73 – Diagrama OM para $B_2$, $C_2$ e $N_2$

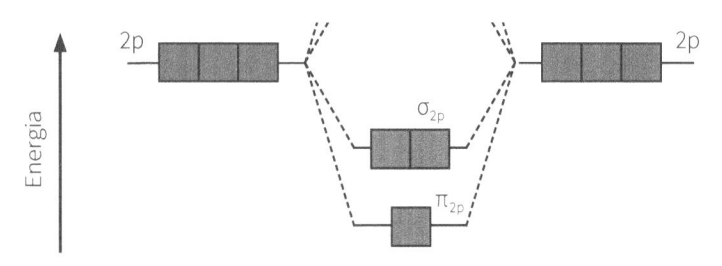

Já para $O_2$, $F_2$ e $Ne_2$, o orbital $\sigma_{2p}$ tem menor energia do que o $\pi_{2p}$.

Figura 4.74 – Diagrama OM para $O_2$, $F_2$ e $Ne_2$

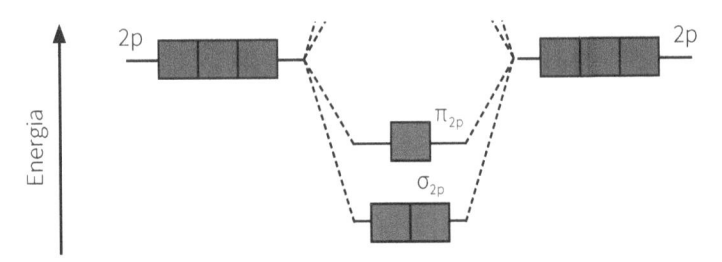

Para as configurações eletrônicas de $B_2$ até $Ne_2$, devemos levar em consideração as seguintes regras:

- É necessário conhecer as energias relativas dos orbitais para só assim realizar a distribuição dos elétrons nos OMs, levando em consideração os princípios da exclusão de Pauling e da máxima multiplicidade de Hund.
- À medida que a OL aumenta, o comprimento de ligação diminui.
- À medida que a OL aumenta, a energia de ligação aumenta.

# 4.7 Configurações eletrônicas e propriedades moleculares

No caso das propriedades moleculares, com o auxílio das distribuições eletrônicas, podemos determinar o **comportamento magnético**, que pode ser classificado como:

- **Paramagnetismo** (elétrons desemparelhados na molécula) – Há forte atração entre o campo magnético e a molécula.
- **Diamagnetismo** (sem elétrons desemparelhados na molécula) – Há fraca repulsão entre o campo magnético e a molécula.

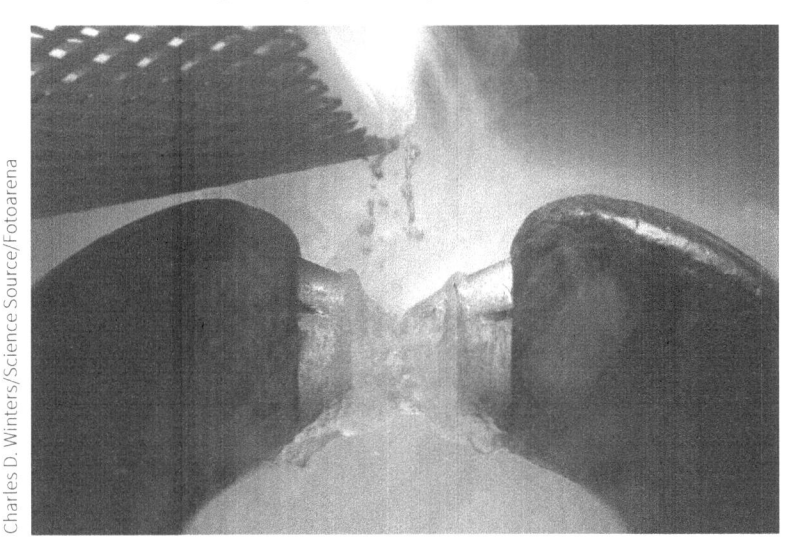

Figura 4.75 – Oxigênio líquido despejado em um campo magnético

Como vimos, para a molécula de oxigênio ($O_2$), a TVL não apresenta elétrons desemparelhados (Figura 4.76)

Figura 4.76 – Fórmula estrutural eletrônica do $O_2$

$$\ddot{\text{O}}::\ddot{\text{O}} \qquad \ddot{\text{O}}=\ddot{\text{O}}$$

Contudo, a TOM mostra que a molécula de $O_2$ é paramagnética, pois apresenta elétrons desemparelhados (Figura 4.77).

Figura 4.77 – Preenchimento do diagrama OM para $O_2$

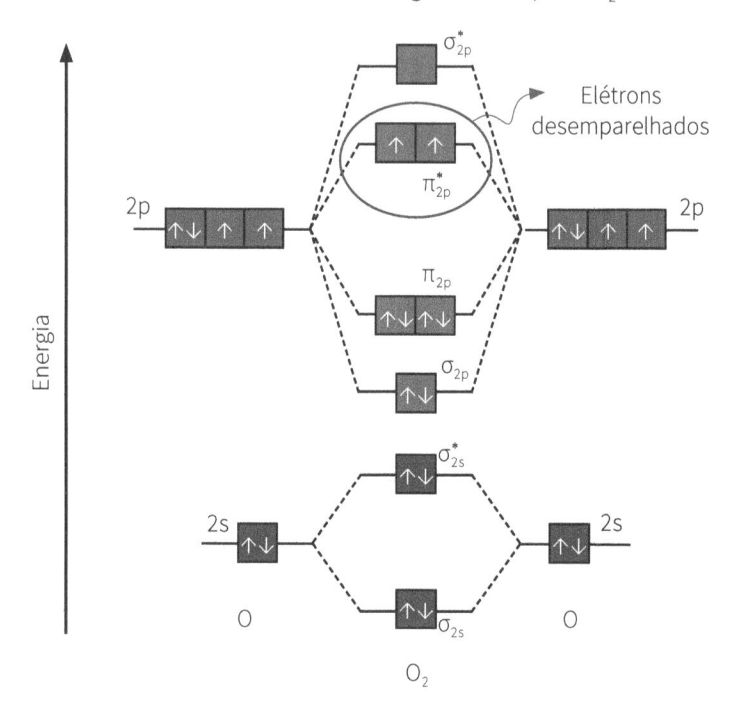

**Fonte:** Teoria..., 2021, p. 36.

Agora, observando o diagrama da molécula de $F_2$, percebemos que essa molécula é diamagnética, pois apresenta todos os seus orbitais com elétrons emparelhados (Figura 4.78).

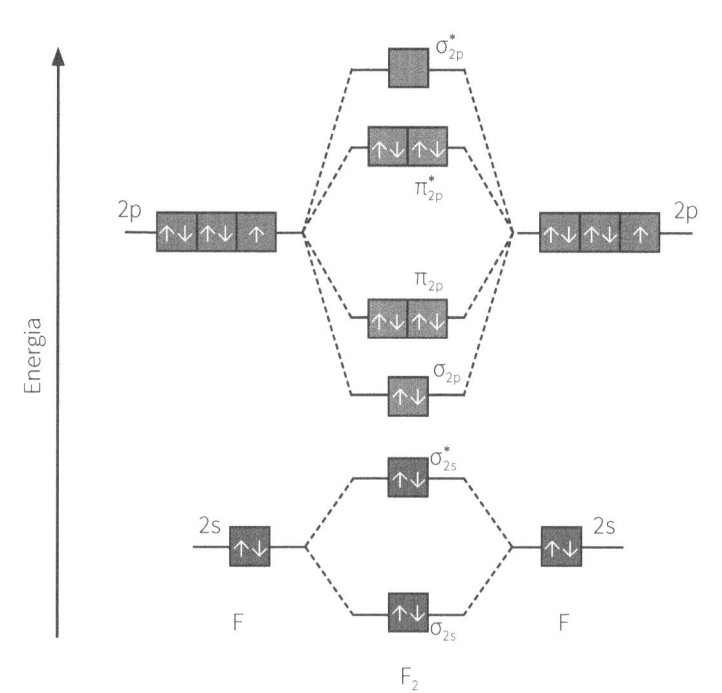

Figura 4.78 – Preenchimento do diagrama OM para F$_2$

Fonte: Teoria…, 2021, p. 43.

## 4.8 Moléculas heteronucleares

Vamos agora analisar a alteração de moléculas heteronucleares para moléculas diatômicas, ou seja, quando átomos de dois elementos diferentes estão ligados.

Para moléculas diatômicas heteronucleares, a TOM se diferencia apenas quanto às disposições dos OAs das moléculas heteronucleares.

A diferença em relação à produção dos diagramas anteriores é que a contribuição para o OM ligante provém do átomo mais eletronegativo e que o átomo menos eletronegativo normalmente contribui mais para formação do OM antiligante.

De modo geral, a eletronegatividade influencia as energias dos orbitais para a formação do OM, pois o átomo mais eletronegativo é o que apresenta o OA de menor energia, visto que este se encontra mais próximo ao núcleo, como mostra a Figura 4.79.

Figura 4.79 – Preenchimento do diagrama OM para o ácido fluorídrico (HF), o ácido clorídrico (HCl) e o ácido bromídrico (HBr)

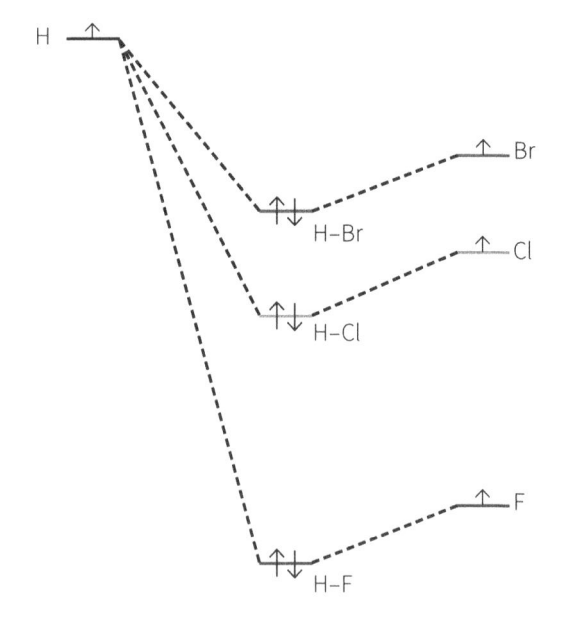

Note que o flúor é mais eletronegativo do que o cloro e o bromo, portanto seus orbitais atômicos têm uma menor energia.

Quando os elétrons de valência de um átomo de hidrogênio e de um átomo de halogênio se combinam para formar uma ligação, a combinação desta fica com uma energia mais baixa do que qualquer um dos originais. Como consequência, a maior eletronegatividade do flúor leva a uma ligação mais forte, ou seja, mais difícil de ser rompida, o que explica a menor acidez do ácido fluorídrico em comparação com o ácido clorídrico e o ácido bromídrico.

Agora podemos montar, por exemplo, a molécula do ácido fluorídrico. A distribuição eletrônica do $_1$H é 1s$^1$, e a distribuição eletrônica do $_9$F é 1s$^2$ 2s$^2$ 2p$^5$.

Como o flúor é mais eletronegativo, seus orbitais atômicos terão a menor energia (Figura 4.80).

Figura 4.80 – Preenchimento do diagrama OM para HF

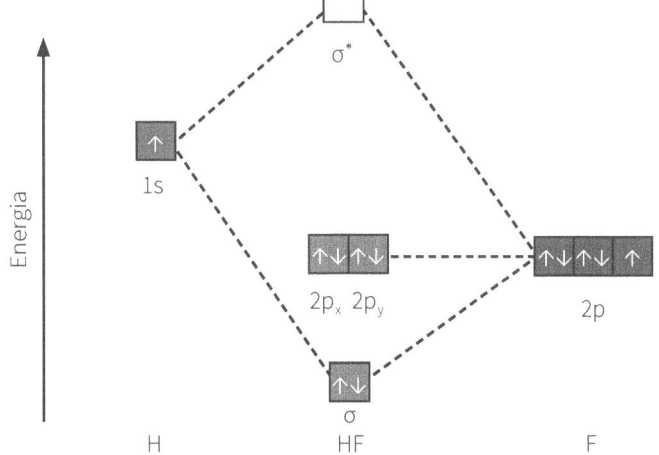

Nesse caso, houve a contribuição do elétron 1s do átomo de hidrogênio e de um elétron do orbital 2p do átomo de flúor.

Podemos então obter algumas informações sobre a molécula do ácido fluorídrico:

$OL_{HF} = \frac{1}{2}(2 - 0) = 1$

O fato de a ordem ser igual a 1, indica que existe uma ligação simples entre o átomo de hidrogênio e o átomo de flúor. Como todos os orbitais estão preenchidos, a molécula do ácido fluorídrico é diamagnética.

## Exercício resolvido

1. Construa os orbitais moleculares para o ácido clorídrico (HCl) e calcule sua OL.

Resolução:

A distribuição eletrônica do $_1H$ é 1s1; a distribuição eletrônica do $_{17}Cl$ é $1s^2\ 2s^2\ 2p^6\ 3s^2\ 3p^5$.

Figura A – Distribuição dos elétrons nos orbitais da molécula de HCl

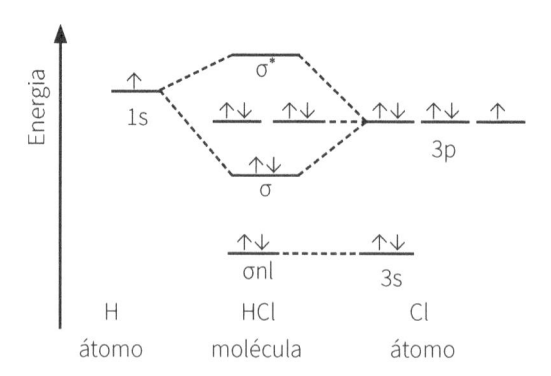

Como ocorre apenas a interação de um elétron do orbital 1s do átomo de hidrogênio com um elétron do orbital 3p do átomo de cloro, haverá apenas dois elétrons no orbital σ ligante e nenhum no orbital σ* antiligante. Assim, temos:

$$OL_{HCl} = \frac{1}{2}(2-0) = 1$$

Outro exemplo importante é o da molécula do monóxido de carbono (CO). Podemos representar o diagrama de energia da molécula desse composto da seguinte maneira: a distribuição eletrônica do $_6C$ é $1s^2\ 2s^2\ 2p^2$; a distribuição eletrônica do $_8O$ é $1s^2\ 2s^2\ 2p^4$.

Nesse caso, os orbitais σ são resultado de todas as combinações dos orbitais atômicos 2s e 2p do átomo de carbono e do átomo de oxigênio.

Figura 4.81 – Diagrama OM para CO

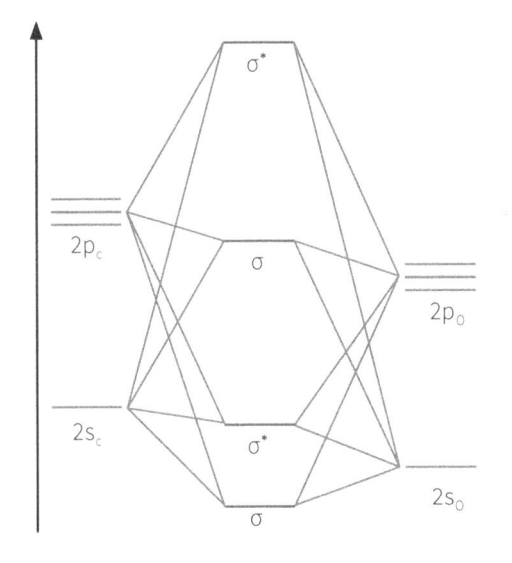

A Figura 4.82 mostra a maneira de adicionar os elétrons de cada elemento bem como os orbitais π ligantes e π antiligantes.

Figura 4.82 – Preenchimento do diagrama OM para CO

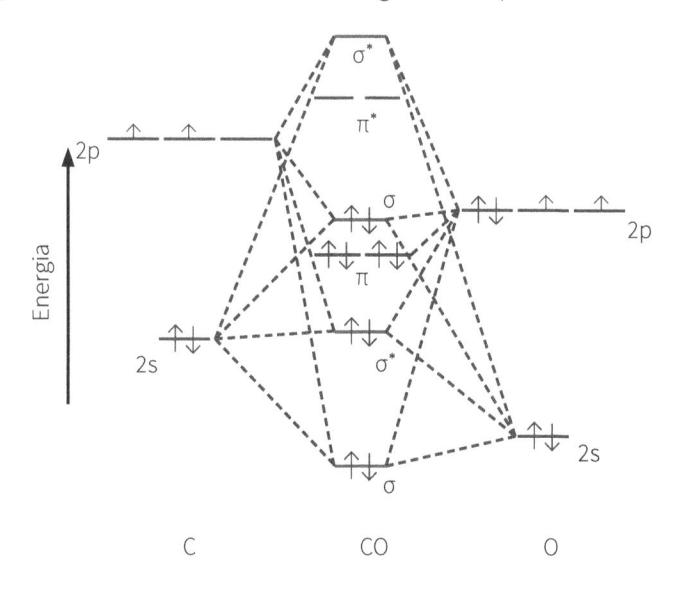

Nesse caso, também podemos observar algumas informações importantes sobre a molécula do monóxido de carbono. Vejamos o cálculo da OL:

$$OL_{CO} = \frac{1}{2}(8 - 2) = 3$$

Para a molécula do monóxido de carbono, temos a estrutura mostrada a seguir.

Figura 4.83 – Fórmula estrutural eletrônica do CO

$$:C \equiv O:$$

A OL do CO é igual 3, configurando uma tripla ligação.

Podemos associar o tipo de ligação e de estrutura do monóxido de carbono com a grande interação com a hemoglobina, um interesse biológico que pode ser explicado por meio da TOM.

Na molécula do monóxido de carbono, podemos observar uma característica importante, o fenômeno chamado *retrodoação*, que consiste na ligação da molécula com algum átomo metálico. Essa ligação pode ser evidenciada quando o monóxido de carbono interage com o centro heme, o qual é formado por um complexo organometálico, ou seja, uma molécula orgânica que se liga a um átomo metálico central, geralmente o ferro. Esse complexo é chamado de *hemoglobina*, que é responsável pelo transporte de oxigênio no organismo vivo. Para que essa relação ocorra, devemos levar em conta alguns aspectos:

- No caso do monóxido de carbono, há um par de elétrons livres do átomo de carbono que podem ser transferidos para um orbital d vazio do átomo metálico, por meio de uma ligação σ.
- Outro fator está associado aos orbitais π* (pi antiligantes) vazios na molécula de monóxido de carbono que têm baixa energia, o suficiente para se sobreporem de maneira eficiente aos orbitais d do metal, ricos em elétrons.

Podemos visualizar esse tipo de ligação na Figura 4.84, a seguir, em que o monóxido de carbono se liga à espécie metálica por duas maneiras: (1) por uma ligação σ e (2) por seus orbitais π que têm simetria semelhante aos orbitais d do metal.

Figura 4.84 – Demonstração das possíveis interações do monóxido de carbono com um metal

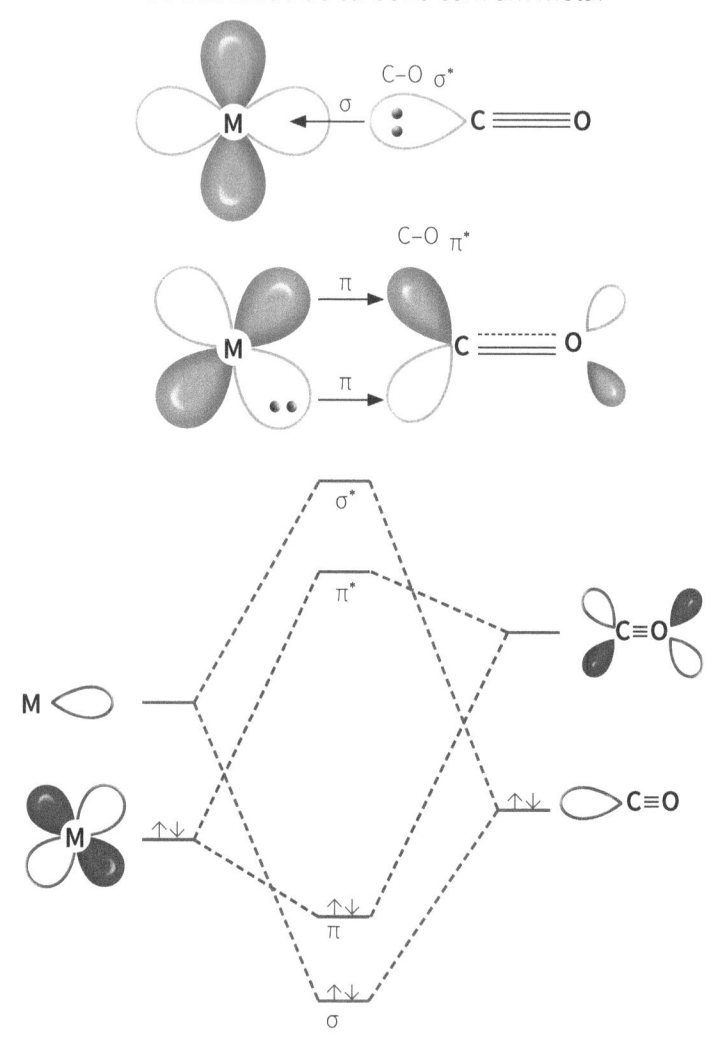

**Fonte:** A ligação..., 2021, p. 6; Mori, 2019.

Agora ficam evidentes a complexidade e a importância do estudo da TOM, pois é possível compreender a interação do monóxido de carbono com a hemoglobina, formando um complexo denominado *carboxihemoglobina*.

Quem manda na intensidade da força entre o monóxido de carbono e o grupo heme da hemoglobina é a retrodoação, por meio do orbital π* do composto, que se constitui em um orbital de mais baixa energia, o que fortalece a interação. Já no diagrama do oxigênio ($O_2$), observamos a presença de dois elétrons desemparelhados em orbitais de energia mais alta, dificultando assim a interação dessa substância com o metal. Nesse caso, o monóxido de carbono ocupa o lugar que seria do oxigênio e, portanto, não ocorre o transporte deste gás essencial à vida, pelo contrário, há o envenenamento por monóxido de carbono, o que evidencia a grande toxicidade dessa substância.

# Síntese

Neste capítulo, vimos que, na TLV, há um modelo atômico moderno em que uma ligação química pode ser entendida como o emparelhamento de um elétron de um átomo com o elétron de outro átomo, formando os orbitais moleculares, ou seja, o compartilhamento do par de elétrons. No âmbito dessa teoria, conceituamos a ligação σ e a ligação π. A formação da primeira se dá pela aproximação direta dos orbitais pelo mesmo eixo; já a segunda é formada quando os orbitais estão perpendiculares ao eixo de aproximação.

Analisamos também a teoria da expansão eletrônica da camada de valência, comprovando assim que certos elementos mais estáveis, como os gases nobres, são capazes de realizar ligações com outros materiais. Com o estudo das ligações, mostramos como ocorrem as hibridações dos elementos, além da geometria molecular e da polaridade dos compostos químicos.

Para a estrutura montada, com o cálculo da carga formal, conseguimos verificar qual formação é a mais estável e com isso prever suas propriedades.

Com base no VSEPR e com uma noção da montagem da estrutura de Lewis, determinamos o arranjo espacial de cada composto analisado. Com isso, caracterizamos as propriedades específicas de um composto, como a solubilidade, a polaridade e os pontos de fusão e de ebulição.

No estudo da TOM, as ligações foram comprovadas de maneira diferente em relação ao modo tradicional e vimos conceitos novos, como o paramagnetismo e o diamagnetismo. Examinamos também, com o auxílio da TOM, a força e o tipo de ligação existente entre dois elementos.

Todas essas análises são de fundamental importância no estudo das propriedades dos materiais.

# Atividades de autoavaliação

1. (UFPR – 2012) O dióxido de carbono é produto da respiração, da queima de combustíveis e é responsável pelo efeito estufa. Em condições ambiente, apresenta-se como gás, mas pode

ser solidificado por resfriamento, sendo conhecido nesse caso como gelo seco.

Acerca da estrutura de Lewis do dióxido de carbono, considere as afirmativas a seguir (se houver mais de uma estrutura de Lewis possível, considere a que apresenta mais baixa carga formal dos átomos, isto é, a mais estável segundo o modelo de Lewis):

1. Entre o átomo de carbono e os dois oxigênios há duplas ligações.
2. O NOX (número de oxidação) de cada átomo de oxigênio é igual a –2.
3. O NOX do carbono é igual a zero.
4. O átomo de carbono não possui elétrons desemparelhados.

Assinale a alternativa correta.

a) Somente as afirmativas 1 e 2 são verdadeiras.
b) Somente as afirmativas 2 e 3 são verdadeiras.
c) Somente as afirmativas 1, 2 e 4 são verdadeiras.
d) Somente as afirmativas 1, 3 e 4 são verdadeiras.
e) Somente as afirmativas 1 e 4 são verdadeiras.

2. (UECE – 2015) Em 1933, a comunidade científica aceitou uma nova proposta do físico alemão Friedrich Hermann Hund (1896-1997) e do químico norte-americano Robert Sanderson Mulliken (1896-1986) que explicava, de maneira mais adequada, as estruturas e propriedades dos metais, o paramagnetismo da substância oxigênio e as ligações de compostos deficientes de elétrons. A proposta apresentada é conhecida como

a) teoria da ligação de valência.
b) modelo VSEPR.
c) teoria do orbital molecular.
d) princípio da máxima multiplicidade.

3. Com base na TOM, é possível dizer que a molécula de $O_2$ apresenta a seguinte característica:
   a) É diamagnética.
   b) É paramagnética.
   c) Não apresenta elétron não ligante.
   d) Não apresenta orbital antiligante.
   e) Não apresenta nenhum elétron nos orbitais ligantes.

4. (IME – 2019) Assinale a alternativa VERDADEIRA:
   a) A energia de ligação na molécula de NO é maior que no íon $NO^+$.
   b) A energia de ligação na molécula de CO é maior que no íon $CO^+$.
   c) A molécula de $O_2$ tem maior energia de ligação que os íons $O_2^+$ e $O_2^-$.
   d) A ligação dupla C = C tem o dobro da energia da ligação simples C – C.
   e) O íon $NO^-$ é mais estável que o íon $NO^+$.

5. (UECE – 2016) O benzeno é usado principalmente para produzir outras substâncias químicas. Seus derivados mais largamente produzidos incluem o estireno, que é usado para produzir polímeros e plásticos, fenol, para resinas e adesivos, e ciclohexano, usado na manufatura de nylon. Quantidades

menores de benzeno são usadas para produzir alguns tipos de borrachas, lubrificantes, corantes, detergentes, fármacos, explosivos e pesticidas. O benzeno não é representado apenas por uma estrutura de Lewis, mas por mais de um arranjo para descrever sua estrutura, que corresponde ao efeito mesomérico ou ressonância e é identificada

a) por ser bastante estável e agir como se tivesse isoladamente ligações simples e ligações duplas.
b) pelas distâncias entre os átomos de carbono das ligações simples (1,54 Å) e das ligações duplas (1,34 Å).
c) pela variação da posição dos elétrons σ (sigma) que provocam mudanças nas posições dos átomos de carbono.
d) por possuir distância intermediária entre os átomos de carbono, comparada com a distância da ligação simples e a distância da ligação dupla.

# Atividades de aprendizagem

## Questões para reflexão

1. A distância de ligação no íon $N_2^+$, preparado pelo bombardeamento da molécula de $N_2$ com elétrons acelerados, é de 112 picômetros (pm), ao passo que, na molécula de $N_2$, é de 109 pm. Com base nessas informações, faça o que se pede a seguir:

a) Complete o diagrama de orbitais moleculares para $N_2$ e $N_2^+$.

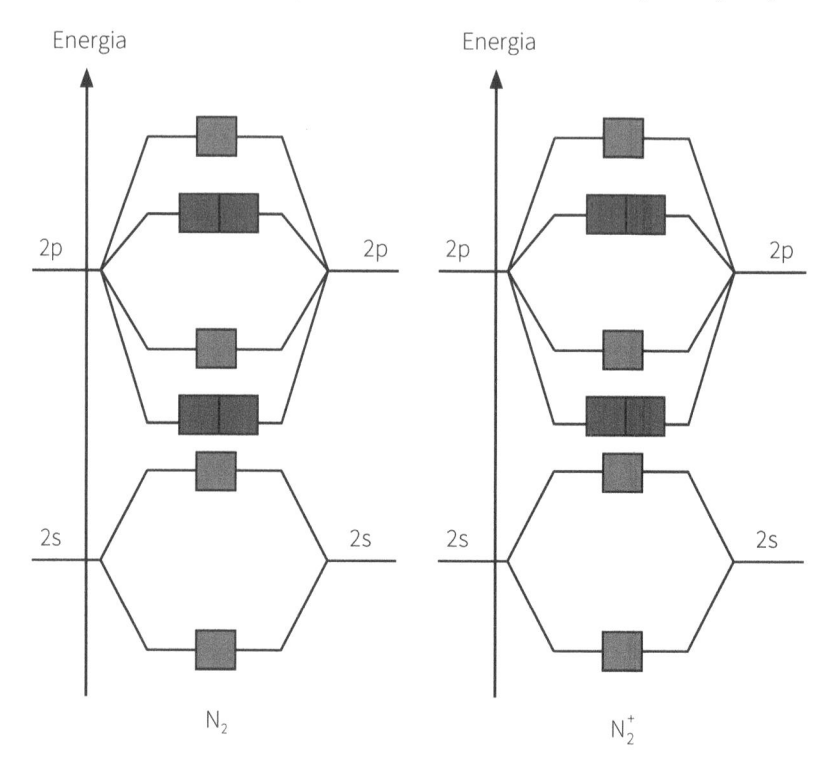

b) Qual é a OL para as espécies $N_2$ e $N_2^+$?
c) Por que o $N_2^+$ apresenta uma maior ligação em relação ao $N_2$?

2. Demonstre, por meio da teoria dos orbitais, as ligações químicas covalentes na molécula de $N_2$. Sabe-se que os núcleos atômicos estão localizados ao longo do eixo z e que o número atômico do nitrogênio é 7.

3. Nos computadores, existem os ímãs de HD que são formados por neodímio, ferro e boro. Com base nessa informação, responda:
   a) Os três elementos são paramagnéticos ou diamagnéticos?
   b) Usando o diagrama de caixas, concluímos que os íons $Nd^{3+}$ e $Fe^{3+}$ são paramagnéticos ou diamagnéticos?

4. Para o íon $ClO_4^-$, determine as cargas formais e sua geometria molecular.

5. Em um experimento de demonstrações de equilíbrio dinâmico entre duas substâncias –, o dióxido de nitrogênio ($NO_2$) e o tetróxido de dinitrogênio ($N_2O_4$) – verificou-se que o segundo é dímero do primeiro, um gás que se liquefaz a 21 °C e congela a –11 °C. O $N_2O_4$ forma uma mistura em equilíbrio com seu monômero, o $NO_2$. Para a conversão entre eles, usa-se a seguinte equação: $N_2O_4 \leftrightarrow 2NO_2$. Com base nessas informações, responda:
   a) Qual das duas moléculas é diamagnética e qual é paramagnética?
   b) Quais são as cargas formais dos átomos nas duas moléculas?

6. A TOM é uma ferramenta útil na descrição de ligações químicas. Com base no diagrama de orbitais moleculares apresentado, responda às questões que se seguem.

   Distribuição dos elétrons nos orbitais atômicos para a molécula de NO:

$\sigma^*_{2p_z}$

$\pi^*_{2p_x}$ $\pi^*_{2p_y}$

2p

$\pi_{2p_x}$ $\pi_{2p_y}$

E

$\sigma_{2p_z}$

$\sigma^*_{2s}$

2s

2s

Orbitais atômicos (N)

$\sigma_{2s}$

Orbitais moleculares (NO)

Orbitais atômicos (O)

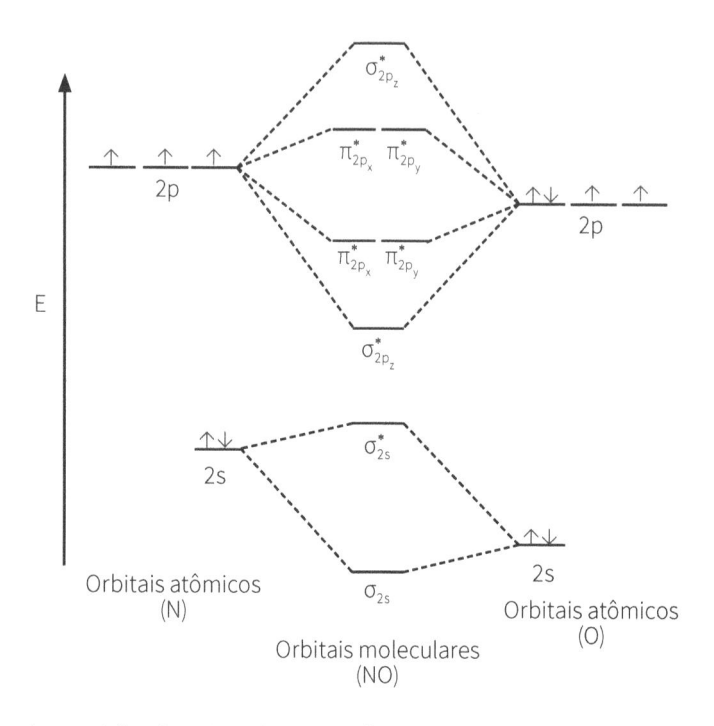

a) Qual é a distribuição dos elétrons para o NO e o NO⁺?
b) Qual dos dois compostos apresentará maior estabilidade?
c) Qual dos compostos é diamagnético e qual é paramagnético?

7. Explique por que $O_2^+$ apresenta ligações mais fortes que $O_2$, ao passo que $N_2^+$ tem ligações mais fracas do que $N_2$.

8. A sobreposição ou o recobrimento entre dois orbitais atômicos para a formação de uma ligação covalente dá origem a quantos orbitais moleculares? Quais são as características desses orbitais moleculares?

## Atividade aplicada: prática

1. Quando se discute a história da TLV e da TOM, é importante notar que ambas surgiram aproximadamente na mesma época, entre o final da década de 1920 e o início da década de 1930. A princípio, as duas teorias foram desenvolvidas com fins diferentes: a TLV foi criada com o intuito de descrever as ligações químicas, especialmente em seus primórdios, na molécula de hidrogênio, ao passo que a TOM estava voltada para o estudo dos espectros eletrônicos de moléculas. Levando em conta a relevância das duas teorias, descreva como a TOM se apresenta com maior importância na área da química e quais são as principais características dessa teoria no tocante ao comportamento de determinados compostos.

Capítulo 5

# Metais alcalinos e alcalinoterrosos

Como vimos anteriormente, na tabela periódica, os metais são os elementos mais abundantes. Além disso, há uma grande importância nas propriedades químicas desses elementos, seja para a indústria, seja para a área da pesquisa. O bloco "s" apresenta muitas propriedades específicas, entre as quais podemos citar a condutividade elétrica e térmica, a maleabilidade, a ductibilidade e o brilho característico.

Outra característica importante dos elementos do grupo 1 (metais alcalinos) e do grupo 2 (metais alcalinoterrosos) é que muitos deles são encontrados nos minerais que são vitais para o bom funcionamento do organismo, como mostra o Gráfico 5.1.

Gráfico 5.1 – Quantidades dos principais elementos encontrados no Universo

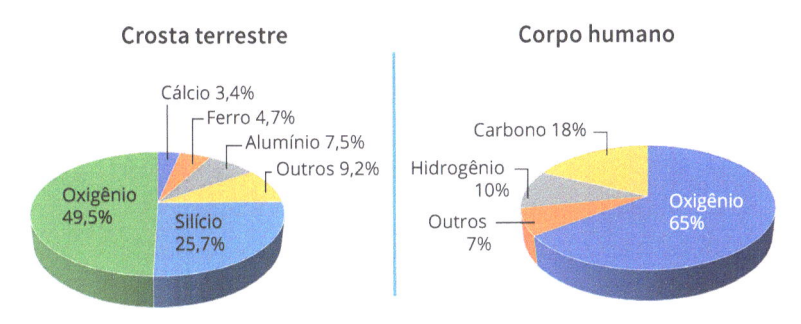

**Crosta terrestre**
- Oxigênio 49,5%
- Silício 25,7%
- Outros 9,2%
- Alumínio 7,5%
- Ferro 4,7%
- Cálcio 3,4%

**Corpo humano**
- Oxigênio 65%
- Carbono 18%
- Hidrogênio 10%
- Outros 7%

**Fonte:** Quimlab, 2021.

Esses elementos apresentam uma abundância muito variada na crosta terrestre: desde o cálcio (Ca) – quinto metal mais abundante –, seguido pelo sódio (Na) e pelo magnésio (Mg), até os metais mais raros, como o césio (Cs) e o berílio (Be), como indica o Gráfico 5.2.

Gráfico 5.2 – Abundância dos principais elementos encontrados na crosta terrestre

**Os dez elementos mais abundantes na crosta terrestre**

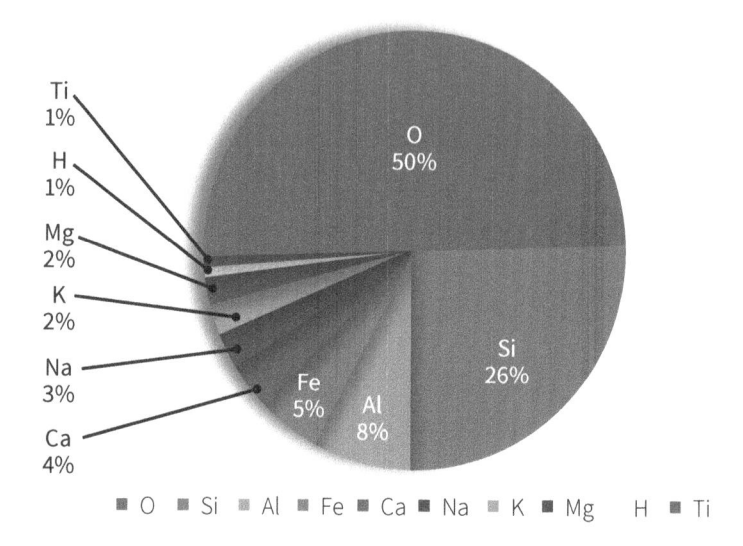

- O 50%
- Si 26%
- Al 8%
- Fe 5%
- Ca 4%
- Na 3%
- K 2%
- Mg 2%
- H 1%
- Ti 1%

■ O  ■ Si  ■ Al  ■ Fe  ■ Ca  ■ Na  ■ K  ■ Mg  H  ■ Ti

**Fonte:** Os dez..., 2014, p. 2.

Vale ressaltar que os metais alcalinos e os metais alcalinoterrosos são muito importantes para a sustentação da vida na Terra.

# 5.1 Grupo 1: metais alcalinos

Na tabela periódica, os elementos do grupo 1 são chamados de *metais alcalinos*. Recebem esse nome por serem facilmente encontrados sob a forma de bases de Arrhenius (álcalis), compostos que apresentam a seguinte fórmula geral: $M(OH)_x$. Todos os elementos desse grupo apresentam propriedades químicas semelhantes. Na determinação de sua classificação periódica, percebeu-se que eles terminam com o subnível mais energético e camada de valência (CV) em $ns^1$ e, como vimos, *n* corresponde ao nível do elemento em estudo, como mostra a Tabela 5.1.

Tabela 5.1 – Elementos do grupo 1 da tabela periódica

| Grupo 1 | $_3$Li | $_{11}$Na | $_{19}$K | $_{37}$Rb | $_{55}$Cs | $_{87}$Fr |
|---|---|---|---|---|---|---|
| Período | 2 | 3 | 4 | 5 | 6 | 7 |

O que indica as principais características das propriedades físicas e químicas dos elementos do grupo 1 é a facilidade com que o elétron de valência pode ser removido; consequentemente, eles têm uma alta reatividade química. Vejamos:

☐ Os metais alcalinos reagem com a água, produzindo soluções básicas como o hidróxido de potássio (KOH) e o hidrogênio:

$2K_{(s)} + 2H_2O_{(l)} \rightarrow KOH_{(aq)} + H_{2(g)}$

☐ Os metais alcalinos reagem com o oxigênio do ar, sofrendo oxidação e produzindo óxidos, como o óxido de potássio ($K_2O$):

$4K_{(s)} + O_{2(g)} \rightarrow 2K_2O_{(s)}$

Também são usados como agentes redutores fortes em outras reações em laboratório e em outros setores da indústria.

Como apresentam apenas um elétron em sua camada de valência, ao perdê-lo, transformam-se em íons monopositivos, ou seja, a principal carga na composição das substâncias é 1+: $M^{1+}$.

Esses elementos não são encontrados em sua forma pura na natureza em razão de sua grande reatividade, porém podem ser obtidos principalmente em escala industrial pela eletrólise dos sais fundidos. Assim, o lítio (Li) é obtido industrialmente via eletrólise (aplicação da corrente elétrica) de uma mistura de cloreto de lítio e cloreto de potássio.

A obtenção do sódio (Na) ocorre por eletrólise ígnea, ou seja, o sal é derretido, formando íons, e, ao passar uma corrente por ele, o sódio se forma no cátodo (polo negativo). O potássio (K) é obtido pela silvinita (mistura de KCl + NaCl), salmoura de KCl – recuperação pela ação do sódio sobre KCl a 850 °C. O rubídio (Rb) e o césio (Cs) são obtidos como subprodutos do processamento do lítio. Consegue-se o frâncio (Fr) a partir do decaimento actinídeo.

Entre os metais alcalinos, os mais que se destacam são o lítio, o sódio e o potássio, os quais analisaremos a seguir.

## 5.1.1 Lítio

O lítio apresenta várias aplicações, entre as quais estão as descritas a seguir:

- Íons de lítio são usados na composição de pilhas e baterias recarregáveis.
- Compostos de lítio são empregados em aparelhos para absorverem dióxido de carbono ($CO_2$), como

em espaçonaves, formando o carbonato de lítio ($Li_2CO_3$) – $CO_{2(g)} + Li_2O_{(s)} \rightarrow Li_2CO_{3(s)}$.
- O lítio é prescrito na forma de carbonato ($Li_2CO_3$) para o tratamento de transtorno bipolar e psicoses, além de ter ação comprovada na redução de pensamentos e ideações suicidas.

## 5.1.2 Sódio

As principais aplicações do sódio em nosso cotidiano são as seguintes:

- É empregado na composição do sal de cozinha (NaCl), tanto na alimentação quanto em processos industriais.
- É utilizado, na forma de hidróxido de sódio (NaOH), na produção de sabões e na indústria química.
- É utilizado na composição de fertilizantes (NPK), na forma de nitrato de sódio ($NaNO_3$).

Além disso, o sódio é um elemento extremamente importante para o organismo, uma vez que sua concentração intracelular está envolvida no controle das funções excitatórias das células. Por exemplo, para conduzir um impulso nervoso, inicialmente uma fibra nervosa precisa ter um aumento das concentrações intracelulares de sódio, que ocorre por meio de um canal permeável a esse elemento, e, após sua entrada, desencadeia-se um potencial de ação. Processo semelhante ocorre nos músculos cardíaco e esquelético. A concentração de sódio é rigorosamente controlada por meio de uma bomba localizada nas membranas das células chamada de *bomba de sódio-potássio ATPase* (adenosinatrifosfatase), a qual realiza um antiporte (os solutos são transportados em direções opostas) de sódio e de potássio.

## 5.1.3 Potássio

As principais aplicações do potássio são as seguintes:

- É usado na indústria de fertilizantes, na forma de sais, como o cloreto, o nitrato, o sulfato e o carbonato.
- É utilizado como substituto parcial do sal de mesa para pessoas hipertensas.

Ademais, o potássio é mais facilmente encontrado em concentrações maiores no meio intracelular do que no meio extracelular. É exatamente por essa razão que há diferenças no potencial de membrana, tornando o meio intracelular menos positivo em relação ao extracelular. Quando as concentrações de potássio são maiores dentro da célula, ela se encontra em estado de repouso, o que é importante para sua função. O potássio mantém as fibras musculares em repouso para que a célula possa entrar em despolarização mediada pelo sódio e realizar a contração muscular. Na falta de potássio, um dos sintomas observados são cãibras, justamente em razão de uma contração excessiva da placa motora. Uma das formas de minimizar o efeito das cãibras é inserir na alimentação frutas ricas em potássio, como a banana e o melão.

## 5.2 Grupo 2: metais alcalinoterrosos

Os elementos do grupo 2, os chamados *metais alcalinoterrosos*, recebem esse nome porque o cálcio (Ca), o estrôncio (Sr) e o bário (Ba) são encontrados na *terra alcalina*, nome antigo dos óxidos; além disso, apresentam caráter básico.

Esses elementos têm dois elétrons em subnível s em suas camadas de valência ($ns^2$). Também são elementos que apresentam baixa energia de ionização e, por isso, perdem com facilidade esses dois elétrons, tornando-se íons divalentes positivos: $M^{2+}$ – com exceção do berílio (Be), que apresenta caráter de não metal.

Como os elementos do grupo 1, os elementos do grupo 2 também não são encontrados livres na natureza e são muito reativos, produzindo as seguintes reações:

$Ca_{(s)} + 2H_2O_{(l)} \rightarrow Ca(OH)_{2(aq)} + H_{2(g)}$

$Ca_{(s)} + O_{2(g)} \rightarrow CaO_{(s)}$

O berílio apresenta propriedades distintas dos demais elementos desse grupo, diferença que se deve aos seguintes fatores:

- É um átomo pequeno em relação aos demais, razão pela qual prefere realizar ligações covalentes.
- Sua eletronegatividade é relativamente elevada e, quando se liga a um elemento com alta eletronegatividade, como o cloro ou o flúor, a diferença de eletronegatividade é pequena, o que caracteriza um composto covalente.

- Como vimos em ligações covalentes (exceção à regra do octeto), o berílio apresenta dois elétrons no orbital 2s e os três orbitais 2p estão vazios; portanto, ocorre uma excitação de um elétron do 2s para um orbital 2p vazio e, assim, o elemento forma principalmente compostos covalentes, invariavelmente com número de ligações igual a dois.

Os elementos do grupo 2 já eram conhecidos desde a Idade Média, porém a maioria deles foi isolada a partir dos respectivos óxidos ou cloretos por meio da eletrólise.

Os metais alcalinoterrosos são componentes de uma grande quantidade de aplicações em nosso dia a dia, entre as quais podemos destacar:

- São usados em *shows* pirotécnicos, em fogos de artifício, sendo que a cor verde se refere ao estrôncio, e a cor vermelha corresponde ao bário.
- O cálcio é o elemento essencial na composição da estrutura de ossos e dentes. O mineral apatita, ou seja, o hidróxido fosfato de cálcio, $Ca_5(PO_4)_3OH_{(s)}$, é essencial para formar os esqueletos.
- O cálcio aparece em vários outros compostos, como o calcário ($CaCO_3$), a cal viva ($CaO$), a cal extinta ($Ca(OH)_2$) e a gipsita ($CaSO_4 \cdot 2H_2O$). Esses compostos são de fundamental importância na indústria, utilizados na produção de vidro, no controle do pH e na produção de sabão, detergente, remédios antiácidos, cimento, acetileno, alvejantes e materiais de construção.

- O rádio é usado no tratamento do câncer (Figura 5.1). Os feixes de radiações ionizantes são incididos sobre um volume de tecido tumoral e têm como objetivo erradicar todas as células doentes, causando o menor dano possível às células normais.

Figura 5.1 – Equipamento de radioterapia

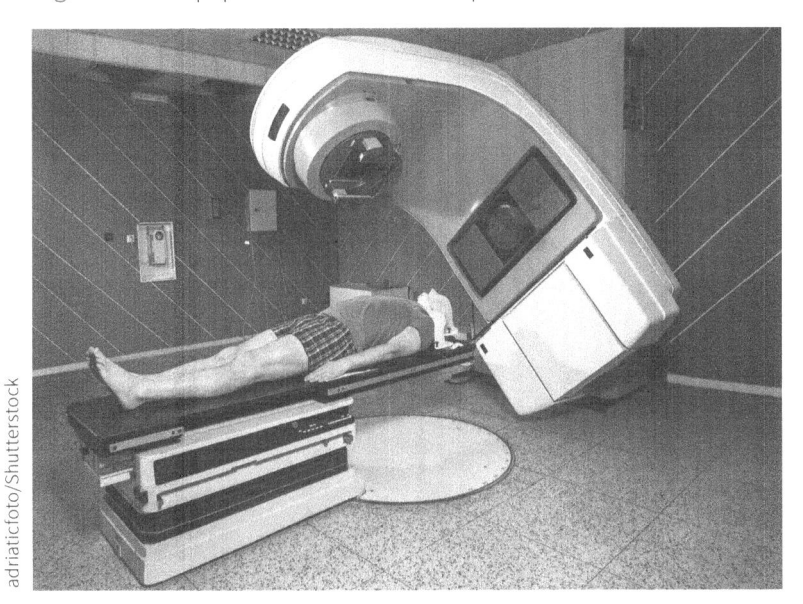

adriaticfoto/Shutterstock

- O sulfato de bário é usado com agente de contraste (Figura 5.2) no diagnóstico do sistema digestivo.

Figura 5.2 – Imagem mostrando o preenchimento do intestino grosso com ar e sulfato de bário

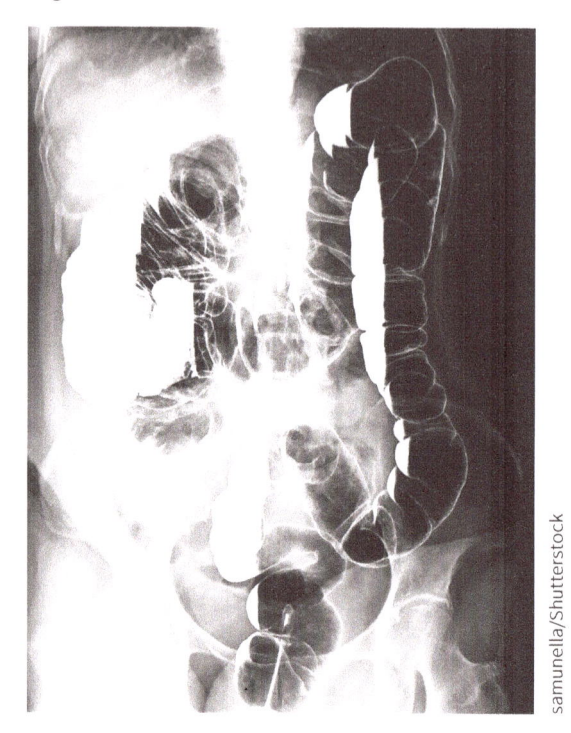

A produção de hidrogênio, em reações dos metais dos grupos 1 e 2 da tabela periódica em laboratório, pode ser um ensaio simples para a produção de $H_{2(g)}$, conforme indicado a seguir:

$2Me_{(s)} + 2H_2O_{(l)} \rightarrow 2MeOH_{(aq)} + H_{2(g)}$

$2Me_{(s)} + H_2SO_{4(aq)} \rightarrow Me_2SO_{4(aq)} + H_{2(g)}$

Com essas reações, podemos encher balões de festa com gás hidrogênio. Longe das pessoas do ambiente e usando um palito de fósforo, podemos atear fogo no balão e observar o ocorrido.

Nessa combustão, não haverá formação de fumaça (fuligem), muito normal nas combustões de combustíveis fósseis.

A queima do hidrogênio é limpa, pois libera apenas água, conforme reação a seguir:

$$H_{2(g)} + \frac{1}{2} O_{2(g)} \rightarrow H_2O_{(l)}$$

Contudo, a quantidade de hidrogênio gerada nessas reações é muito pequena para a demanda mundial. Existe, assim, a necessidade de muito estudo para a produção desse gás, que alguns cientistas consideram o combustível do futuro, por gerar mais energia para a mesma massa de material queimado.

Atualmente, o método utilizado para produzir hidrogênio se baseia na reforma a vapor do metano e de outros hidrocarbonetos. No entanto, esse método é processado a altas temperaturas, requerendo grandes energias; além disso, o metano é considerado um combustível de fonte não renovável.

A reação de reforma a vapor do metano e do etano pode ser descrita do seguinte modo:

$$CH_{4(g)} + H_2O_{(v)} \rightarrow CO_{(g)} + 3H_{2(g)}$$

$$C_2H_{6(g)} + 2H_2O_{(v)} \rightarrow 2CO_{(g)} + 5H_{2(g)}$$

Podemos obter o hidrogênio por meio de fontes renováveis de energia, como o etanol. O Brasil se destaca nesse sentido, pois apresenta infraestruturas de produção e de distribuição bem definidas.

As células de combustível são dispositivos que produzem eletricidade com um rendimento que pode atingir 50%, bem superior ao de motores de combustão interna e de turbinas a gás.

A maior parte das células consome hidrogênio e oxigênio – este último como comburente.

As reações de reforma a vapor de etanol podem ser descritas da seguinte maneira:

Reação global da reforma do etanol

$C_2H_5OH_{(v)} + 3H_2O_{(v)} \rightarrow 2CO_{2(g)} + 6H_{2(g)}$

A equação a seguir mostra a reação da reforma a vapor, a qual consiste na reação endotérmica do etanol com vapor de água, formando, principalmente, monóxido de carbono (CO) e hidrogênio ($H_2$):

$C_2H_5OH(v) + H_2O(v) \rightarrow 2CO_2(g) + 4H_2(g)$

As reações de troca água-gás ocorrem na reforma a vapor tanto dos hidrocarbonetos quanto do álcool e, em outra etapa com temperatura menor, por reação de simples troca água-gás. Pelo fato de a reação de simples troca ser limitada pelo equilíbrio, a conversão de monóxido de carbono é incompleta e uma etapa adicional de remoção desse composto é necessária:

$2CO_{(g)} + 2H_2O_{(v)} \rightarrow 2CO_{2(g)} + 2H_{2(g)}$

A célula a combustível, de modo geral, é constituída de baterias, ou seja, conversores diretos de energia química em energias elétrica e térmica. Sua estrutura básica consiste em dois eletrodos porosos, cuja composição depende do tipo de célula, separados por um eletrólito e conectados por meio de um circuito externo. Os eletrodos são expostos a um fluxo de gás combustível hidrogênio/oxigênio, conforme representado na Figura 5.3.

Figura 5.3 – Célula unitária de uma célula a combustível

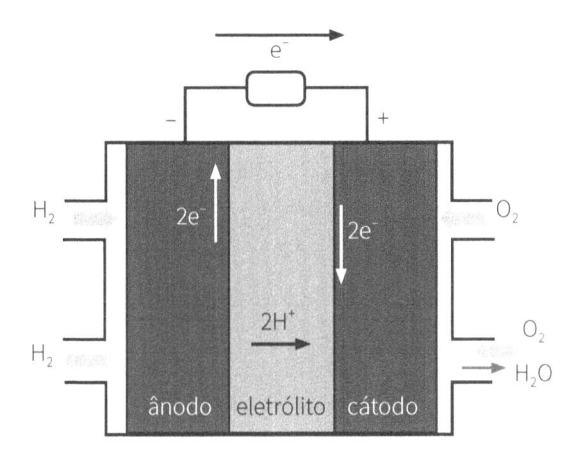

**Fonte:** Alves, 2012.

Nesse processo, o hidrogênio é oxidado a prótons no ânodo, liberando elétrons, conforme a seguinte reação:

$H_2 \rightarrow 2H^+ + 2e^-$

No eletrodo oposto, o catodo, ocorre a seguinte reação:

$2H^+ + 2e^- + \frac{1}{2}O_2 \rightarrow H_2O$

A reação global produz água e calor (exotérmica):

$H_2 + \frac{1}{2}O_2 \rightarrow H_2O$

Como há um grande interesse no hidrogênio como combustível, muitos estudos paralelos estão cada vez mais aumentando o rendimento de produção do gás hidrogênio para gerar energia e contribuir para um menor impacto ambiental.

## Indicações culturais

BARAN, E. J. Suplementação de elementos-traços. **Cadernos Temáticos de Química Nova na Escola**, n. 6, p. 7-12, jul. 2005. Disponível em: <http://qnesc.sbq.org.br/online/cadernos/06/a04.pdf>. Acesso em: 7 mar. 2021.

Nesse artigo, são apresentados alguns aspectos gerais relacionados às funções e ao caráter essencial de sistemas inorgânicos fundamentais para o desenvolvimento correto e balanceado dos processos fisiológicos e metabólicos nos seres vivos.

EFEITO fotoelétrico. **Laboratório de Física Moderna**. Disponível em: <https://sites.ifi.unicamp.br/lfmoderna/conteudos/efeito-fotoeletrico>. Acesso em: 18 mar. 2021.

O *site* demonstra uma das aplicações do efeito fotoelétrico, fenômeno que apresentou vários aspectos que a física clássica não tinha condições de explicar de forma satisfatória, pois abordava a luz como uma onda, e não como uma partícula. Além disso, a ideia de a energia ser quantizada não correspondia aos padrões e conceitos anteriores.

# Síntese

Neste capítulo, vimos que os metais alcalinos (grupo 1) – lítio (Li), sódio (Na), potássio (K), rubídio (Rb), césio (Cs) e frâncio (Fr) – e os metais alcalinoterrosos (grupo 2) – berílio (Be), magnésio (Mg), cálcio (Ca), estrôncio (Sr), bário (Ba) e rádio (Ra) – guardam muitas semelhanças em suas propriedades. Os elementos do grupo 1 e do grupo 2 da tabela periódica são bastante reativos e facilmente se combinam com outras substâncias. Os elementos do grupo 1 perdem seu elétron da camada de valência, adquirindo uma carga 1+, ao passo que os elementos do grupo 2 adquirem carga 2+.

Os metais de ambos os grupos – em especial, o sódio, o potássio, o cálcio e o magnésio – são vitais para o bom funcionamento dos seres vivos e, assim, têm importância em nosso cotidiano, pois podem ser associados tanto a substâncias simples, como o sal de cozinha (NaCl), quanto a substâncias mais complexas, como insumos para a fabricação de medicamentos, vidros e baterias, construção de edifícios e exames mais sofisticados, como os de raios X e de tomografia.

# Atividades de autoavaliação

1. (UFRGS – 2015) Em ambientes fechados, tais como submarinos e espaçonaves, há a necessidade de eliminar o gás carbônico produzido pela respiração. Para evitar esse acúmulo de gás carbônico, podem ser utilizados diferentes métodos.

   Abaixo são apresentados dois desses métodos, com suas respectivas reações.

   Método 1: uso de hidróxido de lítio

   $CO_2 + 2LiOH \rightarrow Li_2CO_3 + H_2O$

Método 2: reação com óxido de cálcio

$CO_2 + CaO \rightarrow CaCO_3$

Sobre as reações e os reagentes envolvidos nesses métodos, pode-se afirmar que

a) ambas reações [sic] originam sais insolúveis em água.
b) todas as substâncias participantes dessas reações são iônicas.
c) o carbonato de lítio é uma substância que, quando dissolvida em meio aquoso, produz solução básica.
d) todos os compostos participantes dessa reação são óxidos.
e) ambas reações [sic] produzem a mesma massa de sal, quando consomem iguais quantidades de $CO_2$.

2. (Enem PPL – 2018 – 2ª aplicação) O sulfato de bário ($BaSO_4$) é mundialmente utilizado na forma de suspensão como contraste em radiografias de esôfago, estômago e intestino. Por se tratar de um sal pouco solúvel, quando em meio aquoso estabelece o seguinte equilíbrio:

$BaSO_4(s) \rightarrow Ba^{2+}_{(aq)} + SO^{2-}_{4(aq)}$

Por causa da toxicidade do bário ($Ba^{2+}$) é desejado que o contraste não seja absorvido, sendo totalmente eliminado nas fezes. A eventual absorção de íons $Ba^{2+}$, porém, pode levar a reações adversas ainda nas primeiras horas após sua administração, como vômito, cólicas, diarreia, tremores, crises convulsivas e até mesmo a morte.

PEREIRA, L. F. Entenda o caso da intoxicação por Celobar®. Disponível em: www.unifesp.br. Acesso em: 20 nov. 2013 (adaptado).

Para garantir a segurança do paciente que fizer uso do contraste, deve-se preparar essa suspensão em

a) água destilada.
b) soro fisiológico.
c) solução de cloreto de bário, $BaCl_2$.
d) solução de sulfato de bário, $BaSO_4$.
e) solução de sulfato de potássio, $K_2SO_4$.

3. (IFSUL – 2017) A calagem é uma etapa do preparo do solo para o cultivo agrícola em que materiais de caráter básico são adicionados ao solo para neutralizar a sua acidez, corrigindo o pH desse solo.

Os principais sais, adicionados ao solo na calagem, são o calcário e a cal virgem. O calcário é obtido pela moagem da rocha calcária, sendo composto por carbonato de cálcio ($CaCO_3$) e/ou de magnésio ($MgCO_3$). A cal virgem, por sua vez, é constituída de óxido de cálcio (CaO) e óxido de magnésio (MgO), sendo obtida pela queima completa (calcinação) do carbonato de cálcio ($CaCO_3$).

(Fontes: Sítio http://alunosonline.uol.com.br/quimica/calagem.html e Sítio https://pt.wikipedia.org/wiki/Calagem. Acesso em: 21/03/2017. Adaptados).

Os metais que aparecem no texto são classificados como

a) alcalinos.
b) halogênios.
c) calcogênios.
d) alcalinos terrosos.

4. (UERN – 2012) "Atualmente, a administração de carbonato de lítio ($Li_2CO_3$), controlada por médicos especializados, tem sido a forma mais segura para o tratamento de alguns tipos de psicose. Aparentemente, o lítio interfere em mecanismos biológicos nos quais o íon magnésio estaria envolvido, mas sua função específica no cérebro ainda é desconhecida. Excesso de lítio no organismo pode levar à parada cardíaca e, consequentemente, à morte do paciente".

*(Química, Coleção Base, Tito e Canto, pág. 48)*

Assinale a sequência de elementos que possuem propriedades químicas semelhantes às do Lítio:

a) Sódio, césio e frâncio.
b) Carbono, nitrogênio e neônio.
c) Berílio, magnésio e rádio.
d) Césio, berílio e boro.

5. (Enem PPL – 2010 – 2° aplicação) O cádmio, presente nas baterias, pode chegar ao solo quando esses materiais são descartados de maneira irregular no meio ambiente ou quando são incinerados. Diferentemente da forma metálica, os íons $Cd^{2+}$ são extremamente perigosos para o organismo, pois eles podem substituir íons $Ca^{2+}$, ocasionando uma doença degenerativa dos ossos, tornando-os muito porosos e causando dores intensas nas articulações. Podem ainda inibir enzimas ativadas pelo cátion $Zn^{2+}$, que são extremamente importantes para o funcionamento dos rins. A figura mostra a variação do raio de alguns metais e seus respectivos cátions.

| Ca | Na | Cd | Al | Zn |
|---|---|---|---|---|
| 197 pm | 191 pm | 152 pm | 143 pm | 137 pm |

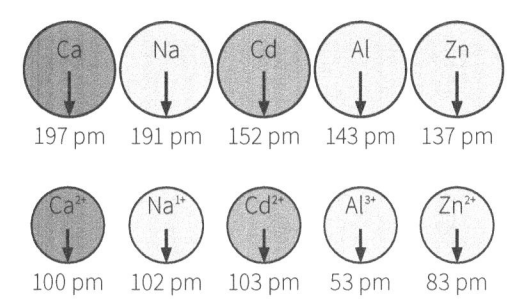

| $Ca^{2+}$ | $Na^{1+}$ | $Cd^{2+}$ | $Al^{3+}$ | $Zn^{2+}$ |
|---|---|---|---|---|
| 100 pm | 102 pm | 103 pm | 53 pm | 83 pm |

Com base no texto, a toxicidade do cádmio em sua forma iônica é consequência de esse elemento

a) apresentar baixa energia de ionização, o que favorece a formação do íon e facilita sua ligação a outros compostos.

b) possuir tendência de atuar em processos biológicos mediados por cátions metálicos com cargas que variam de +1 a +3.

c) possuir raio e carga relativamente próximos aos de íons metálicos que atuam nos processos biológicos, causando interferência nesses processos.

d) apresentar raio iônico grande, permitindo que ele cause interferência nos processos biológicos em que, normalmente, íons menores participam.

e) apresentar carga +2, o que permite que ele cause interferência nos processos biológicos em que, normalmente, íons com cargas menores participam.

# Atividades de aprendizagem
## Questões para reflexão

1. Muitos medicamentos antiácidos contam, em sua composição, com o carbonato de cálcio. Sobre esse composto, responda:
   a) Por que ele é usado como antiácido estomacal?
   b) Por que algumas pessoas sentem vontade de arrotar depois de tomar esse tipo de medicamento?

2. Sempre que possível, devemos escovar os dentes. A cárie é formada em decorrência de um desequilíbrio do principal componente do dente, a hidroxiapatita [$Ca_5(PO_4)_3OH_{(s)}$], substância que contém o elemento cálcio. A aplicação de flúor é importante, pois os íons $F^-$ substituem a hidroxila, formando a fluorapatita, um minério que torna os dentes mais resistentes à cárie. Escreva a equação dessa transformação.

3. O sódio está presente em vários compostos usados em nosso cotidiano. O bicarbonato de sódio, por exemplo, é utilizado na culinária, principalmente na fabricação de bolos, pois permite o crescimento da massa. Explique como ocorre o crescimento da massa de bolo no forno e represente essa reação.

4. Por que os metais alcalinos e os metais alcalinoterrosos são eletropositivos e por que os valores de primeira energia de ionização são baixos?

5. Os metais alcalinos reagem fortemente com água por reações de deslocamento, produzindo um composto iônico e um gás combustível. A reatividade desses metais varia no grupo em função do número de camadas eletrônicas. Com essas informações, responda:
   a) Qual é a equação geral balanceada que representa a reação com o metal alcalino?
   b) Qual é a relação entre as reatividades dos metais lítio e potássio? Justifique sua resposta com base no número de camadas eletrônicas dos elementos.

## Atividade aplicada: prática

1. Os metais pesados são um veneno silencioso para nosso corpo. Eles estão presentes em pequenas quantidades em praticamente todos os alimentos. Entretanto, os produtos provenientes da indústria e da agropecuária apresentam níveis alarmantes desses elementos. Diante disso, surge a seguinte questão: Como lidar com um mal que não vemos? Selecione cinco metais pesados encontrados em nosso cotidiano e responda:
   a) Qual produto gera esses metais pesados?
   b) Qual é o impacto que esses metais pesados causam no organismo vivo?
   c) Qual é o melhor processo de reciclagem usado para evitar o contato com esses metais pesados?

Capítulo 6

# Indústria de cloro: álcalis e amônia

Neste capítulo, abordaremos a produção de cloro (álcalis e amônia) e a importância desses compostos para a sociedade moderna, além de destacar as principais utilizações desses produtos.

A indústria brasileira de cloro, de soda cáustica e de amônia contribui muito para o desenvolvimento econômico e social do país, pois a aplicação dessas substâncias auxilia na geração de renda, empregos e impostos.

## 6.1 Produção de cloro e de soda cáustica

A produção de cloro e de soda cáustica envolve procedimentos específicos. Ambos são obtidos por uma mistura simples de ser manuseada, pois são empregados água, sal e corrente elétrica (eletrólise). Por esse simples processo, o cloro e a soda cáustica obtidos respondem por mais de 98% da produção mundial.

### 6.1.1 Tipos de plantas para a produção de soda e de cloro

Para a obtenção de cloro e de soda, o processo mais usado é a eletrólise da salmoura (solução do sal cloreto de sódio), por meio dos procedimentos indicados a seguir.

## Diafragma

Nesse procedimento, a célula é dividida em dois compartimentos, o anódico e o catódico. A separação se dá por uma tela metálica perfurada, impregnada a vácuo com amianto. Com o avanço tecnológico, o diafragma em instalações mais recentes pode ser de resina polimérica em substituição ao amianto, que tem propriedades tóxicas.

A solução de cloreto de sódio (NaCl) entra no compartimento anódico e flui pelo diafragma para o catódico. Assim, há a produção de cloro no compartimento anódico. Já os íons de sódio passam para o compartimento catódico, no qual há a formação de soda cáustica e hidrogênio, como mostra a Figura 6.1. A soda cáustica produzida sai da célula com alta concentração de sal, que é posteriormente removido por filtragem.

Figura 6.1 – Eletrólise por planta diafragma

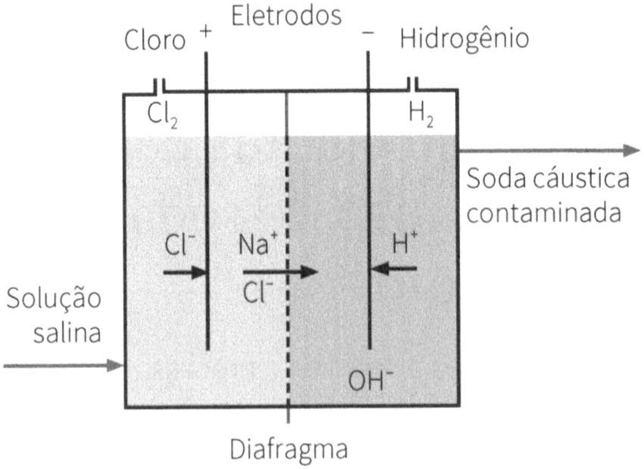

**Fonte:** Wallau et al., 2015, p. 438.

## Membrana

Da mesma forma que a planta diafragma, os compartimentos anódico e catódico são separados por uma membrana (perfluorsulfônica ou perfluorcaboxílica), a qual deixa passar apenas íons de sódio e água, conforme demonstrado na Figura 6.2. O cloro é produzido no compartimento do ânodo; a soda cáustica e o hidrogênio são produzidos no compartimento do cátodo.

Figura 6.2 – Eletrólise por planta membrana

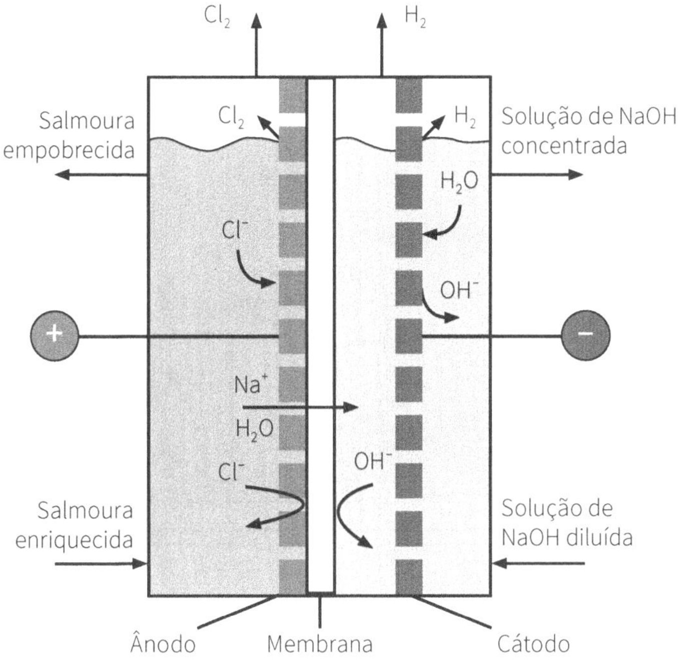

**Fonte:** Wallau et al., 2015, p. 438.

## Mercúrio

Nesse processo, há um fundo depositador que atua como cátodo, no qual o mercúrio flui no fundo da célula, ou seja, o processo é composto de dois compartimentos distintos: a célula eletrolítica e o decompositor.

Na célula eletrolítica, ocorre a eletrólise do sal (NaCl ou KCl), obtendo-se o cloro no ânodo e o amálgama de mercúrio e sódio ou potássio no cátodo, o qual flui para o decompositor.

No decompositor, que é um vaso hermético (lacrado) e parte integrante do sistema eletrolítico, ocorre a reação do amálgama com a água, obtendo-se a soda cáustica ou a potassa cáustica e o hidrogênio. O mercúrio volta ao primeiro compartimento, em circuito fechado, como pode ser observado na Figura 6.3.

Figura 6.3 – Eletrólise por planta amálgama

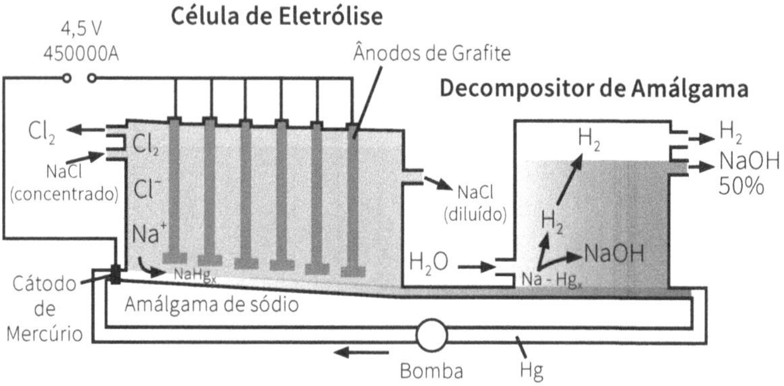

**Fonte:** Wallau et al., 2015, p. 438.

O esquema da Figura 6.4, a seguir, evidencia a importância dessa indústria e dos subprodutos obtidos.

Figura 6.4 – Sequência de produtos obtidos por eletrólise aquosa da salmoura

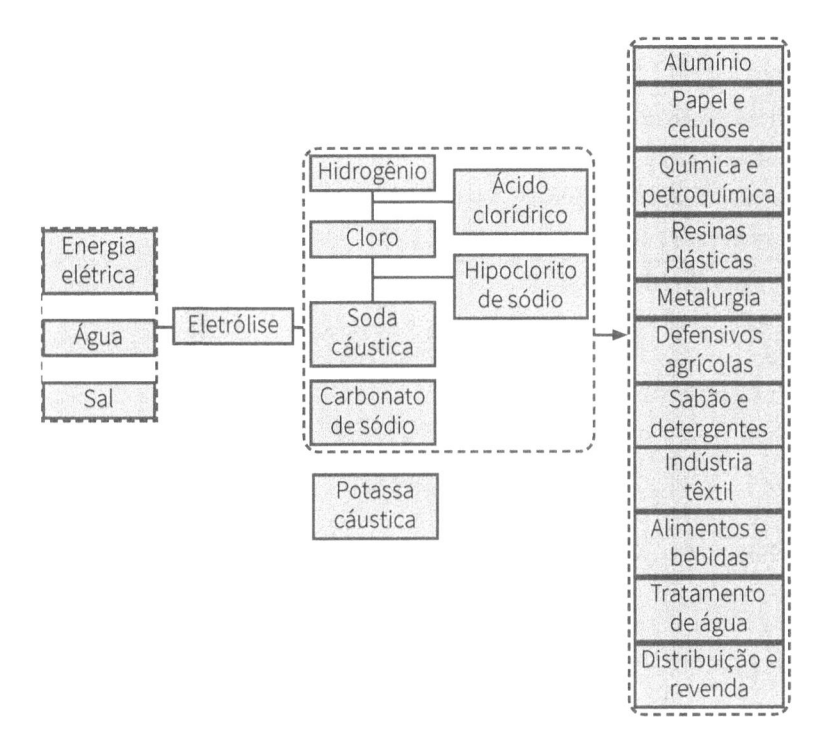

```
Energia elétrica ─┐
Água ─────────────┼─→ Eletrólise ─→ Hidrogênio ─→ Ácido clorídrico
Sal ──────────────┘                 Cloro
                                    ─→ Hipoclorito de sódio
                                    Soda cáustica
                                    Carbonato de sódio

                                    Potassa cáustica
```

Produtos finais:
- Alumínio
- Papel e celulose
- Química e petroquímica
- Resinas plásticas
- Metalurgia
- Defensivos agrícolas
- Sabão e detergentes
- Indústria têxtil
- Alimentos e bebidas
- Tratamento de água
- Distribuição e revenda

A indústria de soda e de cloro abrange uma das maiores tecnologias eletroquímicas do mundo. Na eletrólise, há um grande consumo de eletricidade, o que levou essa indústria a ser classificada como o segundo maior consumidor de eletricidade no Brasil.

Durante a eletrólise da solução aquosa de NaCl, os íons cloretos ($Cl^-$) são convertidos em cloro gasoso no eletrodo positivo (ânodo) e, no eletrodo negativo (cátodo), há a formação de hidrogênio gasoso. A solução resultante desse processo é a soda cáustica (NaOH), conforme podemos observar no processo indicado na Figura 6.5, a seguir.

Figura 6.5 – Reações da eletrólise aquosa do NaCl

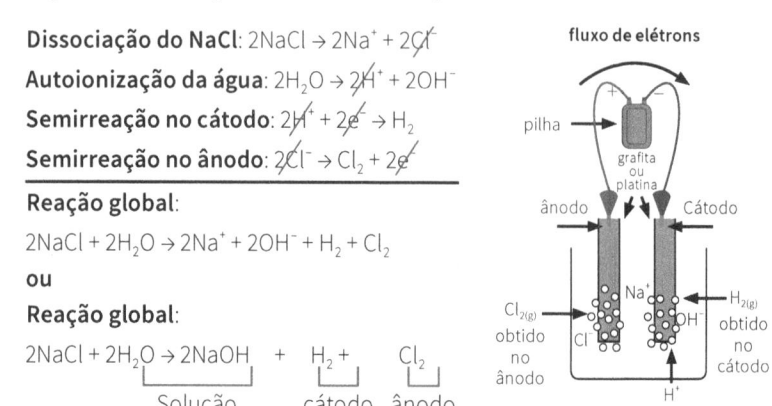

**Dissociação do NaCl**: $2NaCl \rightarrow 2Na^+ + 2Cl^-$
**Autoionização da água**: $2H_2O \rightarrow 2H^+ + 2OH^-$
**Semirreação no cátodo**: $2H^+ + 2e^- \rightarrow H_2$
**Semirreação no ânodo**: $2Cl^- \rightarrow Cl_2 + 2e^-$

**Reação global**:
$2NaCl + 2H_2O \rightarrow 2Na^+ + 2OH^- + H_2 + Cl_2$
**ou**
**Reação global**:
$2NaCl + 2H_2O \rightarrow 2NaOH + H_2 + Cl_2$
(Solução) (cátodo) (ânodo)

**Fonte:** Fogaça, 201a.

Essa é apenas uma pequena demonstração geral da eletrólise da salmoura (solução de NaCl). Note que ocorre a formação de gases no cátodo ($H_2$) e no ânodo ($Cl_2$) e, em solução, há íons livres de $Na^+$ e $OH^-$, em que acontece a formação da soda cáustica.

Com a análise do fluxograma da Figura 6.4, podemos entender o processo de produção de cloro e de soda cáustica, substâncias que têm grande importância, pois entram na produção em vias paralelas ou secundárias para a obtenção de novos compostos, entre os quais podemos destacar os defensivos agrícolas, os materiais para o clareamento do papel e para a desinfecção da água em estações de tratamento ou piscinas, a fabricação de latas de alumínio e de sabão e como catalisadores na produção de biodiesel.

Na indústria farmacêutica, muitos medicamentos levam o cloro em seu processo de fabricação ou em sua formulação. Na construção civil, o cloro entra na produção de tubos de policloreto de vinila (PVC), de espumas e colchões. No tratamento da água, o cloro, quando é adicionado a ela, produz uma série de reações químicas, e as substâncias produzidas atuam diretamente no combate aos micro-organismos.

O processo básico da cloração consiste em utilizar produtos químicos à base de cloro, visto que ele é um poderoso oxidante que reage com grande número de substâncias orgânicas e inorgânicas presentes na água, como a remoção do gás sulfídrico, do ferro e do manganês.

A seguir, apresentamos a reação dos principais produtos à base de cloro com a água:

- Cloro gasoso com a água:

  $Cl_2 + H_2O \rightarrow HOCl + H^+ + Cl^-$

  Ionização do ácido hipocloroso:

  $HOCl \rightarrow H^+ + OCl^-$

- Hipoclorito de sódio:

  $NaOCl + H_2O \rightarrow HOCl + Na^+ + OH^-$

  Ionização do ácido hipocloroso:

  $HOCl \rightarrow OCl^- + H^+$

- Hipoclorito de cálcio

  $Ca(ClO)_2 + 2H_2O \rightarrow 2HOCl + Ca^{+2} + 2OH^-$

  $HOCl \rightarrow OCl^- + H^+$

A ação desinfetante é controlada pelo ácido hipocloroso, que tem um potencial de desinfecção cerca de 80 vezes superior ao do ânion hipoclorito. O pH do meio é importante, porque influencia a extensão com que o ácido hipocloroso se ioniza. Portanto, o pH da água, para que a desinfecção seja eficiente, deve ser ácido, próximo de 5.

A produção de biodiesel, combustível renovável, é realizada por meio de uma reação denominada *transesterificação*. Esta ocorre quando um lipídio reage com um álcool (metanol ou etanol) na presença de um catalisador ácido (HCl) ou básico (NaOH), formando ésteres como principais produtos e glicerol ou glicerina como coproduto.

A reação de transesterificação pode ser descrita conforme indica a Figura 6.6.

Figura 6.6 – Modelo de transesterificação

$$\begin{array}{c} H_2C-OCOR' \\ HC-OCOR'' \\ H_2C-OCOR''' \end{array} + ROH \xrightleftharpoons{\text{catalisador}} \begin{array}{c} ROCOR' \\ + \\ ROCOR'' \\ + \\ ROCOR''' \end{array} + \begin{array}{c} H_2C-OH \\ HC-OH \\ H_2C-OH \end{array}$$

Triglicerídeo   Álcool   Mistura de monoalquil ésteres   Glicerol

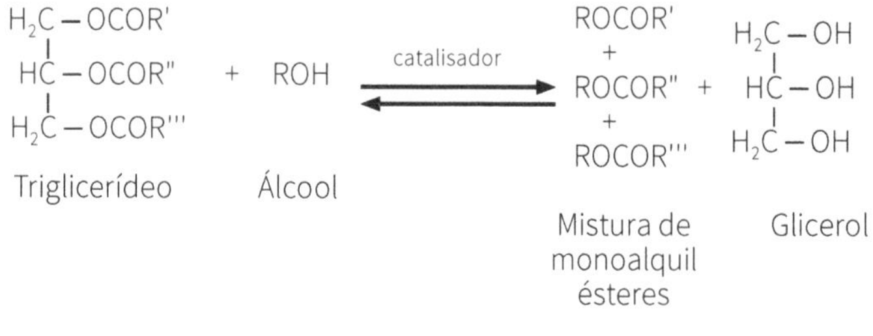

R', R'', R''' = Cadeia carbônica do ácido graxo
R = Grupo alquil do álcool

**Fonte:** Barros; Jardine, 2021.

**Indicação cultural**

CHRISTOFF, P. **Produção de biodiesel a partir do óleo residual de fritura comercial**. Estudo de caso: Guaratuba, litoral paranaense. Dissertação (Mestrado em Desenvolvimento de Tecnologias. Instituto de Tecnologia para o Desenvolvimento, Curitiba, 2006. Disponível em: <https://lactec.org.br/wp-content/uploads/2019/11/PauloChristoff.pdf>. Acesso em: 6 jan. 2021

O trabalho apresenta um estudo de caso acerca da produção de biodiesel a partir do óleo residual de fritura comercial em Guaratuba, no litoral paranaense, destacando o processo que usa como catalisador o hidróxido de sódio (NaOH).

Na eletrólise, além da produção de soda cáustica e de cloro, há também a geração de hidrogênio (a eficiência do processo é de 95%). O hidrogênio obtido é normalmente usado como combustível na geração de energia para a planta ou é colocado em reação com o cloro para se obter ácido clorídrico.

## 6.1.2 Pandemia da Covid-19

Dada a grande gravidade da situação mundial no momento, a indústria de álcalis, de cloro e de derivados dessas substâncias teve um superaquecimento, pois o cloro é um dos principais agentes na desinfecção da água destinada ao consumo humano e em processos de assepsia doméstica e hospitalar.

Com o avanço do novo coronavírus, um dos derivados do cloro, o hipoclorito de sódio, composto químico do cloro, passou a ser largamente utilizado para a higienização de ambientes e superfícies, a fim de reduzir a contaminação.

Com o uso do hipoclorito, por ele ser um agente bactericida, com concentração final de 0,05% a 0,1%, o vírus fica inativo entre 30 segundos e 1 minuto após a aplicação da solução nas superfícies.

Para realizar a limpeza de ambientes e áreas com água sanitária, desinfetante que contém de 2% a 2,5% de cloro ativo, é preciso diluir a solução. Para isso, colocam-se 25 mililitros (mL) dessa solução em um frasco de 1 litro (L) contendo certa quantidade de água e completa-se o volume com água. É importante rotular o frasco e usar a mistura imediatamente após a diluição, pois sua ação é desativada pela luz.

Figura 6.7 – Frasco de água sanitária

## Indicação cultural

O QUE é a camada de ozônio? **WWF-BRASIL**. Disponível em: <https://www.wwf.org.br/natureza_brasileira/questoes_ambientais/camada_ozonio>. Acesso em: 6 jan. 2021.

O *site* da WWF-Brasil (World Wide Fund for Nature) destaca a importância do ozônio na atmosfera, sua principal função e como ele é destruído por substâncias químicas que apresentam o cloro em sua composição.

# 6.2 Produção de amônia

A produção de amônia pode ser realizada em laboratório aquecendo-se um sal de amônio com hidróxido de sódio, conforme a seguinte reação:

$NH_4Cl_{(aq)} + NaOH_{(aq)} \rightarrow NaCl_{(aq)} + NH_{3(g)} + H_2O_{(l)}$

Entretanto, o modo mais produtivo para a produção de amônia é o denominado *processo Haber-Bosch*, que consiste em determinadas condições de temperatura e pressão, isto é, para obter um alto rendimento, a reação deve se processar em altas pressões e em baixas temperaturas.

A Figura 6.8 demonstra, de maneira simplificada, a produção de amônia pelo **processo Haber-Bosch**.

Figura 6.8 – Processo Haber-Bosch para a produção de amônia

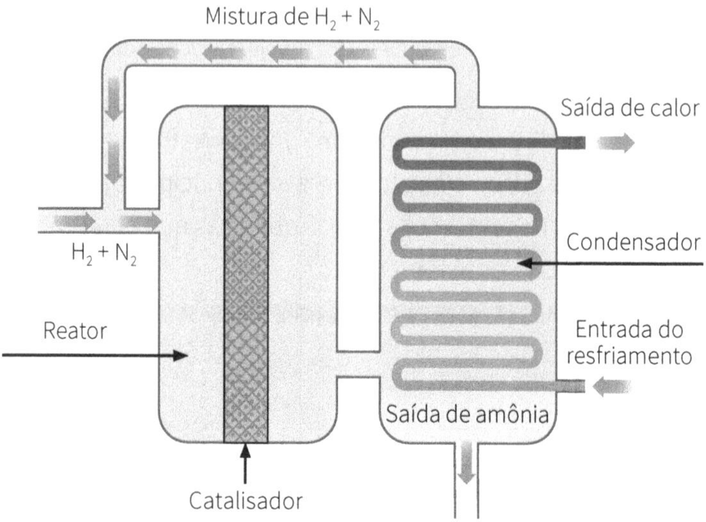

**Fonte:** Jin, 2021, tradução nossa.

Nesse processo, o gás hidrogênio e o gás nitrogênio são previamente lavados e limpos de qualquer impureza existente; depois, são comprimidos e canalizados para o reator, no qual são injetados continuamente. No reator, eles passam por um labirinto com catalisadores de ferro colocados alternadamente para maximizar a área da superfície com os reagentes, ocorrendo a seguinte reação:

$N_{2(g)} + 3H_{2(g)} \leftrightarrow 2NH_{3(g)}$    $\Delta H = -92,4 \text{ kJ/mol}$

Os gases saem do reator muito quentes por causa da reação que ocorre com a liberação de calor (reação exotérmica) a uma pressão muito alta. A amônia é facilmente liquefeita sob pressão, desde que não esteja muito quente e, por isso, a temperatura da mistura é reduzida o suficiente para que a amônia se torne um líquido em um trocador de calor (condensação por líquido de refrigeração). A amônia líquida é então separada dos demais gases presentes por meio da diferença de densidade em um vaso de alta pressão. Em seguida, a amônia é retirada desse vaso e encaminhada a outro vaso, de baixa pressão, para a remoção dos gases que estão dissolvidos na fase líquida, que são o hidrogênio e o nitrogênio. Esses gases remanescentes são utilizados novamente no ciclo, aumentando a eficiência do processo para 98%.

Hoje, cerca de 1% a 2% da energia mundial é gasta no processo Haber-Bosch para a produção de amônia. Estima-se que no mundo há um consumo anual de cerca de 454 milhões de toneladas de fertilizantes. Sem a amônia para a produção desses produtos, haveria uma grande escassez de alimentos.

O grande impacto dessa reação rendeu a Fritz Haber, em 1918, o Prêmio Nobel. O processo Haber-Bosch também fez parte da chamada *revolução verde*, na qual os avanços tecnológicos resultaram em uma era de culturas alimentares baratas e abundantes (Chagas, 2007).

Outros produtos de suma importância podem ser sintetizados a partir da amônia. Um exemplo é o ácido nítrico, que, de acordo com sua concentração, é utilizado na indústria de explosivos para a fabricação de nitroglicerina. Esse ácido também serve para a produção de corantes e até de seda artificial.

### Indicação cultural

SILVA, A. N.; PATACA, E. M. O ensino de equilíbrio químico a partir dos trabalhos do cientista alemão Fritz Haber na síntese da amônia e no programa de armas químicas durante a Primeira Guerra Mundial. **Química Nova Escola**, São Paulo, v. 40, n. 1, p. 33-43, fev. 2018. Disponível em: <http://qnesc.sbq.org.br/online/qnesc40_1/07-RSA-12-17.pdf>. Acesso em: 23 mar. 2021.

O artigo de Aroldo Silva e Ermelinda Pataca aborda a histórica dos trabalhos realizados pelo químico alemão Fritz Haber na busca por uma solução que aumentasse o rendimento da reação de síntese da amônia e da participação dessa substância no desenvolvimento de armas químicas no decorrer da Primeira Guerra Mundial.

# Síntese

Neste capítulo, vimos a importância de determinadas substâncias usadas em nosso cotidiano. A indústria de cloro, de soda e de amônia é essencial tanto no segmento industrial quanto no comercial, os quais produzem vários bens de consumo que são indispensáveis para o atendimento às necessidades atuais das sociedades modernas. Em particular, podemos destacar que essas substâncias contribuem para:

- a saúde humana direta;
- o tratamento da água;

- o fornecimento de insumos para a fabricação de intermediários da indústria farmacêutica;
- a produção de sabão e de detergentes e a fabricação de papel, tecidos e biodiesel.

Com o uso da amônia, foi possível aumentar a produção agrícola, além de ela ter importância na produção de desinfetantes, tinturas de cabelo, materiais plásticos e explosivos, o que faz da amônia um dos compostos mais produzidos no mundo.

# Atividades de autoavaliação

1. (Fatec – 2013) A produção de alimentos para a população mundial necessita de quantidades de fertilizantes em grande escala, sendo que muitos deles se podem obter a partir do amoníaco.

   Fritz Haber (1868-1934), na procura de soluções para a otimização do processo, descobre o efeito do ferro como catalisador, baixando a energia de ativação da reação.

   Carl Bosch (1874-1940), engenheiro químico e colega de Haber, trabalhando nos limites da tecnologia no início do século XX, desenha o processo industrial catalítico de altas pressões e altas temperaturas, ainda hoje utilizado como único meio de produção de amoníaco e conhecido por processo de Haber-Bosch.

Controlar as condições que afetam os diferentes equilíbrios que constituem o processo de formação destes e de outros produtos, otimizando a sua rentabilidade, é um dos objetivos da Ciência/Química e da Tecnologia para o desenvolvimento da sociedade.

(nautilus.fis.uc.pt/spf/DTE/pdfs/fisica_quimica_a_11_homol.pdf Acesso em: 28.09.2012.)

Considere a reação de formação da amônia $N_{2(g)} + 3H_{2(g)} \leftrightarrow 2NH_{3(g)}$ e o gráfico, que mostra a influência conjunta da pressão e da temperatura no seu rendimento.

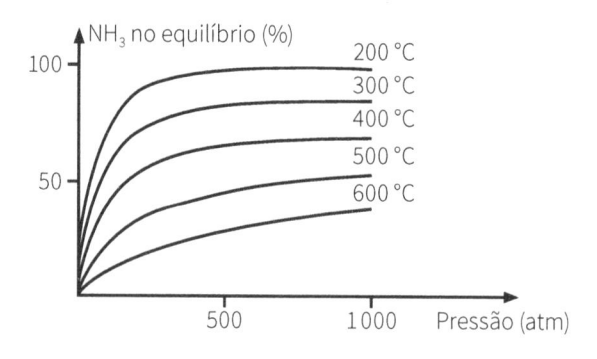

(FELTRE, Ricardo. *Química* – vol. 2. São Paulo, Editora Moderna, 2004.)

A análise do gráfico permite concluir, corretamente, que

a) a reação de formação da amônia é endotérmica.
b) o rendimento da reação, a 300 atm, é maior a 600 °C.
c) a constante de equilíbrio ($K_c$) não depende da temperatura.
d) a constante de equilíbrio ($K_c$) é maior a 400 °C do que a 500 °C.
e) a reação de formação da amônia é favorecida pela diminuição da pressão.

2. (UFPB – 2011) No mundo atual, são produzidas milhões de toneladas de compostos nitrogenados, entre os quais os fertilizantes são os mais importantes pelo papel que desempenham na produção de alimentos. Esses adubos agrícolas nitrogenados são fabricados a partir da amônia, que é produzida industrialmente através da síntese de Haber-Bosch, descrita pela seguinte equação:

$N_{2(g)} + 3H_{2(g)} \leftrightarrow 2NH_{3(g)}$ $\Delta H = -113$ kJ/mol

[…]

A variação das concentrações do produto e dos reagentes da síntese de Haber-Bosch, em um reator mantido à temperatura constante, é mostrada no gráfico a seguir.

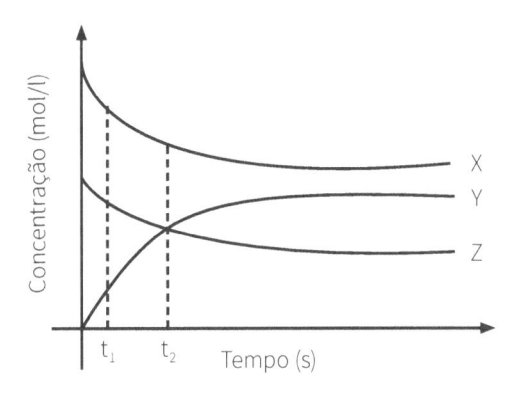

Com base nesse gráfico, é correto afirmar:
a) As curvas X, Y e Z referem-se a $NH_3$, $H_2$ e $N_2$ respectivamente.
b) As curvas X, Y e Z referem-se a $H_2$, $NH_3$ e $N_2$ respectivamente.
c) As curvas X, Y e Z referem-se a $N_2$, $NH_3$ e $H_2$ respectivamente

d) A concentração do produto, em $t_1$, é maior do que a dos reagentes.
e) O sistema, em $t_2$, está em equilíbrio.

3. (Enem – 2017) A eletrólise é um processo não espontâneo de grande importância para a indústria química. Uma de suas aplicações é a obtenção do gás cloro e do hidróxido de sódio, a partir de uma solução aquosa de cloreto de sódio. Nesse procedimento, utiliza-se uma célula eletroquímica, como ilustrado.

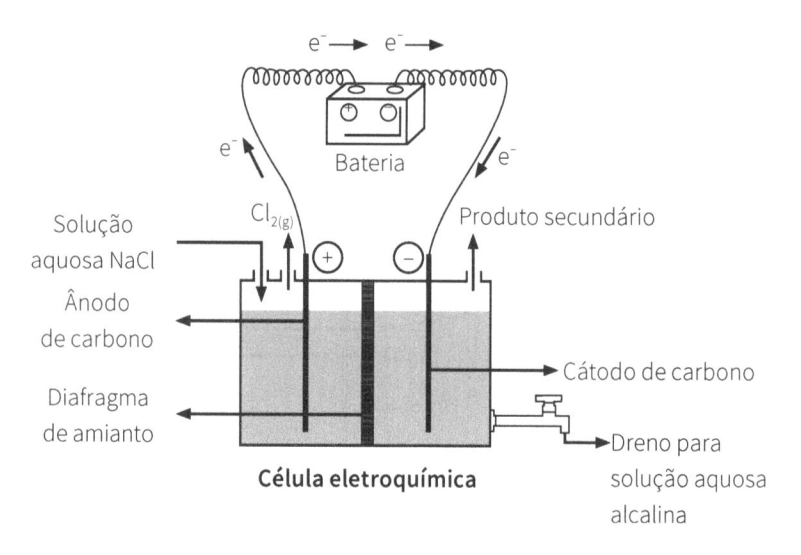

**Célula eletroquímica**

SHREVE, R. N.; BRINK, Jr., J. A. *Indústrias de processos químicos*. Rio de Janeiro: Guanabara Koogan, 1997 (adaptado).

No processo eletrolítico ilustrado, o produto secundário obtido é o

a) vapor de água.
b) oxigênio molecular.

c) hipoclorito de sódio.
d) hidrogênio molecular.
e) cloreto de hidrogênio.

4. (UFPA – 2013) A indústria cloro-soda é uma das mais importantes indústrias de base de um país. Por meio da utilização de NaCl como matéria-prima, diversos produtos são obtidos, conforme mostrado no esquema abaixo:

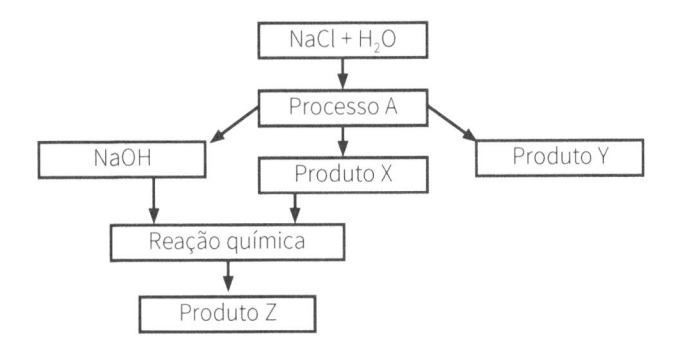

```
           NaCl + H₂O
               ↓
           Processo A
          ↙    ↓    ↘
      NaOH  Produto X  Produto Y
         ↘    ↙
      Reação química
            ↓
        Produto Z
```

O processo A e os produtos X, Y e Z são, respectivamente,

a) pirólise, $O_2$, $Cl_2$ e $Na_2O$.
b) eletrólise, $H_2$, $Cl_2$ e NaH.
c) hidrólise, $Cl_2$, $Na_2O$ e NaClO.
d) eletrólise, $Cl_2$, $H_2$ e NaClO.
e) hidrólise, $Cl_2$, HCl e $Na_2O$.

5. (IBFC – 2017 – Perito Criminal) O gás ozônio ($O_3$) e os clorofluorcarbonos (CFCs) são exemplos da dificuldade de se classificar uma substância como poluente, pois podem trazer benefícios ou prejuízos à sociedade e aos seres vivos. Dessa forma, assinale a alternativa **incorreta**.

a) O ozônio, nas camadas mais baixas da atmosfera, é tóxico, mas, na estratosfera, absorve radiação ultravioleta (UV) proveniente do Sol, evitando os efeitos nocivos do excesso dessa radiação nos seres vivos.
b) Os CFCs apresentam baixa toxicidade e são inertes na baixa atmosfera. Entretanto, quando atingem a estratosfera, são decompostos pela radiação UV, liberando átomos e compostos que destroem moléculas de ozônio, sendo, portanto, considerados os principais responsáveis pela destruição do ozônio na estratosfera.
c) O ozônio troposférico é produzido em reações químicas entre NOx e compostos orgânicos voláteis em dias quentes e ensolarados, principalmente em áreas urbanas e industriais e em regiões propensas a massas de ar estagnado.
d) O ozônio estratosférico é tóxico, mas, na troposfera, absorve radiação ultravioleta (UV) proveniente do Sol, evitando os efeitos nocivos do excesso dessa radiação nos seres vivos.
e) A camada de ozônio protege os seres vivos do excesso de radiação ultravioleta e pode ser destruída pela ação dos CFCs na estratosfera.

# Atividades de aprendizagem
## Questões para reflexão

1. (Uema – 2015) O Jornal Nacional do dia 11 de setembro de 2014 trouxe a seguinte informação: "A camada de ozônio volta a ficar mais grossa, afirma relatório da ONU, buraco que aparece todos os anos em cima da Antártica está parando de crescer, os cientistas atribuem essas notícias boas ao fim do uso do gás CFC que destrói o ozônio".

   A reação de degradação do ozônio ocorre primeiro pela decomposição das moléculas de CFC por meio da radiação solar na estratosfera, liberando átomos livres de cloro, flúor ou bromo. Os átomos livres dos halogênios agem como catalisadores na decomposição do ozônio. Esse catalisador será regenerado, causando um efeito devastador para o processo. Fonte: Jornal Nacional. São Paulo. TV Globo, 11 set. 2014.

   Escreva as reações químicas que representam
   a) a degradação do ozônio a partir de um átomo livre de cloro.
   b) a regeneração desse halogênio.

2. (UFG – 2012) Os clorofluorcarbonos (CFCs), ao atingirem altitudes entre 15 e 30 km (estratosfera), são decompostos em reações de fotólise, liberando átomos de cloro livre (Cl•) que participam de ciclos de reações catalíticas que destroem o ozônio, conforme as equações químicas apresentadas.

$Cl\bullet + O_3 \rightarrow ClO\bullet + O_2$

$ClO\bullet + O\bullet \rightarrow Cl\bullet + O_2$

Em 16 de setembro de 1987, dados coletados na Antártida a respeito da camada de ozônio originaram o gráfico a seguir.

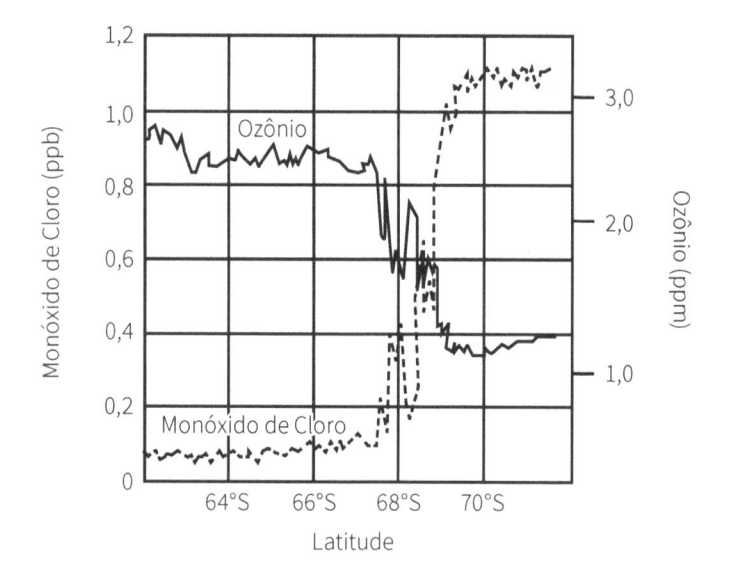

Considerando-se as informações apresentadas,

a) explique o gráfico relacionando os dados, nele apresentados, com as equações químicas de decomposição do ozônio;

b) explique por que, com base nesses dados, foi proposto na Conferência de Montreal, em 1987, o congelamento da produção mundial de CFCs.

3. (UFU – 2018/2) O gás amônia é um dos principais componentes de fertilizantes e pode ser produzido a partir da reação química exotérmica entre o gás nitrogênio e o gás hidrogênio. O gráfico indica as condições ideais para a produção industrial da amônia.

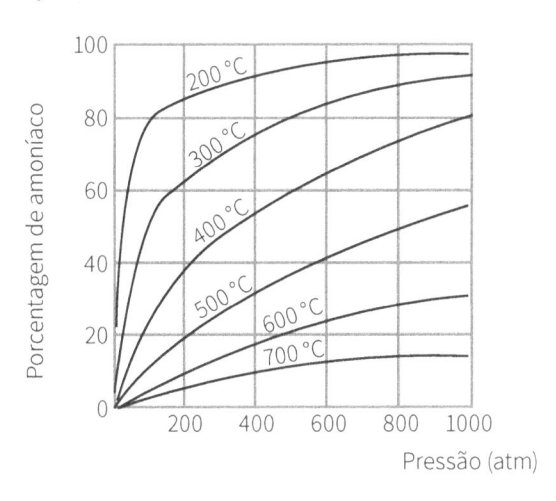

Disponível em: <https:pt-static.z-dn.net/files/d6d/de76bf0a39b58de68456c102d87fc122.jpg.>. Acesso em: 25/03/2018.

Sobre a amônia e sua produção industrial, faça o que se pede.

a) Indique e explique a geometria molecular da amônia.
b) Escreva a equação balanceada de formação da amônia a partir do gás nitrogênio e do gás hidrogênio.
c) Indique, de acordo com o gráfico, **duas** condições ideais de produção industrial do gás amônia.

4. (UPE – 2017 – SSA) Uma cientista da Universidade de Ohio nos Estados Unidos desenvolveu um sistema para transformar urina em combustível. A premissa parece simples e se baseia na decomposição da amônia e da ureia. A imersão de um eletrodo no líquido e a aplicação de uma corrente suave no sistema produzem uma substância que pode ser usada para alimentar uma célula de combustível.

Adaptado de: http://noticias.uol.com.br/ciencia/ultimas-noticias/bbc/2016/06/12/ (Acesso em: 20/06/2016)

A seguir, são feitas algumas afirmações sobre possíveis vantagens do sistema.

I. O gás nitrogênio produzido nessa eletrólise é um combustível menos poluente que o hidrogênio.
II. A ureia é decomposta em amônia que é vaporizada no sistema, antes de seguir para alimentar uma célula onde o gás é utilizado como combustível.
III. A energia fornecida para a produção do combustível pode ser menor que a utilizada na eletrólise da água, pois as ligações entre os átomos de hidrogênio e nitrogênio são mais fracas que as ligações entre os átomos da água.

Está **CORRETO** o que se afirma, apenas, em

a) I.
b) II.
c) III.
d) I e II.
e) II e III.

5. (ITA – 2020) A amônia, uma das principais matérias-primas da indústria de fertilizantes, é produzida em escala industrial pelo processo conhecido como Haber-Bosch. Neste, uma reação entre $H_{2(g)}$ e $N_{2(g)}$ é catalisada com ferro em um reator mantido a 200 atm e 450 °C. Sobre essa reação exotérmica, sejam feitas as seguintes proposições:

   I. O aumento da pressão no reator, mediante adição de um gás inerte, aumenta o rendimento do processo.
   II. O uso de um catalisador mais efetivo aumenta o rendimento do processo.
   III. Uma vez atingido o equilíbrio, não ocorrem mais colisões efetivas entre moléculas de $H_{2(g)}$ e $N_{2(9g)}$.
   IV. Considerando que ainda exista superação da energia de ativação, a redução da temperatura no reator diminui a velocidade da reação, mas favorece a formação de amônia.

   Assinale a opção que apresenta a(s) afirmação(ões) CORRETA(S) sobre a reação de formação da amônia.
   a) apenas I
   b) apenas I e II
   c) apenas II e III
   d) apenas III e IV
   e) apenas IV

## Atividade aplicada: prática

1. Em razão da pandemia de Covid-19, faz-se necessário um cuidado intensivo com a higiene pessoal, uma vez que o vírus pode permanecer no ar em suspensão na forma de microgotas de saliva ou de qualquer outra secreção. Usar

álcool em gel e hipoclorito de sódio (água sanitária) e lavar as mãos com sabão por longo tempo são algumas das medidas que certamente nos protegem. Faça uma pesquisa para mensurar a importância desses produtos no combate ao novo coronavírus. Pesquise também como acontece a ação dessas moléculas na prevenção à Covid-19.

# Considerações finais

Ao longo deste livro, discutimos conceitos fundamentais da intimidade da matéria, desde a estrutura atômica até a maneira como ocorre uma ligação química e, com isso, pudemos realizar a análise de determinados materiais que são de fundamental importância na sociedade moderna.

Com este livro, tivemos a intenção de apresentar a você, leitor, determinados conceitos cujo conhecimento lhe permitirá verificar algumas propriedades físicas e químicas que farão despertar seu interesse pelo estudo de compostos essenciais em vários setores da indústria.

Sabemos da importância que a intimidade da matéria tem no estudo da química, pois, a cada dia, a humanidade pesquisa aspectos relacionados às modernas linhas de pesquisa e suas aplicações tecnológicas e cotidianas, provocando o interesse pelo assunto.

Esperamos que esta obra possa servir como suporte à pesquisa inicial e continuada para o aprofundamento de conhecimentos acerca dos materiais e que as atividades propostas propiciem um despertar acadêmico.

# Referências

A ESTRUTURA de sólidos cristalinos. Disponível em: <https://dokumen.tips/documents/estrutura-cristalina-55844c5a13737.html>. Acesso em: 2 mar. 2021.

ALGUNS se atraem outros se repelem e alguns são neutros (características das partículas do átomo). **Mocatron**, 28 fev. 2019. Disponível em: <https://mocatron.blogspot.com/2019/02/alguns-se-atraem-outros-se-repelem-e.html>. Acesso em: 2 mar. 2021.

A LIGAÇÃO M-CO: avaliação pela T.O.M. Disponível em: <https://arcestariufs.files.wordpress.com/2013/04/a-ligac3a7c3a3o-m-co-avaliada-pela-tom.pdf> Acesso em: 1º abr. 2021.

ALVES, J. O que é célula combustível? **Portal Biossistemas**, 28 out. 2012. Disponível em: <http://www.usp.br/portalbiossistemas/?p=4316>. Acesso em: 1º jul. 2021.

ANA MARIA. Forças intermoleculares: o que são e o que causam? **Biologia Total**, 30 ago. 2019. Disponível em: <https://blog.biologiatotal.com.br/forcas-intermoleculares>. Acesso em: 17 mar. 2021.

AOKI, I. V. Ligações químicas: ligações iônicas. In: ESCOLA POLITÉCNICA USP. **Química Tecnológica**: PQI-3120 – para turmas de Eng. Naval e Eng. Mecânica – apostila de teoria. São Paulo: USP, 2020. p. 27-50. Disponível em: <https://edisciplinas.usp.br/pluginfile.php/5439831/mod_resource/content/1/Apostila%20Completa%20sobre%20Liga%C3%A7%C3%B5es%20Qu%C3%ADmicas%202020.pdf>. Acesso em: 31 mar. 2021.

ARAGÃO, I. **Princípios da ciência e tecnologia dos materiais**: aula 02 – estrutura cristalina dos materiais. Disponível em: <https://slideplayer.com.br/slide/3468295/>. Acesso em: 31 mar. 2021.

ARANTES, V. L. **Introdução a engenharia e ciência dos materiais**: estrutura cristalina. 2014. Disponível em: <https://edisciplinas.usp.br/pluginfile.php/169458/mod_resource/content/1/aula%203%20Estrutura%20cristalina.pdf>. Acesso em: 31 mar. 2021.

ARAÚJO, M. C. **Energia nuclear e radioatividade na escola de nível médio**: um olhar a partir dos acidentes nucleares. 189 f. Dissertação (mestrado em Física) – Pontifícia Universidade Católica de Minas Gerais, Belo Horizonte, 2013.

A TABELA periódica, camadas eletrônicas e orbitais. **Khan Academy**. Disponível em: <https://pt.khanacademy.org/science/biology/chemistry--of-life/electron-shells-and-orbitals/a/the-periodic-table-electron-shells-and-orbitals-article>. Acesso em: 30 mar. 2021.

ATKINS, P.; JONES, L. **Princípios de química**: questionando a vida moderna e o meio ambiente. 3. ed. Porto Alegre: Bookman, 2006.

AZEVEDO, P. C. L. Módulo II: a visão "clássica" da ligação covalente. Aula 4: geometria e polaridade de moléculas (parte I). **Portal de Estudos em Química**, 2011. Disponível em: <https://www.profpc.com.br/Liga%C3%A7%C3%B5es%20Qu%C3%ADmicas/Aula4.htm>. Acesso em: 31 mar. 2021.

BARROS, T. D.; JARDINE, J. G. Transesterificação. **Ageitec – Agência Embrapa de Informação Tecnológica**. Disponível em: <https://www.agencia.cnptia.embrapa.br/gestor/agroenergia/arvore/CONT000fj0847od02wyiv802hvm3juldruvi.html>. Acesso em: 1º abr. 2021.

BBC NEWS MUNDO. Coronavírus: o que o sabão faz com o vírus que causa a covid-19. **VivaBem**, 1º abr. 2020. Disponível em: <https://www.uol.com.br/vivabem/noticias/bbc/2020/04/01/coronavirus-o-que-o-sabao-faz-com-o-virus-que-causa-a-covid-19.htm>. Acesso em: 1º abr. 2021.

BORBA, M. C. **Ligação covalente e superposição de orbitais**. Disponível em: <https://slideplayer.com.br/slide/12965017/>. Acesso em: 16 mar. 2021.

BRADY, J. E.; HUMISTON, G. E. **Química geral**. 2. ed. São Paulo: LTC, 1986. v. 1.

BRASIL. Ministério da Educação. Instituto Nacional de Estudos e Pesquisas Educacionais Anísio Teixeira. **Exame Nacional do Ensino Médio**: prova de Ciências Humanas e suas Tecnologias; prova de Ciências da Natureza e suas Tecnologias. 2010. 2° aplicação: 1° dia. Caderno 1 azul. Disponível em: <https://download.inep.gov.br/educacao_basica/enem/provas/2010/AZUL_quarta-feira_GAB.pdf>. Acesso em: 31 mar. 2021.

BRASIL. Ministério da Fazenda. Secretaria de Acompanhamento Econômico. Parecer Analítico n. 148, de 29 de maio de 2017. Disponível em: <https://www.gov.br/fazenda/pt-br/centrais-de-conteudos/notas-tecnicas-e-pareceres/advocacia-da-concorrencia/2017/parecer-148_2017.pdf/view>. Acesso em: 9 mar. 2021.

BROWN, T. L. et al. **Química**: a ciência central. 9. ed. São Paulo: Pearson Prentice Hall, 2005.

CARAM, R. **Estrutura e propriedade dos materiais**: estrutura cristalina. Disponível em: <http://www.fem.unicamp.br/~caram/estrutura.pdf>. Acesso em: 31 mar. 2021.

CARBONARO, T. M. Estrutura secundária do DNA. **Genética Virtual**, 2011. Disponível em: <https://geneticavirtual.webnode.com.br/genetica-virtual-home/prefacio/estrutura%20e%20replica%C3%A7%C3%A3o%20do%20dna/estrutura-secundaria-do-dna/>. Acesso em: 1° abr. 2021.

CHAGAS, A. P. A síntese da amônia: alguns aspectos históricos. **Química Nova**, São Paulo, v. 30, n. 1, p. 240-247, jan./fev. 2007. Disponível em: <https://www.scielo.br/scielo.php?script=sci_arttext&pid=S0100-40422007000100039>. Acesso em: 23 mar. 2021.

CIÊNCIA dos materiais: estruturas cristalinas – conceitos fundamentais e células unitárias. Disponível em: <http://docplayer.com.br/77328353-Ciencia-dos-materiais.html>. Acesso em: 31 mar. 2021.

COSTA, Y. D. Fosfolipídios. **InfoEscola**. Disponível em: <https://www.infoescola.com/bioquimica/fosfolipidios/>. Acesso em: 1º abr. 2021.

CÚNEO, R. G. Descoberta das partículas subatômicas. **Algo Sobre**. Disponível em: <https://www.algosobre.com.br/quimica/descoberta-das-particulas-subatomicas.html>. Acesso em: 5 mar. 2021.

CUZZUOL, G. **Materiais cristalinos**. 30 jul. 2014. Disponível em: <https://pt.slideshare.net/guilhermecuzzuol9/estrutura-cristalina-37503063>. Acesso em: 31 mar. 2021.

DEPARTAMENTO DE QUÍMICA UFMG. **Afinidade eletrônica (tendência)**. 22 ago. 2012a. Disponível em: <http://zeus.qui.ufmg.br/~qgeral/?attachment_id=465>. Acesso em: 9 mar. 2021a.

DEPARTAMENTO DE QUÍMICA UFMG. H2 e He2 (diagrama de níveis de energia de OMs). 22 ago. 2012b. Disponível em: <http://zeus.qui.ufmg.br/~qgeral/?attachment_id=600>. Acesso em: 1º abr. 2021.

DEPARTAMENTO DE QUÍMICA UFMG. **Propriedades atômicas e tendências periódicas**. Disponível em: <http://zeus.qui.ufmg.br/~qgeral/downloads/aulas/aula%2011%20-%20propriedades%20periodicas.pdf>. Acesso em: 9 mar. 2021.

EQUIPE DE QUÍMICA DO NOIC. **Curso Básico de Química**. 2019. Aula 1: atomística. Disponível em: <https://noic.com.br/olimpiadas/quimica/curso-noic-de-quimica-basica/aula-1-atomistica/>. Acesso em: 2 mar. 2021.

ELECTRON Affinity of the Elements. **Periodictable.com**. Disponível em: <https://periodictable.com/Properties/A/ElectronAffinity.st.html>. Acesso em: 10 mar. 2021.

ENEVOLDSEN, K. **The Periodic Table of the Elements, in Pictures**. 2016. Disponível em: <https://elements.wlonk.com/Elements_Pics_11x8.5.pdf>. Acesso em: 30 mar. 2021.

ESTRUTURAS cristalinas: Capítulo 3 – Van Vlack – arranjos atômicos. Disponível em: <https://slideplayer.com.br/slide/84686/>. Acesso em: 31 mar. 2021.

FERNANDES, J. M.; FRANCO-PATROCÍNIO, S.; FREITAS-REIS, I. O químico e físico inglês Willian Crookes (1832-1919) e os raios catódicos: uma adaptação tátil do tubo para o ensino de modelos atômicos para aprendizes cegos. **História da Ciência e Ensino**, v. 17, p. 67-80, 2018. Disponível em: <https://ken.pucsp.br/index.php/hcensino/article/download/37674/25537>. Acesso em: 30 mar. 2021.

FOGAÇA, J. R. V. Eletrólise do cloreto de sódio. **Mundo Educação**. Disponível em: <https://mundoeducacao.uol.com.br/quimica/eletrolise-cloreto-sodio.htm>. Acesso em: 1º abr. 2021a.

FOGAÇA, J. R. V. Energia de ionização. **Mundo Educação**. Disponível em: <https://mundoeducacao.uol.com.br/quimica/energia-ionizacao.htm>. Acesso em: 9 mar. 2021b.

FOGAÇA, J. R. V. Ligação covalente. **Manual da Química**. Disponível em: <https://www.manualdaquimica.com/quimica-geral/ligacao-covalente.htm>. Acesso em: 10 mar. 2021c.

FOGAÇA, J. R. V. Modelo atômico de Rutherford-Bohr. **Mundo Educação**. Disponível em: <https://mundoeducacao.uol.com.br/quimica/modelo-atomico-rutherford-bohr.htm>. Acesso em: 5 mar. 2021d.

GOMES NETO, J. Números quânticos. **InfoEscola**. Disponível em: <https://www.infoescola.com/quimica/numeros-quanticos>. Acesso em: 5 abr. 2021.

GONÇALVES, J. M. et al. Aprendendo a calcular número de coordenação e a forma de sólidos iônicos através da relação de raios em esferas de isopor. In: SIMPÓSIO BRASILEIRO DE EDUCAÇÃO QUÍMICA, 11., 2013, Teresina. **Anais**... Disponível em: <http://www.abq.org.br/simpequi/2013/trabalhos/1929-15407.html>. Acesso em: 15 mar. 2021.

IUPAC – International Union of Pure and Applied Chemistry. **Iupac Periodic Table of Elements**. Disponível em: <https://iupac.org/what-we-do/periodic-table-of-elements>. Acesso em: 24 mar. 2021.

JIN, T. S. **What is the Haber-Fritz Process?** Disponível em: <https://haber-bosch-process-tan-ser-jin.weebly.com/about.html>. Acesso em: 1º abr. 2021.

KOTZ, J. C.; TREICHEL, P. M.; WEAVER, G. C. **Química geral e reações químicas**. 6. ed. São Paulo: Cengage Learning, 2009. v. 1.

LEE, J. D. **Química inorgânica**: um novo texto conciso. 3. ed. São Paulo: Edgard Blucher, 1980.

LIGAÇÃO covalente: princípios e estruturas de Lewis. **e-Disciplinas**. 2017. Disponível em: <https://edisciplinas.usp.br/pluginfile.php/3322478/mod_resource/content/2/6%29%20QFL%201101%20-%207%20aula%20-%20Estrutura%20de%20LEWIS%20e%20VSPER%20%2824-04-2017%29.pdf>. Acesso em: 31 mar. 2021.

LOPES, A. R. C.; MORTIMER, E. F.; ROCHA-FILHO, R. C. (Ed.). **Química Nova na Escola**, São Paulo, n. 4, p. 14-23, maio 2001. Cadernos Periódicos. Disponível em: <http://qnesc.sbq.org.br/online/cadernos/04/ligacoes.pdf>. Acesso em: 12 jan. 2021.

M. M., E. J. de. Novo Coronavírus: a vacina não deve chegar nos próximos meses. **Kiau Notícias**, 2020. Disponível em: <http://www.kiaunoticias.com/destaque/novo-coronavirus-a-vacina-nao-deve-chegar-nos-proximos-meses>. Acesso em: 1º abr. 2021.

MAHAN, B. H. **Química**: um curso universitário. São Paulo: Blucher, 1995.

MAIA, D. J.; BIANCHI, J. C. A. **Química geral**: fundamentos. São Paulo: Pearson Prentice Hall, 2007.

MESQUITA FILHO, A. **A estrutura da luz e a interação luz-matéria**. out. 2017. Disponível em: <https://www.ecientificocultural.com/ECC3/interluzmat06.htm>. Acesso em: 8 mar. 2021.

MODELOS atômicos. **Academia de Bixos**, 28 jan. 2016. Disponível em: <https://academiadebixos.blogspot.com/2016/01/modelos-atomicos.html>. Acesso em: 2 mar. 2021.

MOREIRA, T. A. **Caracterização de ligações químicas via teoria do funcional da densidade**: uma proposta para auxiliar o ensino. 52 f. Monografia (Graduação em Física) – Universidade Federal do Ceará, Fortaleza, 2016. Disponível em: <http://www.repositorio.ufc.br/bitstream/riufc/31421/1/2016_tcc_tamoreira.pdf>. Acesso em: 6 abr. 2021.

MORI, R. Estrutura da matéria 2019: 13 – orbitais moleculares. **Blog do Rafael Mori**, 22 nov. 2019. Disponível em: <https://blogdorafaelmori.wordpress.com/2019/11/22/estrutura-da-materia-13-orbitais-moleculares/:~:text=A%20simetria%20do%20orbital%20%CF%80,ambos%20formar%20uma%20liga%C3%A7%C3%A3o%20forte.&text=Duas%20representa%C3%A7%C3%B5es%20da%20hemoglobina.,enovelada%20de%20seus%20diversos%20componentes>. Acesso em: 6 abr. 2021.

MOTA, R. Ligações químicas. **Educa+ Brasil**, 2 jan. 2019. Disponível em: <https://www.educamaisbrasil.com.br/enem/quimica/ligacoes-quimicas>. Acesso em: 31 mar. 2021.

NAHRA, S. Modelo atômico de Bohr. **Quero Bolsa**, 21 dez. 2018. Disponível em: <https://querobolsa.com.br/enem/quimica/modelo-atomico-de-bohr>. Acesso em: 8 mar. 2021.

O MUNDO DA QUÍMICA. **Orgânica I**: ressonância. Disponível em: <https://www.omundodaquimica.com.br/academica/org1_ressonancia>. Acesso em: 31 mar. 2021.

OS DEZ elementos mais abundantes da crosta terrestre. **Folha da Ciência**, n. 1, 28 ago. 2014. Disponível em: <https://folhadaciencia.wordpress.com/2014/08/28/os-dez-elementos-mais-abundantes-na-crosta-terrestre/>. Acesso em: 6 abr. 2021.

PAIVA, W. M. C. de L. Ligações químicas e propriedades dos materiais. **Química na Cuca**, 3 set. 2012. Disponível em: <https://quimicanacuca.wordpress.com/2012/09/03/ligacoes-quimicas-e-propriedades-dos-materiais/>. Acesso em: 16 mar. 2021.

PEDROSA, S. M. P. de A. (Coord.). **Eletronegatividade**: propriedades químicas. Brasília: FNDE/MCT/MEC, [S.d.]. (Conteúdos Digitais Multimídia: Guia Didático do Professor). Disponível em: <http://objetoseducacionais2.mec.gov.br/bitstream/handle/mec/21699/guiaDidatico.pdf?sequence=20>. Acesso em: 30 mar. 2021.

PEREIRA, L. S. Dopagem eletrônica. **InfoEscola**. Disponível em: <https://www.infoescola.com/quimica/dopagem-eletronica/>. Acesso em: 31 mar. 2021.

PROFESSORA DAIANE. **Química geral e inorgânica**. Aula 2: teoria atômica – a evolução dos modelos atômicos. set. 2013. Disponível em: <https://pt.slideshare.net/ManimEdicoes/quimica-geral-aula-02>. Acesso em: 2 mar. 2021.

POLARIDADE das moléculas. **Alfa Connection**. Disponível em: <https://www.alfaconnection.pro.br/fisica/moleculas/estrutura-molecular/polaridade-das-moleculas/>. Acesso em: 6 abr. 2021.

PROFESSOR VÍTOR. Resumo nº 5: ligação covalente. Redes covalentes, iónicas e metálicas. **eTriplex**. Disponível em: <https://e-triplex.pt/M%C3%B3dulo/resumo-no6-ligacao-covalente/>. Acesso em: 16 mar. 2021.

PROPRIEDADES periódicas. **Toda Matéria**. Disponível em: <https://www.todamateria.com.br/propriedades-periodicas/>. Acesso em: 30 mar. 2021.

QUIMLAB. **Abundância dos elementos químicos**. Disponível em: <http://www.quimlab.com.br/guiadoselementos/abundancia_elementos.htm>. Acesso em: 6 abr. 2021.

QUÍMICA DO FUTURO. Forças intermoleculares. **Web Química 1°08**, 17 nov. 2008. Disponível em: <http://webquimica108.blogspot.com/2008/11/>. Acesso em: 31 mar. 2021.

QUÍMICA NOVA INTERATIVA. **Dioxina, $C_{12}H_4Cl_4O_2$**. Disponível em: <http://qnint.sbq.org.br/qni/popup_visualizarMolecula.php?id=3aN5ZNPjjZyFpDy9BtOHnJW_PlDdZ9QQRbxOBmdt14Qs-lFOMnCr2zez7PQHMEWkgYx8urMAtbb6fQPwVR3V7A>. Acesso em: 1º abr. 2021.

RIBEIRO, S. **Ligações intermoleculares**. 2020. Disponível em: <http://slideplayer.com.br/slide/16358446/>. Acesso em: 17 mar. 2021.

RODRIGUES, L. Forças intermoleculares. **Química Suprema**, 6 out. 2013. Disponível em: <https://www.quimicasuprema.com/2013/10/forcas-intermoleculares.html>. Acesso em: 17 mar. 2021.

ROMERO, A. C.; MORA, J. G. **Neutrón**. Disponível em: <http://depa.fquim.unam.mx/representaciones/neutron.html>. Acesso em: 5 mar. 2021.

RUSSELL, J. B. **Química geral**. 2. ed. São Paulo: McGraw-Hill, 1982. 2 v.

SANTOS, C. V. P. dos. **A química do sabão**. Disponível em: <https://www.omundodaquimica.com.br/curiosidade/sabao>. Acesso em: 1º abr. 2021.

SANTOS, F. R. dos. **Atmosfera e espectro dos elementos**. Disponível em: <https://edisciplinas.usp.br/pluginfile.php/4150631/mod_folder/content/0/Atmosfera%20e%20Espectro%20da%20Luz.pdf?forcedownload=1>. Acesso em: 8 mar. 2021.

SANTOS, N. R. Explique o modelo atômico de Thompson fazendo uma comparação ao modelo proposto por Dalton: resposta. **Brainly**, 2018. Disponível em: <https://brainly.com.br/tarefa/15154024>. Acesso em: 2 mar. 2021.

SHRIVER, D. F.; ATKINS, P. **Química inorgânica**. 4. ed. Rio de Janeiro: Guanabara Koogan, 2008.

SILVA, A. M. L. da. **Disciplina de Química Aplicada (MAF2130)**. Aula 6: estrutura cristalina dos metais. Disponível em: <http://professor.pucgoias.edu.br/sitedocente/admin/arquivosupload/6739/material/aula%206-%20estrutura%20cristalina%20dos%20metais.pdf>. Acesso em: 31 mar. 2021.

SODERO, M. I. **Ciência dos materiais**: estrutura cristalina – difração de raios X. Disponível em: <https://edisciplinas.usp.br/pluginfile.php/1815583/mod_resource/content/0/Estrutura%20dos%20solidos%20cristalinos.pdf>. Acesso em: 31 mar. 2021.

SOLUBILIDADE. **Wikiwand**. Disponível em: <https://www.wikiwand.com/pt/Solubilidade>. Acesso em: 31 mar. 2021.

TABELA PERIÓDICA. **Tabela periódica**. 2019. Disponível em: <https://www.tabelaperiodica.org/wp-content/uploads/2019/03/Tabela-completa-5-algarismos-sem-intervalo-v6-colorida.pdf>. Acesso em: 9 mar. 2021.

TABELA PERIÓDICA COMPLETA. **A história da tabela periódica**. Disponível em: <https://www.tabelaperiodicacompleta.com/historia-da-tabela-periodica/>. Acesso em: 9 mar. 2021.

TEORIA dos orbitais moleculares. Disponível em: <https://www.ufjf.br/quimica/files/2015/06/aula-13-quimica-fundamental-2019-3-Teoria-dos-Orbitais-Moleculares.pdf>. Acesso em: 1º abr. 2021.

TESLA CONCURSOS PÚBLICOS PARA ENGENHARIA. **Estruturas dos materiais**. 2016. Disponível em: <https://www.teslaconcursos.com.br/wp-content/uploads/2016/03/Estruturas-1.pdf>. Acesso em: 31 mar. 2021.

TOMA, H. E. Ligação química: abordagem clássica ou quântica. **Química Nova na Escola**, São Paulo, n. 6, p. 8-12, nov. 1997. Disponível em: <http://qnesc.sbq.org.br/online/qnesc06/conceito.pdf>. Acesso em: 12 jan. 2021.

TREICHEL, P. M. **Química geral e reações químicas**. São Paulo: Pioneira Thomson, 2005. v. 1 e 2.

UEL – Universidade Estadual de Londrina. COPS – Coordenadoria de Processos Seletivos. **Diálogos pedagógicos**. Londrina: UEL, 2091. v. 11. Disponível em: <https://www.cops.uel.br/v2/documento.php?id=16>. Acesso em: 6 abr. 2021.

UFG – Universidade Federal de Goiás. **Processo seletivo 2012-1**. 2011. Caderno de questões 1º dia: grupo 1 – Língua Portuguesa, Literatura Brasileira, Química. Disponível em: <https://centrodeselecao.ufg.br/2011/ps2012_1/2aEtapa/cadernoquestao_g1_primeiro_dia.pdf>. Acesso em: 6 abr. 2021.

UFPR – Universidade Federal do Paraná. **Processo seletivo 2014**: conhecimentos gerais. 2013. Disponível em: <http://www.nc.ufpr.br/concursos_institucionais/ufpr/ps2014/provas1fase/PS2014_conhecimentos_gerais.pdf>. Acesso em: 6 abr. 2021.

VICTOR, R. Teoria da ligação de valência (TLV). **Química: o Universo Além dos Olhos**, 12 jun. 2014. Disponível em: <http://quimicaouniversoalemdosolhos.blogspot.com/2014/06/teoria-da-ligacao-de-valencia-tlv.html>. Acesso em: 16 mar. 2021.

WALLAU, M. et al. Química verdadeiramente verde: propriedades químicas do cloro e sua ilustração por experimentos em escala miniaturizada. **Química Nova**, São Paulo, v. 38, n. 3, p. 436-445, mar. 2015. Disponível em: <https://www.scielo.br/scielo.php?pid=S0100-40422015000300436&script=sci_arttext>. Acesso em: 23 mar. 2021.

# Bibliografia comentada

ATKINS, P.; JONES, L. **Princípios de química**: questionando a vida moderna e o meio ambiente. 3. ed. Porto Alegre: Bookman, 2006.

Trata-se de um livro que evidencia a relação entre as ideias químicas fundamentais e suas aplicações, enfatizando as técnicas e as utilizações modernas. É uma obra que permeia a interdisciplinaridade, mostrando como resolver problemas e pensar sobre a natureza e a matéria.

BROWN, T. L. et al. **Química**: a ciência central. 9. ed. São Paulo: Pearson Prentice Hall, 2005.

O livro apresenta um conteúdo essencial, com exatidão científica e abordagem clara e objetiva, em uma visão moderna e com pouca matemática envolvida. Os assuntos são discutidos de forma dinâmica, uma vez que o autor relaciona os conteúdos tratados aos objetivos dos estudantes.

KOTZ, J. C.; TREICHEL, P. M.; WEAVER, G. C. **Química geral e reações químicas**. 6. ed. São Paulo: Cengage Learning, 2009. v. 1.

Essa obra fornece uma visão ampla acerca dos princípios da química, da reatividade dos elementos químicos e seus compostos e das aplicações da química. Entre outros temas, aborda a relação entre as observações que os químicos fazem em laboratório nos níveis atômico e molecular e o contexto histórico, de forma dinâmica, mencionando importantes avanços que ocorrem a cada ano.

MAIA, D. J.; BIANCHI, J. C. A. **Química geral**: fundamentos. São Paulo: Pearson Prentice Hall, 2007.

Os autores fornecem uma visão ampla dos tópicos mais importantes da área da química, por meio de uma leitura simples e direta. São utilizados diversos recursos para facilitar a compreensão do leitor, como figuras, tabelas e uma série de exemplos com resolução passo a passo, mostrando uma visão mais geral do tema abordado.

RUSSELL, J. B. **Química geral**. 2. ed. São Paulo: McGraw-Hill, 1982. 2 v.

Essa obra faz uma abordagem de diversos conceitos nas as áreas da química, apresentando comentários específicos que mantêm a atenção e o interesse do leitor, visto que envolvem inúmeras aplicações químicas para a indústria. É um livro atual, com boas referências, bem estruturado e que contém informações e explicações importantes. Por isso, deve fazer parte do acervo de todo químico (ou estudante de química) para eventuais consultas.

# Apêndice

## Exercícios resolvidos

1. Um LED (*light emitting diode*) emite luz vermelha de comprimento de onda de 700 nm ($\lambda$). Qual é o valor de energia do material que compõe o LED? Utilize a equação $E = h\nu$, em que $h$ é a constante de Planck e vale $6{,}63 \cdot 10^{-34}$ J $\cdot$ s.

    Resposta: $2{,}8 \cdot 10^{-19}$ J.

2. De acordo com as observações referentes à teoria dos orbitais moleculares (TOM), explique por que o gás nitrogênio ($N_2$) é mais abundante, com 78%, do que o gás oxigênio ($O_2$), com 21%, e por que há apenas traços do gás hidrogênio ($H_2$), com 0,00005%, no ar atmosférico. Justifique sua resposta.

    Resposta: De acordo com a TOM, o $N_2$ apresenta ordem de ligação igual a 3; o $O_2$, ordem de ligação igual a 2; e o $H_2$, ordem de ligação igual a 1. Portanto, com maior ordem de ligação, o $N_2$ é o composto mais estável, pois necessita de mais energia para quebrar sua ligação.

3. Explique as seguintes variações nos raios atômicos ou iônicos:
    a) $_{53}I^- > {}_{53}I > {}_{53}I^+$
    b) $_{20}Ca^{2+} > {}_{12}Mg^{2+} > {}_{4}Be^{2+}$

Respostas:
a) Nesse caso, os três apresentam o mesmo número de prótons e o que interfere é a quantidade de elétrons. A espécie I⁻ tem mais elétrons do que o átomo de iodo (I), e o íon I⁺ tem menos elétrons do que o I. Portanto, a carga nuclear efetiva do I⁻ é a menor (com menor atração elétron-núcleo), e seu raio é maior. Já o I⁺, tendo menos elétrons, apresenta maior carga nuclear efetiva (maior atração elétron-núcleo), e seu raio é menor.

b) O cálcio (Ca) apresenta maior raio, pois tem o maior número de camadas em comparação ao magnésio e ao berílio. Comparando as cargas nucleares efetivas, temos:

- $_{20}Ca^{2+}$ = 8,75 → cerca de 43% dos prótons atuam na atração do elétron mais externo;
- $_{12}Mg^{2+}$ = 7,85 → cerca de 65% dos prótons atuam na atração do elétron mais externo;
- $_{4}Be^{2+}$ = 3,65 → cerca de 91% dos prótons atuam na atração do elétron mais externo.

Assim, o cálcio tem a menor porcentagem de atração e, portanto, o maior raio. Já o berílio tem a maior porcentagem de atração e, dessa forma, o menor raio.

4. Monte a estrutura de Lewis para o ácido fosforoso ($H_3PO_4$), indicando as cargas formais dos átomos. Lembre-se de que o ácido fosforoso apresenta apenas dois hidrogênios ionizáveis.

Resposta: O ácido fosforoso tem a fórmula mais estável, e suas cargas formais são iguais a zero, como indicado a seguir.

Figura A – Cargas formais do ácido fosforoso

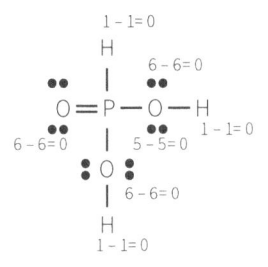

$$\begin{array}{c} 1-1=0 \\ H \\ | \\ \overset{..}{O}=P-\overset{..}{\underset{..}{O}}-H \quad 1-1=0 \\ 6-6=0 \quad | \quad 5-5=0 \\ \overset{..}{\underset{..}{O}} \\ | \quad 6-6=0 \\ H \\ 1-1=0 \end{array}$$

5. A tabela periódica é uma ferramenta essencial para relacionar as propriedades dos elementos em função do número atômico, que pode assumir valores semelhantes para intervalos regulares, o que as faz se repetirem periodicamente. Com base no gráfico a seguir, responda às questões propostas.

Gráfico A – Energia de ionização dos elementos químicos

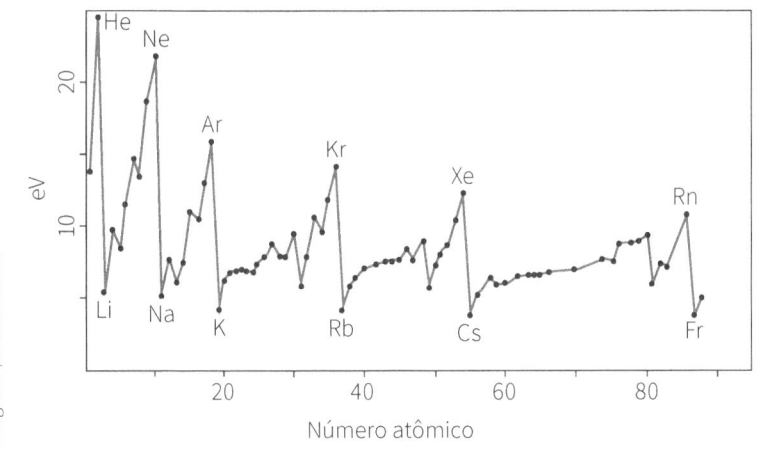

a) Por que os gases nobres apresentam um alto valor de energia de ionização se comparados com os elementos do mesmo período? Justifique sua resposta.

Resposta: Os gases nobres são os elementos de cada período que têm o maior número atômico; portanto, são eles que apresentam a maior carga nuclear efetiva, ou seja, maior atração elétron-núcleo, o que torna mais difícil a retirada do elétron da camada de valência, com a necessidade de maiores quantidades de energia de ionização.

b) Por que, em um mesmo período, a energia de ionização não obedece a uma ordem linear de energia? Justifique sua resposta.

Resposta: Podemos perceber que em um período – por exemplo, o segundo –, a energia do berílio (Be) é maior do que a do boro (B), o que não segue a ordem crescente de energia. Isso se deve à estabilidade que o átomo de Be tem em relação ao átomo de B. Podemos analisar as duas distribuições eletrônicas:

- $_4Be \rightarrow 1s^2\,2s^2$ – Todos os orbitais estão preenchidos = estável.
- $_5B \rightarrow 1s^2\,2s^2\,2p^1$ – Não apresenta todos os orbitais preenchidos ou semipreenchidos = menos estável.

6. Faça o que se pede a seguir:
   a) Calcule a carga nuclear efetiva para o elétron mais externo dos elementos rubídio (Rb) e césio (Cs) usando as regras de Slater.

b) Calcule a carga nuclear efetiva para um elétron dos orbitais 2s, 3s e 3p do potássio (K).

Respostas:

Realizando as distribuições eletrônicas e separando em grupos, temos:

a)
- $_{37}$Rb: $(1s^2)(2s^2\,2p^6)(3s^2\,3p^6)(3d^{10})(4s^2\,4p^6)(5s^1)$

    $Z^* = 37 - (8 \cdot 0,85) + (28 \cdot 1,00) = 2,2$
- $_{55}$Cs: $(1s^2)(2s^2\,2p^6)(3s^2\,3p^6)(3d^{10})(4s^2\,4p^6)(4d^{10})(5s^2\,5p^6)(6s^1)$

    $Z^* = 55 - (8 \cdot 0,85) + (46 \cdot 1,00) = 2,2$

b)
- 2s → $Z^* = 19 - (15 \cdot 0) + (1 \cdot 0,35) + (2 \cdot 0,85) = 16,95$
- 3s → $Z^* = 19 - (7 \cdot 0) + (1 \cdot 0,35) + (8 \cdot 0,85) + (2 \cdot 1,00) = 9,85$
- 3p → $Z^* = 19 - (1 \cdot 0) + (7 \cdot 0,35) + (8 \cdot 0,85) + (2 \cdot 1,00) = 7,75$

7. A medicina moderna realiza muitas cirurgias com raios *laser*. Determinado bisturi usa uma mistura de hélio e neônio que produz um comprimento de onda de $0,434 \cdot 10^{-6}$ m. Utilizando a tabela a seguir e sabendo que a velocidade da luz é $3 \cdot 10^8$ m/s, determine qual é a cor emitida por esse *laser*.

Tabela A – Emissão de cor em determinadas frequências

| Frequência ($10^{14}$ Hz) | Cor |
|---|---|
| 6,9 | Azul |
| 6,2 | Azul-esverdeada |
| 5,1 | Amarela |
| 3,9 | Vermelha |
| 2,6 | Infravermelha |

Resposta: Usando a equação da frequência, temos:

$$v = \frac{c}{\lambda} = \frac{3 \cdot 10^8}{0,434 \cdot 10^{-6}} = 6,9 \cdot 10^{-14} \text{ Hz}$$

Portanto, a cor emitida é a azul.

8. O pentacloreto de fósforo ($PCl_5$) é um importante reagente industrial usado na preparação de diversos compostos orgânicos, como cloretos de alquila e cloretos de ácido. Na estrutura, o fósforo do $PCl_5$ expande o octeto. Com base nessa ideia, justifique por que não existe o $NCl_5$ na natureza.

   Resposta: A explicação para que o nitrogênio não forme o composto $NCl_5$, ou seja, o nitrogênio expanda sua camada de valência, é que, no segundo período de sua distribuição eletrônica, não há o subnível 2d; portanto, não há como ocorrer a expansão para acomodar os cinco elétrons para formar o $NCl_5$.

9. Considere a espécie diatômica fluoreto de cloro (ClF) e faça o que se pede a seguir:
   a) Desenhe o diagrama de energias para os orbitais moleculares do ClF.
   b) Calcule a ordem de ligação.
   c) Identifique se essa molécula é paramagnética ou diamagnética.

   Respostas:

   a)
   - Configuração eletrônica de valência do flúor: $2s^2\ 2p^5$
   - Configuração eletrônica do cloro: $3s^2\ 3p^5$

Nesse caso, o flúor é mais eletronegativo e tem maior energia de ionização do que o cloro; portanto, os orbitais 2p do flúor têm menor energia.

Representando apenas as orbitais de valência de ambos os átomos, temos a figura a seguir.

Figura B – Preenchimento dos orbitais na molécula de ClF

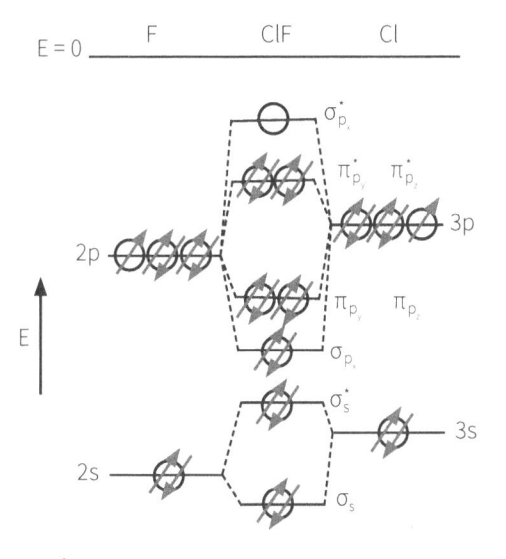

b) $OL(ClF) = \dfrac{1}{2}(8 - 6) = 1$

c) Como todos os orbitais estão preenchidos, a molécula é diamagnética.

10. O monóxido de nitrogênio (NO) é produzido nos motores de combustão interna e tem implicações diretas na destruição da camada de ozônio. Com base na molécula de NO, desenhe o diagrama de orbitais moleculares e determine se o composto é diamagnético ou paramagnético.

Resposta:
- Configuração eletrônica de valência do nitrogênio ($_7$N): $2s^2\ 2p^3$
- Configuração eletrônica do oxigênio ($_8$O): $2s^2\ 2p^4$

Nesse caso, o nitrogênio é mais estável (maior energia de ionização) do que o oxigênio; portanto, os orbitais 2p do nitrogênio têm menor energia.

Figura C – Preenchimento dos orbitais na molécula de NO

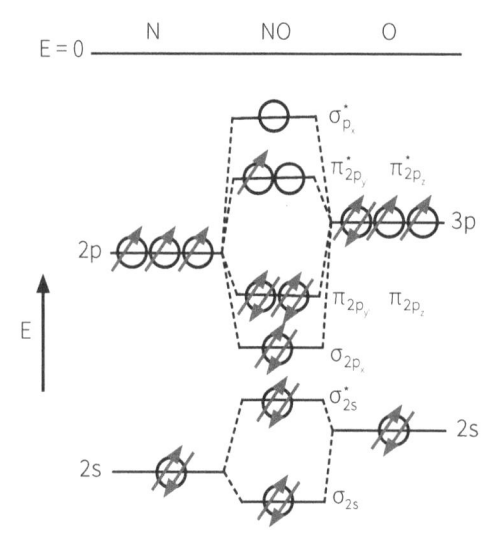

$$OL = \frac{1}{2}(6-1) = 2,5$$

Note que há um elétron desemparelhado; logo, trata-se de uma molécula paramagnética.

11. Para o composto $CBrClF_2$, disponha no gráfico do espectro de massa a seguir as linhas de intensidade para esse composto. Adote os seguintes dados:

$^{12}C \to 100\%$; $^{19}F \to 100\%$; $^{79}Br \to 50\%$; $^{81}Br \to 50\%$; $^{35}Cl \to 75\%$; $^{37}Cl \to 25\%$

Resposta:

- $^{12}C^{79}Br^{35}Cl^{19}F_2^+ = 164 \to 75\%$ de cloro
- $^{12}C^{79}Br^{37}Cl^{19}F_2^+ = 166 \to 25\%$ de cloro
- $^{12}C^{81}Br^{35}Cl^{19}F_2^+ = 166 \to 75\%$ de cloro
- $^{12}C^{81}Br^{37}Cl^{19}F_2^+ = 168 \to 25\%$ de cloro

Dividindo as porcentagens do cloro por 25, temos a intensidade:

- $^{12}C^{79}Br^{35}Cl^{19}F_2^+ = 164 \to 75\%$ de cloro $\div 25 = 3$
- $^{12}C^{79}Br^{37}Cl^{19}F_2^+ = 166 \to 25\%$ de cloro $\div 25 = 1$
- $^{12}C^{81}Br^{35}Cl^{19}F_2^+ = 166 \to 75\%$ de cloro $\div 25 = 3$
- $^{12}C^{81}Br^{37}Cl^{19}F_2^+ = 168 \to 25\%$ de cloro $\div 25 = 1$

Os dois íons com a mesma massa são somados, e assim temos o gráfico a seguir.

Gráfico B – Intensidade relativa das massas atômicas

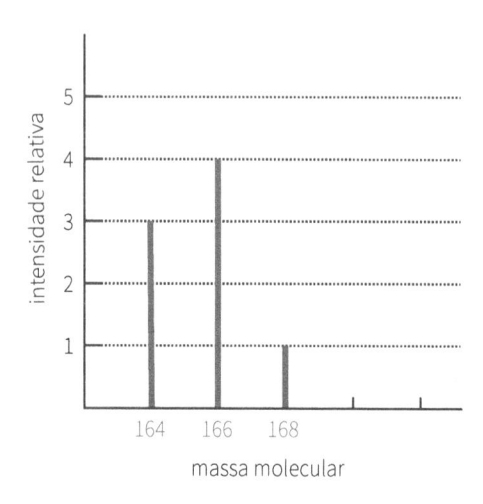

```
intensidade relativa
5 ....................................
4 ......|.............................
3 ..|...|.............................
2 ..|...|.............................
1 ..|...|...|.........................
   164  166 168
      massa molecular
```

12. O processo de fotossíntese utiliza a luz solar para a conversão de dióxido de carbono ($CO_2$) e água ($H_2O$) em carboidrato e gás oxigênio ($O_2$). Sabe-se que o comprimento de onda empregado nesse processo é igual a 427 nm e que a reação usa somente essa radiação para realizar a equação a seguir:

    $6CO_2 + 6H_2O \rightarrow C_6H_{12}O_6 + 6O_2$  $\Delta H = + 2\,808$ kJ $\cdot$ mol$^{-1}$

    Com base no exposto, responda:
    a) Qual é a energia de um fóton para o comprimento de onda de 427 nm?
    b) Qual quantidade desses fótons é necessária para produzir somente uma molécula de glicose?

Respostas:

a) Para o cálculo da energia do fóton para esse comprimento de onda, usamos a seguinte equação:

$$E_{fóton} = \frac{h \cdot c}{\lambda}$$

Substituindo os valores, temos:

$$E_{fóton} = \frac{6{,}63 \cdot 10^{-34} \cdot 3{,}0 \cdot 10^{8}}{427 \cdot 10^{-9}} \approx 4{,}66 \cdot 10^{-19} \text{ J}$$

b) Segundo a equação de formação de glicose, a energia da reação equivale à formação de um mol de moléculas de glicose; portanto, a energia na formação de uma molécula equivale a:

$CO_2 + 6H_2O \rightarrow C_6H_{12}O_6 + 6O_2$  $\Delta H = + 2\,808$ kJ $\cdot$ mol$^{-1}$

$6{,}02 \cdot 10^{23}$ moléculas ――― $2{,}808 \cdot 10^{6}$ J

  1 molécula ――― E

$E = 4{,}66 \cdot 10^{-18}$ J

Cálculo da quantidade de fótons necessária para produzir uma molécula de glicose:

1 fóton ――― $4{,}66 \cdot 10^{-19}$ J

  x ――― $4{,}66 \cdot 10^{-18}$ J (uma molécula de glicose)

x ≈ 10 fótons

13. O molibdênio (Mo) tem grande resistência à corrosão em aços e ligas e apresenta uma estrutura cristalina cúbica de corpo centrado (CCC), um raio atômico de 0,1363 nm e um peso atômico de 95,94 g/mol. Qual é sua massa específica?

    Resposta:

    Volume $V_c$ da estrutura cúbica de face centrada (CFC):

    $$V_C = a^3 = \left(\frac{4r}{\sqrt{3}}\right)^3 = \frac{64 \cdot r^3}{3\sqrt{3}}$$

    Como a CFC apresenta 2 átomos por célula, temos:

    $$\rho = \frac{n \cdot A}{V \cdot N_A} = g \cdot cm^{-3}$$

    $$\rho = \frac{2 \cdot 95,94}{\left(\dfrac{4 \cdot 13,6310^{-9}}{\sqrt{3}}\right)^3} \cdot 6,02 \cdot 10^{23} = 10,21 \, g \cdot cm^{-3}$$

14. Se o raio atômico do chumbo (Pb) vale 0,175 nm, qual é o volume de sua célula unitária em m³? Sabe-se que a estrutura cristalina do chumbo é CFC.

    Resposta:
    - Raio do chumbo: 0,175 nm = 0,175 $\cdot$ 10⁻⁹ m
    - Estrutura CFC = a = $2r\sqrt{2}$ → $V_c = a^3 = (2r\sqrt{2})^3 = 16r^3\sqrt{2}$

    Assim, o volume da célula unitária do chumbo é:

    $V_C = 16(0,175 \cdot 10^{-9})^3\sqrt{2} = 12,13 \cdot 10^{-29} \, m^3$

15. A perovskita é usada para produzir células solares e é um mineral composto por cálcio (Ca), oxigênio (O) e titânio (Ti). Sua estrutura cúbica é mostrada na figura a seguir.

Figura D – Célula estrutural da perovskita

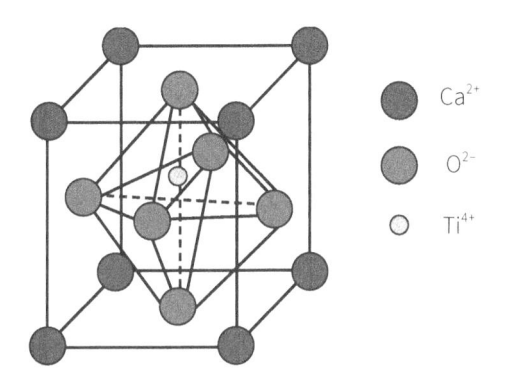

Ca$^{2+}$
O$^{2-}$
Ti$^{4+}$

Qual é a composição química da perovskita?

Resposta:

- Ca: ($\frac{1}{8}$ de íons Ca$^{2+}$ por vértice) · 8 vértices = 1Ca$^{2+}$
- O: ($\frac{1}{2}$ de íons O$^{2-}$ por face) · 6 vértices = 3O$^{2-}$
- Ti: há apenas um átomo de titânio no interior da célula = 1Ti$^{4+}$

Portanto, a composição química da perovskita é CaTiO$_3$.

# Anexo

## Tabela periódica

Apresentamos a seguir a versão atual da tabela periódica conforme as últimas recomendações da International Union of Pure and Applied Chemistry – IUPAC (União Internacional de Química Pura e Aplicada). As massas atômicas são dos isótopos mais estáveis dos elementos radioativos.

Figura A – Tabela periódica dos elementos químicos

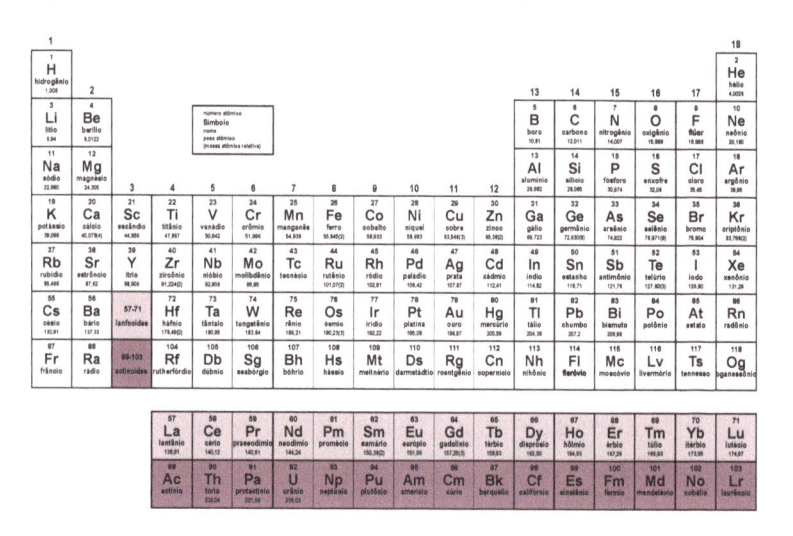

**Fonte:** Iupac, 2021.

# Respostas

## Capítulo 1

### Atividades de autoavaliação

1. a
2. c
3. d
4. c
5. a

### Atividades de aprendizagem

Questões para reflexão

1. Segundo o modelo atômico de Bohr, quando a luz do carro é direcionada à placa, os elétrons recebem energia e saltam para camadas mais energéticas (excitação eletrônica) e, ao retornarem para seus níveis estacionários de menor energia, liberam a mesma energia na forma de onda eletromagnética, ou seja, a cor é emitida. Esse fato está associado à fosforescência. A incandescência é a característica apresentada por certos compostos de ter a capacidade de emitir radiação a partir de um estado excitado pela absorção de calor. A quimioluminescência é a característica que certos compostos têm de emitir radiação a partir de um estado excitado por meio de uma reação química. A fosforescência é

o fenômeno de emissão que ocorre quando, após a excitação do elétrons, o processo de volta para seu estado inicial (fundamental) é lento. A fluorescência ocorre quando o material absorve energia eletromagnética e a reemite sob a forma de energia luminosa, em um intervalo de tempo muito curto e com o comprimento de onda que lhe é característico.

2. Ao ligar a lâmpada, a descarga elétrica ioniza os átomos de argônio (Ar) que se chocam com os átomos de mercúrio (Hg) e, a cada choque, o átomo de Hg recebe determinada quantidade de energia, fazendo com que seus elétrons passem de um nível de mais baixa energia para outro de maior energia, ou seja, eles se afastam do núcleo. Quando os elétrons retornam para o nível de origem, os átomos de Hg emitem grande quantidade de energia na forma de radiação ultravioleta, que não é visível, porém é suficiente para excitar os elétrons do átomo de fósforo (P) presente na lateral do tubo, que absorvem energia e emitem um comprimento de onda na faixa da luz visível para o ambiente.

3. Como vimos, podemos calcular a energia usando a equação de Planck-Einstein:

$E = h \cdot v$

$E = 6{,}63 \cdot 10^{-34} \text{ Js} \cdot 1{,}10 \cdot 10^{15} \text{ s}^{-1} = 7{,}29 \cdot 10^{-19}$ J (1 elétron)

$E = 7{,}29 \cdot 10^{-19} \text{ J} \cdot 6{,}02 \cdot 10^{23} \text{ mol}^{-1} = 438\,858 \text{ J mol}^{-1}$

ou 438 kJ $\text{mol}^{-1}$ (1 mol de elétrons)

Para determinar o comprimento de onda, bem como a região do espectro, usamos a seguinte equação:

$$v \cdot \lambda = c \rightarrow \lambda = \frac{c}{\lambda}$$

$$\lambda = \frac{3{,}0 \cdot 10^8 \, ms^{-1}}{1{,}10 \cdot 10^{15} \, s^{-1}} = 2{,}72 \cdot 10^{-7} \text{ m ou 272 nm}$$

O valor de 272 nm corresponde à região ultravioleta do espectro.

4. Para determinar a energia do fóton do átomo de sódio (Na), usamos a seguinte equação:

$$E = \frac{h \cdot c}{\lambda}$$

$$E = \frac{6{,}63 \cdot 10^{-34} \cdot 3{,}0 \cdot 10^8}{589 \cdot 10^{-9}}$$

Para determinar a energia emitida por 0,5 de sódio, usamos o raciocínio demonstrado a seguir.

Cálculo do número de mols de sódio:

M (Na) = 23 g mol$^{-1}$

$$n = \frac{m}{M}$$

$$n = \frac{0{,}5}{23} = 0{,}0217 \text{ mol}$$

Cálculo da energia por mol de átomos de sódio:

E = 3,38 · 10$^{-19}$ J · 6,02 · 10$^{23}$ mol$^{-1}$ = 203,5 kJ mol$^{-1}$

Cálculo da energia por mol de átomos de sódio:

E = 203,5 kJ mol$^{-1}$ · 0,0217 mol = 4,42 kJ/mol

5. A transição pedida é a da alternativa "c". Distribuindo as transições de energia nos níveis de energia, podemos observar o que é mostrado a seguir.

    Figura A – Emissão das transições

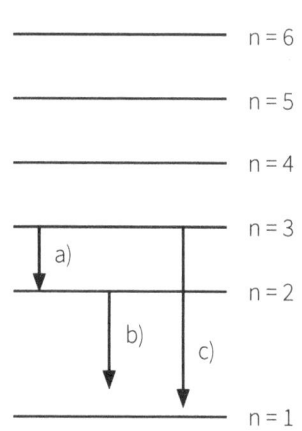

    ```
    ─────────────  n = 6

    ─────────────  n = 5

    ─────────────  n = 4

         ↓ a)
    ─────────────  n = 3
            ↓
    ─────────────  n = 2
              b)    ↓
                  c)
              ↓
    ─────────────  n = 1
    ```

    Note que a transição da alternativa "d" não aparece, pois é de absorção de energia.

    Entre as transições "a", "b" e "c", a que vai emitir fótons de maior energia é a "c", como mostra a figura anterior.

6. O modelo atômico de Bohr está associado ao movimento de elétrons. O surgimento das linhas nos espectros de gases ocorre quando os elétrons são excitados para níveis de mais alta energia; quando retornam aos níveis de energia fundamental, liberam energia. Já que os estados de energia são quantizados, a luz emitida por átomos excitados deve ser quantizada e aparecer como espectro de linhas.

7. Deve ser menor, uma vez que a transição entre n = 1 e n = ∞ é maior do que a transição entre n = 2 e n = ∞.

Figura B – Quantidade de energia de cada nível de energia

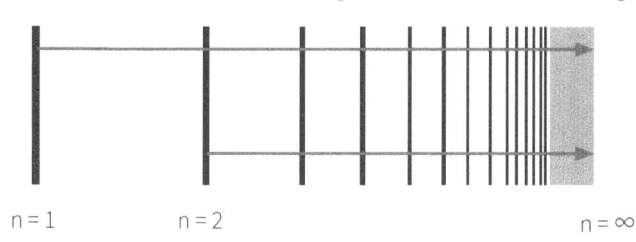

8. Esse conjunto de números quânticos para o átomo de hidrogênio significa que o elétron está localizado no terceiro nível (n = 3), no orbital p (l = 1), ou seja, é um dos estados excitados.

9.
   a) Para n = 4, existe uma quantidade total de elétrons igual a 32; portanto, eles serão distribuídos em 16 orbitais, sendo 2 elétrons no orbital s, 6 elétrons no orbital p, 10 elétrons no orbital d e 14 elétrons no orbital f.
   b) Para o orbital 4f, temos:
      ☐ n = 4 corresponde ao quarto nível;
      ☐ l = 3 corresponde ao subnível f;
      
      Para o subnível f há a possibilidade de sete orbitais distintos, que correspondem aos seguintes valores: –3, –2, –1, 0, +1, +2, +3.

c)

Figura C – Orientações dos orbitais p

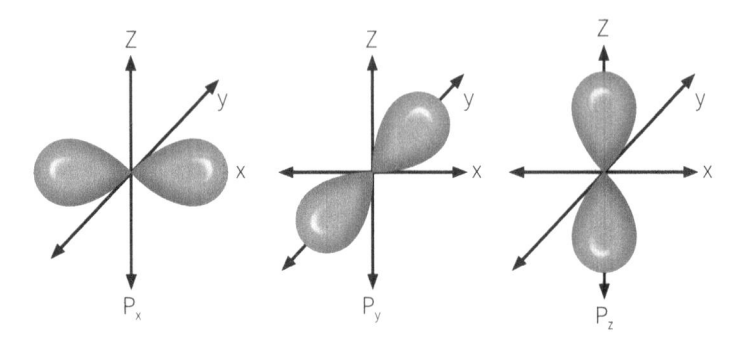

10.
- $_3Li \rightarrow 1s^2\ 2s^1 \rightarrow CV = 1$
- $_{12}Mg^{2+} \rightarrow 1s^2\ 2s^2\ 2p^6 \rightarrow CV = 8$
- $_{24}Cr^{2+} \rightarrow 1s^2\ 2s^2\ 2p^6\ 3s^2\ 3p^6\ 3d^4 \rightarrow CV = 12$
- $_{18}Ar \rightarrow 1s^2\ 2s^2\ 2p^6\ 3s^2\ 3p^6 \rightarrow CV = 8$

11. Quando realizamos a distribuição eletrônica dos dois íons, obtemos:

- $_{30}Zn^{2+} \rightarrow 1s^2\ 2s^2\ 2p^6\ 3s^2\ 3p^6\ 3d^{10}$
- $_{47}Ag \rightarrow 1s^2\ 2s^2\ 2p^6\ 3s^2\ 3p^6\ 4s^2\ 3d^{10}\ 4p^6\ 5s^2\ 4d^9$

Para haver estabilidade, ocorre a seguinte transição:

- $_{47}Ag \rightarrow 1s^2\ 2s^2\ 2p^6\ 3s^2\ 3p^6\ 4s^2\ 3d^{10}\ 4p^6\ 5s^1\ 4d^{10}$

Ao retirarmos o elétron da prata, temos:

- $_{47}Ag^+ \rightarrow 1s^2\ 2s^2\ 2p^6\ 3s^2\ 3p^6\ 4s^2\ 3d^{10}\ 4p^6\ 4d^{10}$

Note que ambos os íons têm o orbital d completamente preenchido.

12. Quando realizamos a distribuição eletrônica desses átomos, temos:

    □ $_7N \rightarrow 1s^2\ 2s^2\ 2p^3$
    □ $_8O \rightarrow 1s^2\ 2s^2\ 2p^4$

    Na configuração eletrônica do nitrogênio, todos os orbitais estão totalmente ou parcialmente preenchidos; já no oxigênio, não. Isso confere ao átomo de nitrogênio maior estabilidade eletrônica. Assim, há uma necessidade de um maior valor de energia para a remoção do elétron da camada de valência.

# Capítulo 2

## Atividades de autoavaliação

1. d
2. d
3. b
4. c
5. e

## Atividades de aprendizagem

Questões para reflexão

1. Primeiramente, distribuímos os elétrons dos elementos:

    □ $_{15}P \rightarrow 1s^2\ 2s^2\ 2p^6\ 3s^2\ 3p^3$
    □ $_{16}S \rightarrow 1s^2\ 2s^2\ 2p^6\ 3s^2\ 3p^4$
    □ $_{33}As \rightarrow 1s^2\ 2s^2\ 2p^6\ 3s^2\ 3p^6\ 4s^2\ 3d^{10}\ 4p^3$
    □ $_{34}Se \rightarrow 1s^2\ 2s^2\ 2p^6\ 3s^2\ 3p^6\ 4s^2\ 3d^{10}\ 4p^4$

O fósforo (P) e o enxofre (S) estão no mesmo período (terceiro) da tabela periódica, com o S à direita e com um próton a mais do que o P; portanto, esperamos que o raio daquele seja menor do que o deste. Esses dois elementos têm um raio menor do que o arsênio (As) e o selênio (Se). O mesmo ocorre entre os raios de Se e de As, isto é, o raio de Se é menor do que o de As. Observamos também que As está imediatamente abaixo de P e que Se está imediatamente abaixo de S. Logo, esperamos que o raio de As seja maior do que o de P e que o raio de Se seja maior do que o de S. Com base nessas observações, podemos concluir que os raios seguem esta ordem: S < P < Se < As.

2. Para o átomo A, a carga é de 1+, pois sua primeira energia de ionização ($E_1$) é muito baixa em relação à segunda energia de ionização ($E_2$). A retirada do segundo elétron requer muita energia. O átomo B tem uma carga estável de 3+, pois a quarta energia de ionização ($E_4$) é muito maior do que a terceira energia de ionização ($E_3$). O átomo C apresenta uma carga estável de 2+, pois a terceira energia de ionização ($E_3$) é muito superior à segunda energia de ionização ($E_2$).

3.
   a) As configurações eletrônicas são:
   - $_{16}S \rightarrow 1s^2\, 2s^2\, 2p^6\, 3s^2\, 3p^4$
   - $_{17}Cl \rightarrow 1s^2\, 2s^2\, 2p^6\, 3s^2\, 3p^5$

b) Sim. Ele tem dois elétrons desemparelhados na camada de valência, como podemos observar na distribuição eletrônica nas caixas de orbitais a seguir:

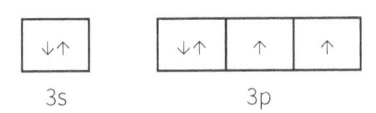

| ↓↑ |
|---|

3s

| ↓↑ | ↑ | ↑ |
|---|---|---|

3p

c) Com base nas distribuições eletrônicas, temos:

- $_8O \rightarrow 1s^2\ 2s^2\ 2p^4$
- $_{16}S \rightarrow 1s^2\ 2s^2\ 2p^6\ 3s^2\ 3p^4$
- $_{17}Cl \rightarrow 1s^2\ 2s^2\ 2p^6\ 3s^2\ 3p^5$

Analisando as distribuições eletrônicas, o oxigênio é o átomo que apresenta o menor número de camadas, portanto a atração elétron-núcleo é mais alta, o que resulta em uma maior energia para retirar o elétron do átomo de oxigênio.

O oxigênio tem o menor raio, pois seus elétrons de valência estão no nível 2. Entre o enxofre (S) e o cloro (Cl), o primeiro tem o maior raio, pois, como ambos estão no mesmo período, a blindagem é praticamente a mesma, porém o enxofre apresenta menor número atômico e, consequentemente, menor carga nuclear efetiva, ou seja, menor atração dos prótons em relação ao elétron da camada de valência.

d) Com base nas distribuições eletrônicas, temos:

- $_{16}S \rightarrow 1s^2\ 2s^2\ 2p^6\ 3s^2\ 3p^4$
- $_{16}S^{2-} \rightarrow 1s^2\ 2s^2\ 2p^6\ 3s^2\ 3p^6$

Separando em grupos para o S, temos:

- 1s (2s 2p) (3s 3p)
  Número de elétrons em cada grupo: 2 e 8

  $Z^* = 16 - (5 \cdot 0{,}35) + (8 \cdot 0{,}85) + (2 \cdot 1{,}00) = 5{,}45$

  Separando em grupos para o $S^{-2}$, temos:

- 1s (2s 2p) (3s 3p)
  Número de elétrons em cada grupo: 2 e 8

  $Z^* = 16 - (7 \cdot 0{,}35) + (8 \cdot 0{,}85) + (2 \cdot 1{,}00) = 4{,}75$

  Como podemos observar, a carga nuclear efetiva do íon $S^{2-}$ é menor do que a do átomo neutro. Essa menor atração elétron-núcleo resulta em um raio maior.

4.
   a) A divergência se encontra na distribuição eletrônica desses elementos:

   - $_{15}P \rightarrow 1s^2\, 2s^2\, 2p^6\, 3s^2\, 3p^3$
   - $_{16}S \rightarrow 1s^2\, 2s^2\, 2p^6\, 3s^2\, 3p^4$

   A configuração eletrônica do fósforo (P) na camada de valência é $3s^2\, 3p^3$, ou seja, o subnível 3p encontra-se parcialmente preenchido, o que é uma configuração estável. Por isso, é mais difícil ionizar o fósforo do que o enxofre (S).

   b) O cloro (Cl) tem maior afinidade eletrônica, pois apresenta em sua camada de valência sete elétrons, ou seja, tem maior tendência a ganhar um elétron para adquirir a configuração do argônio (estável).

c) O átomo de fósforo (P) pode assumir valores que variam de 5+ a 3−. Como ele tem cinco elétrons na camada de valência ($3s^2\ 3p^3$), poderia perder todos eles, assumindo a carga 5+ e ficando com a configuração eletrônica do neônio; ganhando três elétrons, ele adquiriria a configuração do argônio.

5. Realizando as distribuições eletrônicas, temos:

$_{20}X \rightarrow 1s^2\ 2s^2\ 2p^5\ 3s^2\ 3p^6\ 4s^2$

$_{53}Y \rightarrow 1s^2\ 2s^2\ 2p^5\ 3s^2\ 3p^6\ 4s^2\ 3d^{10}\ 4p^6\ 5s^2\ 4d^{10}\ 5p^5$

$_{19}Z \rightarrow 1s^2\ 2s^2\ 2p^5\ 3s^2\ 3p^6\ 4s^1$

$Y \rightarrow 1\,008\ kJ \cdot mol^{-1}$: apresenta sete elétrons na camada de valência, por isso tem maior energia de ionização.

Já X e Y apresentam a mesma camada de valência, porém X tem mais prótons, o que ocasiona uma maior atração elétron-núcleo, resultando em um maior valor da energia de ionização.

$X \rightarrow 590\ kJ \cdot mol^{-1}$

$Z \rightarrow 419\ kJ \cdot mol^{-1}$

# Capítulo 3

## Atividades de autoavaliação

1. b
2. b
3. e

4. c

5. a

## Atividades de aprendizagem

Questões para reflexão

1. O metal alcalino terroso responsável pela cor prateada é o magnésio.

   Fórmula mínima do cloreto formado pelo magnésio: $MgCl_2$.

   Coloração obtida pelo metal que tem o menor raio atômico, ou seja, o lítio (segundo período da tabela periódica): vermelha.

   Número de oxidação do lítio na forma de cátion (grupo 1): +1.

2. 
   a) Configuração eletrônica do $_{25}Mn$ no estado fundamental:

      ☐ $_{25}Mn \rightarrow 1s^2\ 2s^2\ 2p^6\ 3s^2\ 3p^6\ 4s^2\ 3d^5$

   b) O subnível mais energético para o $Mn^{2+}$ será o $3d^5$ e apresenta o seguinte preenchimento:

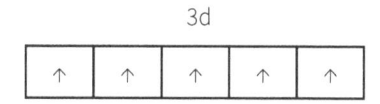

      3d
      | ↑ | ↑ | ↑ | ↑ | ↑ |
      |---|---|---|---|---|

   c) Como o íon $Mn^{2+}$ apresenta o único subnível semipreenchido $3d^5$, ele tem 5 elétrons desemparelhados.

3. Três estruturas cristalinas são as possíveis para a maioria dos metais, sendo duas cúbicas e uma hexagonal, ou seja: cúbica de faces centradas (CFC): 4 átomos presentes na célula;

cúbica de corpo centrado (CCC): 2 átomos presentes na célula; hexagonal compacta (HC): 6 átomos presentes na célula.
Na estrutura cúbica simples (CS), a célula unitária contém apenas 1 átomo e, por esse motivo, os metais não cristalizam na estrutura em questão, ou seja, têm baixo empacotamento atômico.

4.
   a) Nos compostos iônicos sólidos, os íons estão presos na rede cristalina e não se movimentam por causa da forte interação eletrostática. Nos metais sólidos, os elétrons estão livres na rede cristalina (constituindo bandas eletrônicas) e movimentam-se livremente (corrente elétrica).
   b) Em uma solução iônica, os cátions e os ânions movimentam-se livremente, "fechando" o circuito elétrico.

5. O tipo de ligação interatômica presente no cloreto de rádio é a ligação iônica: $[Ra^{2+}][Cl^-]_2 \Rightarrow RaCl_2$.

   A energia de rede, aquela necessária para romper a ligação, do $RbCl_2$ é menor, pois ele tem uma maior distância de ligação. Já o cloreto de magnésio ($MgCl_2$) tem maior energia de rede, pois o magnésio (Mg) é menor do que o Rb.

6.
   a) A alpaca é uma mistura homogênea, pois pode formar uma liga eutética. A característica da estrutura metálica que explica o fato de essa liga ser condutora de corrente elétrica é a existência de elétrons livres dentro da rede cristalina, ou seja, ocorre uma ligação metálica.

b) Sim.

Justificativa: o cobre (Cu) é o metal de maior porcentagem presente na alpaca (61%). Como sua densidade (8,9 g/cm³) é menor do que a densidade da prata (10,5 g/cm³) e os outros metais não apresentam densidade superior a 8,9 g/cm³, conclui-se que a determinação dessa característica pode ser utilizada para saber se um anel é de prata ou de alpaca.

7. Cálculo do volume da estrutura CFC: Como existem quatro átomos por célula unitária, o volume por átomo na rede cristalina CFC é:

$$V_C = \frac{a^3}{4} = \left(\frac{4r}{\sqrt{2}}\right)^3 \left(\frac{1}{4}\right) \approx 5{,}66 r^3$$

Cálculo do volume da estrutura CCC:

Como existem dois átomos por célula unitária, o volume por átomo na rede cristalina CCC é:

$$V_C = \frac{a^3}{2} = \left(\frac{4r}{\sqrt{3}}\right)^3 \left(\frac{1}{2}\right) \approx 6{,}16 r^3$$

O volume aumentou, pois ocorreu uma expansão em relação a seu volume inicial.

8. Volume Vc da CFC

$$V_C = \left(\frac{4r}{\sqrt{2}}\right)^3$$

Como a CFC apresenta 4 átomos por célula, temos:

$$\rho = \frac{n \cdot A}{V \cdot N_A} = g \cdot cm^{-3}$$

$$12,0 = \frac{4 \cdot 106,4}{\left(\frac{4r}{\sqrt{2}}\right)^3 \cdot 6,02 \cdot 10^{23}}$$

$$r^3 = \frac{4 \cdot 106,4}{12 \cdot 6,02 \cdot 10^{23} \cdot 8 \cdot 2\sqrt{2}}$$

$r \approx 1,376 \cdot 10^{-8}\,m$

$r \approx 0,1376\,nm$

# Capítulo 4

## Atividades de autoavaliação

1. c
2. e
3. b
4. a
5. d

## Atividades de aprendizagem

Questões para reflexão

1.
   a)
   
   Figura A – Disposição energética crescente dos orbitais atômicos

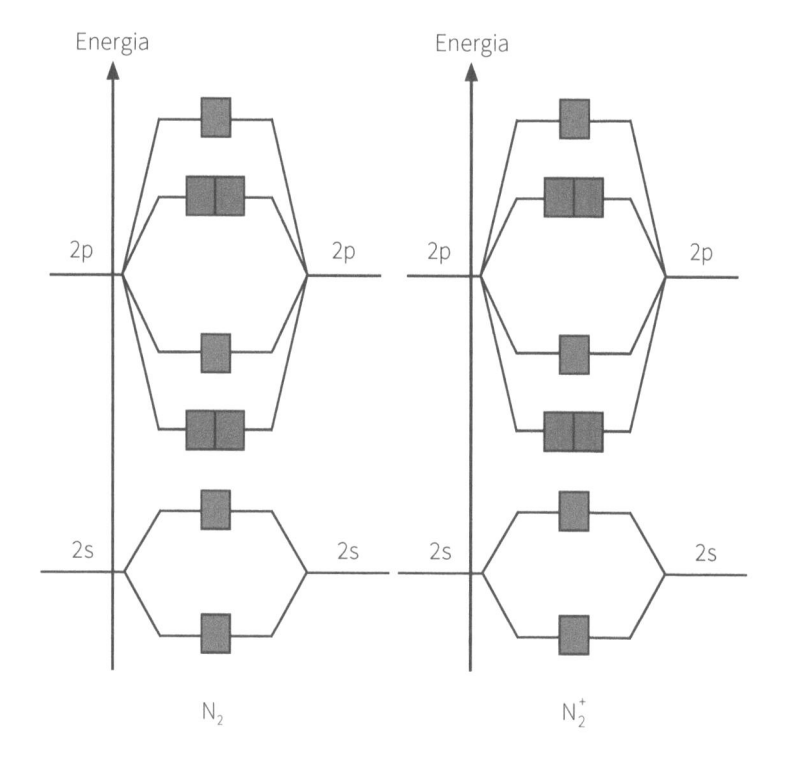

- O $_7$N apresenta a seguinte distribuição eletrônica: $1s^2\ 2s^2\ 2p^3$.
- O $_7$N$^+$ apresenta a seguinte distribuição eletrônica: $1s^2\ 2s^2\ 2p^2$.

Adicionando os elétrons de cada molécula no diagrama, temos o que é mostrado a seguir.

Figura B – Preenchimento dos elétrons nos orbitais atômicos

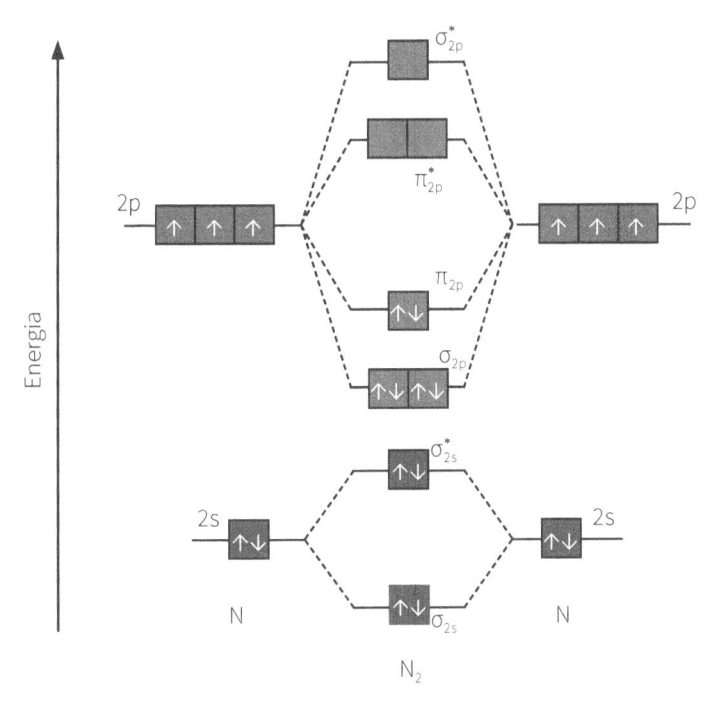

*(continua)*

*(Figura B – conclusão)*

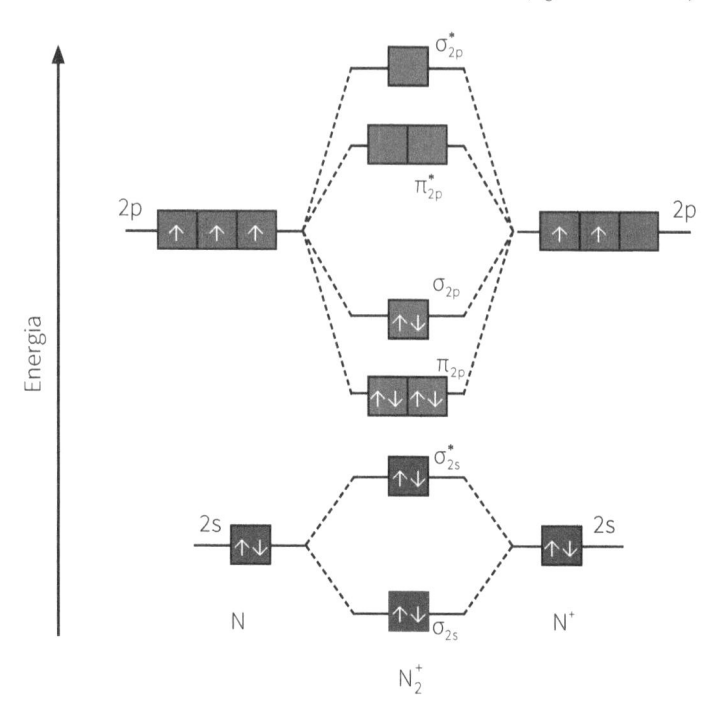

b)
- $OL = \frac{1}{2}$ (número de elétrons ligantes – número de elétrons antiligantes)
- $OL_{N_2} = \frac{1}{2}(8-2) = 3$
- $OL_{N_2^+} = \frac{1}{2}(7-2) = 2,5$

c) Como vimos, a OL do $N_2^+$ é menor do que a OL do $N_2$. A OL está diretamente relacionada com a energia da ligação; assim, quanto maior a ordem de ligação, maior será a energia dessa ligação. Dessa maneira, a molécula de $N_2$ terá a maior energia média de ligação, em razão da elevada ordem de ligação.

2. Como o enunciado sugere que os núcleos atômicos dos átomos de nitrogênios na molécula de $N_2$ estão localizados nos orbitais z, podemos montar os orbitais como indicado a seguir.

Figura C – Representação dos orbitais $p_x$, $p_y$ e $p_z$

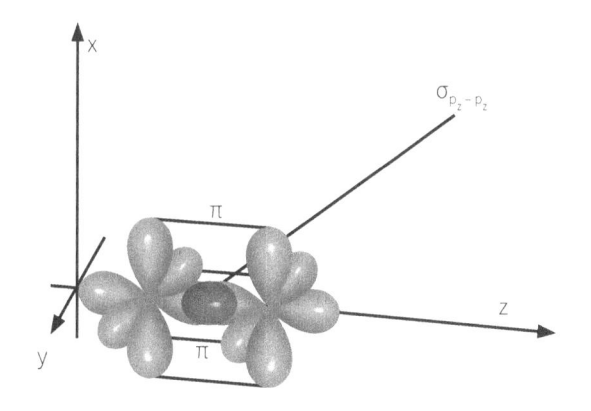

Nesse caso, a molécula de $N_2$ faz uma tripla ligação, sendo duas ligações pi (π) e uma sigma (σ) do tipo $p_z - p_z$.

3.
   a) Com base nas distribuições eletrônicas, temos:
   - $_{60}Nd \rightarrow 1s^2\, 2s^2\, 2p^6\, 3s^2\, 3p^6\, 4s^2\, 3d^{10}\, 4p^6\, 5s^2\, 4d^{10}\, 5p^6\, 6s^2\, 4f^4$
   - $_{26}Fe \rightarrow 1s^2\, 2s^2\, 2p^6\, 3s^2\, 3p^6\, 4s^2\, 3d^6$
   - $_5B \rightarrow 1s^2\, 2s^2\, 2p^1$

Todos apresentam orbitais semipreenchidos; são, portanto, paramagnéticos.

b) Com base nas distribuições eletrônicas, temos:

- $_{60}Nd \rightarrow 1s^2\ 2s^2\ 2p^6\ 3s^2\ 3p^6\ 4s^2\ 3d^{10}\ 4p^6\ 5s^2\ 4d^{10}\ 5p^6\ 6s^2\ 4f^4$
- $Nd^{3+} \rightarrow 1s^2\ 2s^2\ 2p^6\ 3s^2\ 3p^6\ 4s^2\ 3d^{10}\ 4p^6\ 5s^2\ 4d^{10}\ 5p^6\ 4f^3$

4f

| ↑ | ↑ | ↑ |   |   |   |   |

Todos apresentam orbitais semipreenchidos; são, portanto, paramagnéticos.

- $_{26}Fe \rightarrow 1s^2\ 2s^2\ 2p^6\ 3s^2\ 3p^6\ 4s^2\ 3d^6$
- $Fe^{3+} \rightarrow 1s^2\ 2s^2\ 2p^6\ 3s^2\ 3p^6\ 3d^5$

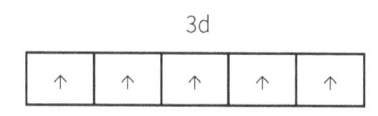

3d

| ↑ | ↑ | ↑ | ↑ | ↑ |

Todos apresentam orbitais semipreenchidos; são, portanto, paramagnéticos.

4. A estrutura do $ClO_4^-$ está representada a seguir.

Figura D – Fórmula estrutural do $ClO_4^{1-}$

$$\left[ \begin{array}{c} ..\\ :O: \\ | \\ ..\ \ \ \ \ \ \ .. \\ O=Cl=O \\ ..\ \ \ \ \ \ \ .. \\ || \\ :O: \\ .. \end{array} \right]^{-}$$

Cálculo da carga formal:

CF = e⁻ CV − elétrons que sobram da quebra homolítica

Figura E – Carga formal do $ClO_4^-$

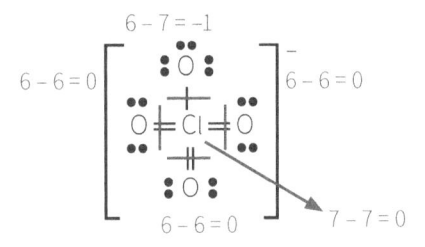

$$6 - 7 = -1$$
$$6 - 6 = 0$$
$$6 - 6 = 0$$
$$6 - 6 = 0$$
$$7 - 7 = 0$$

Apenas um átomo de oxigênio apresenta carga formal −1 e é o elemento mais eletronegativo; portanto, essa estrutura é a mais estável para o íon $ClO_4^-$.

Como o composto tem cinco átomos e no átomo central não sobram elétrons livres, a molécula apresenta geometria tetraédrica.

5.
   a) A molécula de $NO_2$ é paramagnética, pois o nitrogênio apresenta um elétron desemparelhado.

Figura F – Ressonância da molécula de $NO_2$

Já a molécula de $N_2O_4$ não tem elétrons desemparelhados, pois o elétron livre de uma molécula se liga ao elétron livre da outra molécula; portanto, o $N_2O_4$ é diamagnético.

Figura G – Fórmula estrutural do $N_2O_4$

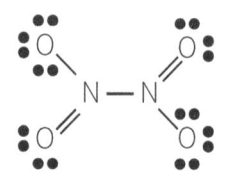

b) Cálculo da carga formal:

CF = $e^-$ CV – elétrons que sobram da quebra homolítica

Figura H – Carga formal do $NO_2$

Figura I – Carga formal do $N_2O_4$

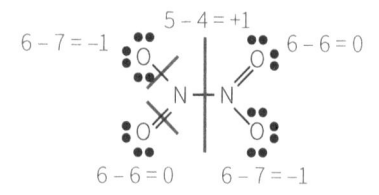

6.
   a) Para a molécula do monóxido de nitrogênio (NO), temos a figura a seguir.

   Figura J – Preenchimento dos orbitais atômicos da molécula de NO

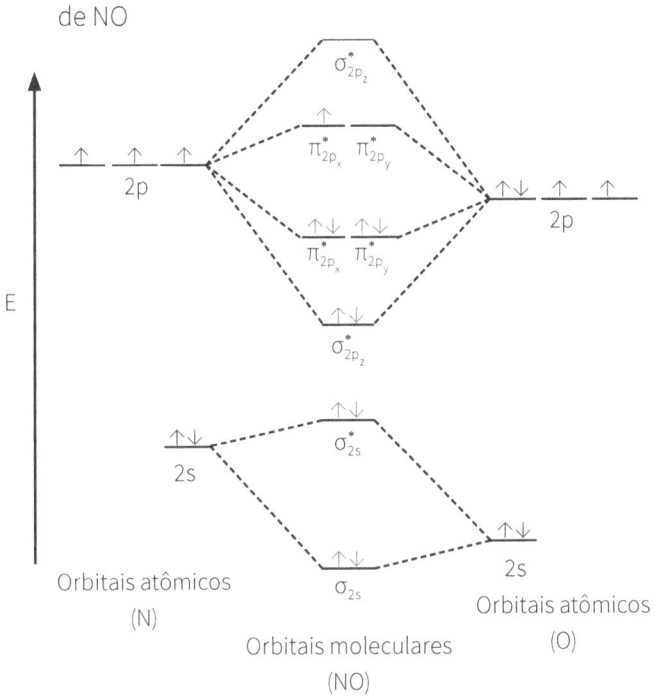

   Para o NO⁺, temos a figura a seguir.

Figura K – Preenchimento dos orbitais atômicos da molécula de NO⁺

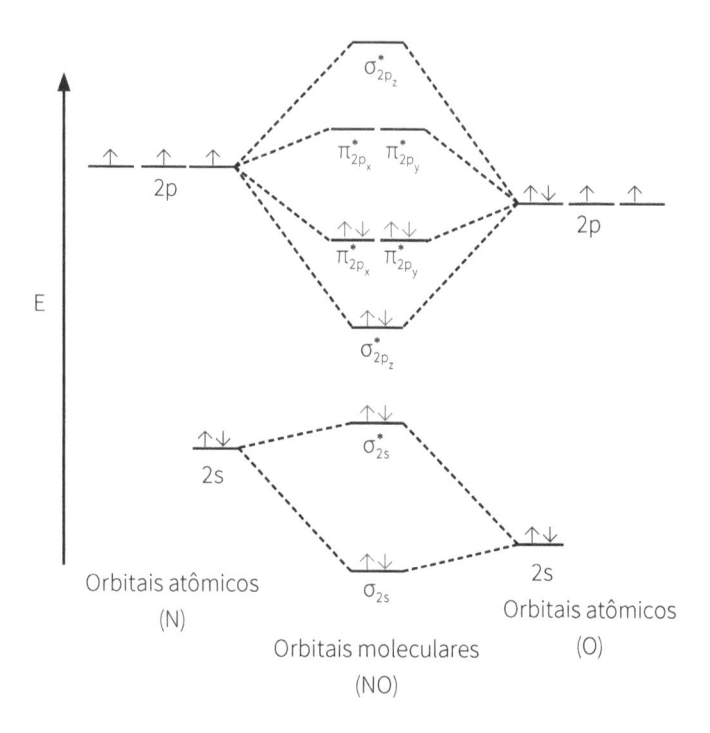

$\sigma^*_{2p_z}$
$\pi^*_{2p_x}$ $\pi^*_{2p_y}$
$\pi_{2p_x}$ $\pi_{2p_y}$
$\sigma_{2p_z}$
$\sigma^*_{2s}$
$\sigma_{2s}$

Orbitais atômicos (N)
Orbitais moleculares (NO)
Orbitais atômicos (O)

b) O NO⁺ apresenta maior estabilidade, pois tem seus orbitais preenchidos.

c) O NO é paramagnético, pois apresenta orbitais semipreenchidos. Já o NO⁺ é diamagnético, pois seus orbitais estão preenchidos.

7. A diferença na força da ligação está relacionada à ordem de ligação dos íons $O_2^+$ e $N_2^+$. Nas moléculas de $O_2$ e de $N_2$, a grande proximidade entre os átomos ligantes faz com que haja sobreposição de orbitais em todas as camadas, de forma que todos os elétrons passam a pertencer a orbitais moleculares, conforme a distribuição eletrônica mostrada na figura a seguir.

Figura L – Preenchimento dos orbitais atômicos das moléculas de $N_2$ e $O_2$

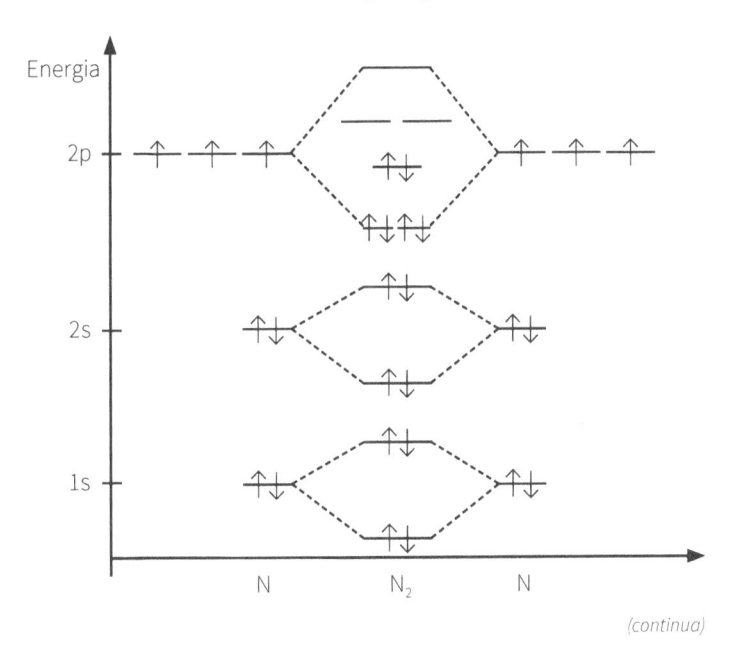

*(continua)*

*(Figura L – conclusão)*

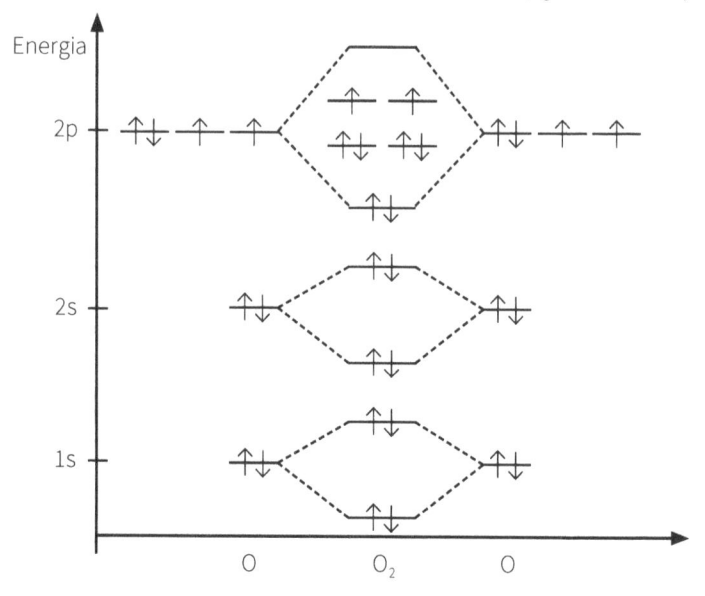

A ordem de ligação da molécula $N_2$ é $OL = \dfrac{(6-0)}{2} = 3$ (considerando-se a camada de valência). Para a formação do íon $N_2^+$, é retirado um elétron ligante da camada de valência da molécula, o que reduz a ordem de ligação para $OL = \dfrac{(5-0)}{2} = 2,5$. Portanto, a força da ligação diminui.

A ordem de ligação da molécula $O_2$ é $OL = \dfrac{(6-2)}{2} = 2$ (considerando-se a camada de valência). Para a formação do íon $O_2^+$, é retirado um elétron antiligante da camada de valência da molécula, o que aumenta a ordem de ligação para $OL = \dfrac{(6-1)}{2} = 2,5$. Portanto, a força da ligação aumenta.

8. A sobreposição de dois orbitais atômicos dá origem a dois orbitais moleculares: um denominado *ligante* e outro, *antiligante*. Os elétrons que ocupam o orbital molecular ligante ficam em uma posição entre os núcleos dos átomos. Já os do orbital molecular antiligante ficam em uma órbita mais externa da molécula. O nível energético do orbital antiligante é superior ao do orbital ligante. A ligação covalente será estável se houver mais elétrons ligantes do que antiligantes compartilhados entre os átomos.

## Capítulo 5

Atividades de autoavaliação

1. c
2. e
3. d
4. a
5. c

Atividades de aprendizagem

Questões para reflexão

1.
   a) Esse medicamento tem o elemento cálcio, é do grupo 2 e apresenta propriedades alcalinas, ou seja, básicas. Portanto, por apresentar caráter básico, neutraliza o excesso de $H^+$ provocado pelo estômago.

b) Porque, quando o $CaCO_3$ da formulação do medicamento entra em contado com o ácido clorídrico do estômago, ocorre a seguinte reação:

$2HCl + CaCO_3 \rightarrow CaCl_2 + CO_2 + H_2O$

Um dos produtos da reação é o dióxido de carbono ($CO_2$), que é responsável por causar o arroto.

2. Trata-se de uma reação de simples troca, em que a hidroxila é substituída pelo flúor, conforme a equação a seguir:

$Ca_5(PO_4)_3OH_{(s)} + F^-_{(aq)} \rightarrow Ca_5(PO_4)_3F_{(s)} + OH^-_{(aq)}$

3. Na composição do fermento químico, há bicarbonato de sódio ($NaHCO_3$) e um sal. Como vimos na primeira atividade, o bicarbonato de sódio reage com o ácido, liberando o gás carbônico, que faz a massa crescer:

$NaHCO_{3(s)} + H^+ \rightarrow Na^+_{(aq)} + CO_2 + H_2O$

4. Tanto a eletropositividade quanto a energia de ionização dos elementos dos grupos 1 e 2 são determinadas pela carga nuclear efetiva ($Z^*$). Como a $Z^*$ dos metais alcalinos e a $Z^*$ dos metais alcalinoterrosos, em suas devidas particularidades, são baixas, ou seja, a atração elétron-núcleo é pequena, há uma maior facilidade na remoção dos elétrons da camada de valência. Portanto, apresentam maior eletropositividade e menor energia de ionização.

5.
   a) A equação balanceada que representa a reação entre o metal alcalino e a água é a seguinte:

   $2M_{(s)} + 2H_2O_{(l)} \rightarrow H_{2(g)} + 2NaOH_{(aq)}$

   b) O potássio (quarto período da classificação periódica) é mais reativo do que o lítio (segundo período da classificação periódica), pois tem menor energia de ionização ou apresenta maior número de camadas eletrônicas (menor atração elétron-núcleo).

# Capítulo 6

## Atividades de autoavaliação

1. d
2. b
3. d
4. d
5. d

## Atividades de aprendizagem

Questões para reflexão

1.
   a) Degradação do ozônio a partir de um átomo livre de cloro:

   $O_{3(g)} + Cl_{(g)} \rightarrow O_{2(g)} + ClO_{(g)}$

   b) A regeneração desse halogênio:

   $ClO_{(g)} + O_{3(g)} \rightarrow Cl_{(g)} + 2O_{2(g)}$

2.
Na primeira etapa, observamos uma diminuição na quantidade de ozônio, em razão de seu consumo, e, consequentemente, uma elevação na produção de monóxido de cloro (radical Cl•). Na segunda etapa, percebemos a regeneração do radical Cl•, que funciona como catalisador.

a) A proposta de congelamento da produção foi feita com vistas à desaceleração da fabricação de substâncias geradoras de radicais como o Cl•, que funciona como catalisador do processo de diminuição da concentração de ozônio na atmosfera.

3.
a) Geometria molecular da amônia ($NH_3$): piramidal.

Figura A – Fórmula eletrônica da amônia

$$H - \overset{..}{\underset{|\;H}{N}} - H$$

b) $1N_{2(g)} + 3H_{2(g)} \leftrightarrow 2NH_{3(g)}$

c) Duas condições ideais de produção industrial do gás amônia, de acordo com o gráfico, são: aumento de pressão e diminuição de temperatura.

Gráfico A – Produção de amônia levando-se em consideração pressão e temperatura

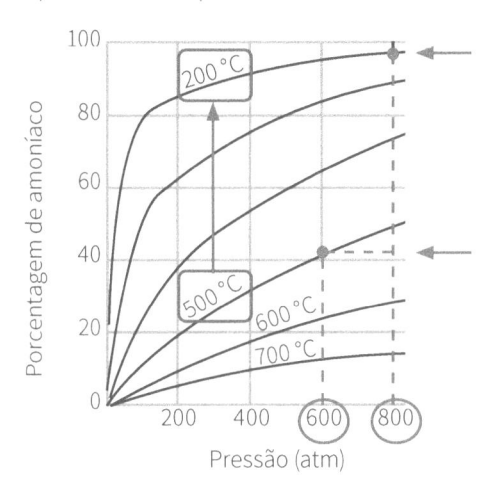

4. Alternativa "c".
   I. Incorreta. A combustão do nitrogênio gera óxidos ácidos que são mais poluentes do que o gás hidrogênio, que, aliás, não é considerado poluente.
   II. Incorreta. A decomposição da ureia libera os gases amônia e carbônico, que não são considerados combustíveis.

   Figura B – Fórmula eletrônica da amônia

   $$\begin{array}{c} H_2N \\ H_2N \end{array} {=} O + H_2O \longrightarrow NH_2 + CO_{2(g)}$$

   III. Correta. Como a diferença de eletronegatividade entre oxigênio e hidrogênio (O – H) é maior do que entre nitrogênio e hidrogênio (N – H), considera-se que essa ligação consumirá menos energia.

5. Alternativa "e".

I. Incorreta. O aumento da pressão no reator, mediante a adição de um gás inerte, não aumenta o rendimento do processo, pois o deslocamento do equilíbrio depende das pressões parciais dos gases envolvidos.

$$3H_{2(g)} + 1N_{2(g)} \underset{}{\overset{200 \text{ atm; } 450\,°C \;(Fe)}{\rightleftarrows}} 2NH_{3(g)} \quad \Delta H > 0$$

$$K = \frac{(p_{NH_3})^2}{(H_2)^3 \times (N_2)^1}$$

II. Incorreta. O catalisador favorece tanto a reação direta quanto a inversa e, consequentemente, não aumenta o rendimento do processo de formação da amônia.

III. Incorreta. Uma vez atingido o equilíbrio, as velocidades das reações direta e inversa se igualam, ou seja, continuam a ocorrer colisões efetivas entre as moléculas de $H_{2(g)}$ e de $N_{2(g)}$.

IV. Correta. Considerando-se que ainda exista superação da energia de ativação, a redução da temperatura no reator diminui a velocidade da reação, mas favorece a formação de amônia, pois o processo é exotérmico no sentido direto (sentido da formação da amônia).

$$3H_{2(g)} + 1N_{2(g)} \underset{\text{Reação endotérmica}}{\overset{\text{Reação exotérmica}}{\rightleftarrows}} 2NH_{3(g)} \quad \Delta H > 0$$

# Sobre o autor

**Paulo Christoff** é licenciado em Química pela Universidade Federal do Paraná (UFPR) e mestre em Desenvolvimento de Tecnologia com ênfase em biocombustíveis (biodiesel) pelo Programa de Pós-Graduação em Desenvolvimento de Tecnologia (Prodetec) do Instituto de Tecnologia para o Desenvolvimento (Lactec), em parceria com o Instituto de Engenharia do Paraná (IEP) e a UFPR. Atualmente, é professor na Associação Franciscana de Ensino Senhor Bom Jesus e no Colégio Marista Paranaense. Atua no desenvolvimento de materiais digitais na área de química para o ensino médio. É autor de livros para o ensino médio e o ensino superior publicados pelas editoras Módulo, Bom Jesus e InterSaberes.

Impressão:
Julho/2021